Gerhard E. Moog
Der Gerber

So sah es vor ca. 100 Jahren
in einer Gerberei aus.

Gerhard E. Moog

Der Gerber

Professionelle Lederherstellung

2., aktualisierte Auflage

9 Fotos auf Tafeln
88 Schwarzweißabbildungen
26 Tabellen

Gerhard E. Moog ist staatlich geprüfter Gerbereitechniker und war neben einer langjährigen Praxistätigkeit in der Industrie 28 Jahre lang Dozent am Lederinstitut Gerberschule Reutlingen. Heute ist er weltweit anerkannter Sachverständiger und UNIDO-Consultant.

Bibliografische Information der Deutschen Bibliothek
Die Deutsche Bibliothek verzeichnet diese Publikationen in der Deutschen Nationalbibliografie; detaillierte bibliografische Daten sind im Internet über http://dnb.ddb.de abrufbar.

Wollgrasweg 41, 70599 Stuttgart (Hohenheim)
email: info@ulmer.de
Internet: www.ulmer.de
Lektorat: Werner Baumeister
Herstellung: Martina Gronau
Satz: r&p digitale medien, Echterdingen
Druck und Bindung: Pustet, Regensburg
Printed in Germany

ISBN 978-3-8001-0396-6

Inhaltsverzeichnis

Vorwort

Für den großen Kreis derer, die sich beruflich oder privat mit Leder und seiner Herstellung näher befassen wollen, ist der Wunsch nach einem aktuellen Fachbuch lange Zeit nicht erfüllbar gewesen. Früher erschienene Werke wurden nicht mehr aufgelegt, waren inhaltlich veraltet oder vergriffen. Die Fachliteratur und die im Internet verfügbaren Informationen sind zwar sehr umfangreich, aber zumeist sehr spezifisch und nur schwer in den gesamten und vielgestaltigen Zusammenhang der Lederherstellung einzuordnen oder für den fachlichen Nachwuchs kaum zugänglich.

Der Verband der Deutschen Lederindustrie e.V. wollte daher mit dem hier vorliegenden Buch helfen, diese Lücke zu schließen. Es informiert sachlich, kompetent und umfassend über den Werkstoff Leder und zeigt auf, wie vielseitig das Leder mit seinen natürlichen Eigenschaften sein kann. Dabei können die umfangreichen wissenschaftlichen Erkenntnisse natürlich nicht in ihrer ganzen Tiefe und die technischen Variationen kaum in der gesamten Breite dargelegt werden, wie es dem heutigen Stand des Wissens und der Technik entspricht. Autor und Herausgeber sind sich dieser Beschränkung bewusst. Es kann auch nicht Aufgabe dieses Buches sein, technologische Einzelheiten festzuschreiben.

Bei der dynamischen Entwicklung der Lederherstellung, der Qualitätssicherung und den Ansprüchen der Verarbeiter muss daher jeder Leser den aktuellen Stand für sein Spezialgebiet mit einbeziehen.

Mit Herrn Gerhard Moog konnte ein Autor gewonnen werden, der in seiner wissenschaftlichen und praktischen Fachkompetenz große internationale Erfahrung und Anerkennung besitzt. Als hervorragender Techniker, Forscher und langjähriger Dozent am renommierten Lederinstitut Gerberschule Reutlingen hat er dankenswerter Weise die schwierige Aufgabe übernommen, seine weit reichenden Kenntnisse und das Verständnis für die Lederherstellung den Lesern aus ganz verschiedenen Fachgebieten in fundierter und verständlicher Weise weiterzugeben – dies ist die Zielsetzung dieses Buches.
Dem Verlag Eugen Ulmer KG. sei für die Herstellung gedankt.

Frankfurt am Main, Frühjahr 2016 Dr. Thomas Schröer

Danksagung

Mein Dank gilt besonders Herrn Jussi Andreas Moog und Frau Birgit Herbst für die Hilfe bei der Erstellung des Manuskriptes.

Frühjahr 2016 Gerhard Moog

1 Einleitung

1.1 Was ist Leder

Jeder von uns kennt, besitzt und benutzt Leder und nimmt diesen Werkstoff für viele Dinge des täglichen Bedarfs als etwas so selbstverständliches wahr, dass nur wenige von dem langen Herstellungsweg des Leders wissen. Leder sei ein Naturprodukt, versucht uns die Werbung zu vermitteln.

Deshalb glauben einige, es sei die Frucht des „Lederbaumes“ und man könne dort nach Bedarf dickes und dünnes, hartes und weiches, braunes und blaues, mattes und glänzendes Leder ernten. Leider gibt es diesen Baum nicht. Leder ist also kein Produkt aus der Natur. Es ist ein Material, das der Mensch seinen besonderen Bedürfnissen entsprechend hergestellt hat. Als Ausgangsmaterial dienten zunächst verfügbare Häute und Felle aus der Jagdbeute, die als Nahrungsmittel nicht in Betracht kamen und somit zunächst Abfall waren. Diese Häute und Felle mussten ohnehin vom Tierkörper abgetrennt werden um an das kostbare Fleisch zu gelangen. Bei dieser Arbeit zeigten sich bereits Eigenschaften, die für die späteren Verwendungen sehr wertvoll waren und unbedingt erhalten bleiben sollten. Die innere Weichheit, die begrenzte Dehnbarkeit und vor allem die hohe Reißfestigkeit sind solche Eigenschaften. Doch diese guten Eigenschaften der Haut gehen schnell verloren, denn die ganze Haut verfault unter üblem Geruch, wenn sie nicht gezielt bearbeitet wird.

Diese Bearbeitung soll zunächst den ganz natürlichen Fäulnisprozess aufhalten oder verhindern, der sofort nach dem Tod des Tieres einsetzt. Wir nennen die Verfahren, mit denen die Haut für längere Zeit möglichst unverändert erhalten wird „Konservierung“. Aber auch eine noch so gut konservierte Haut ist nur Haut und noch kein Leder. Hört die Wirkung der Konservierung auf, beginnt sofort der natürliche Zersetzungsprozess, die Haut wird nutzlos und geht verloren.

Gelingt es, die vom Tierkörper abgezogene Haut so zu verändern, dass die natürliche Zersetzung gar nicht mehr stattfindet, dann wurde ein dauerhaftes Material hergestellt, und dieses Material nennt man „Leder“.

Leder ist nach einer gängigen Beschreibung tierische Haut, die nicht mehr fault und nicht hornartig auftrocknet.

Fäulnis wird durch Bakterien bewirkt, die immer in und auf der Haut vorhanden sind. Solange das Tier lebt, sind die Bakterien nicht aktiv, die Bedingungen dazu sind nicht gegeben. Mit dem Tod des Tieres ändern sich diese Bedingungen, die Bakterien vermehren sich und bauen dabei die Hautsubstanz ab. Deshalb verliert die Haut durch Fäulnis ihre guten Eigenschaften. Eine Konservierung wirkt nur für begrenzte Zeit und unter bestimmten Bedingungen. Eine Konser-

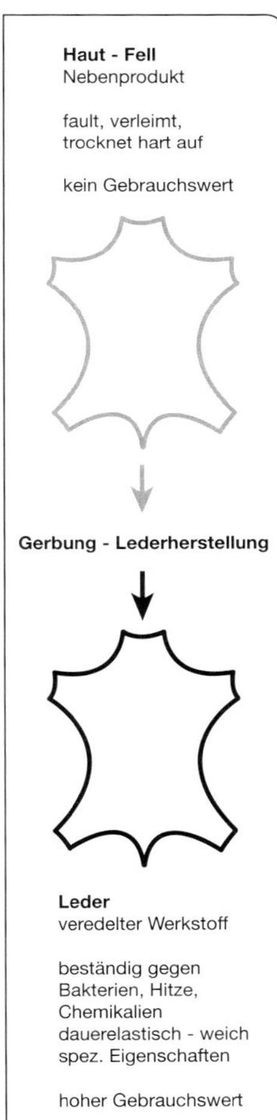

Abb. 1 Haut wird zu Leder, einem neuen Werkstoff.

Leder ist
Ein Flächenwerkstoff aus tierischer Haut, die durch chemische Behandlung und mechanische Bearbeitung unter Erhalt der natürlichen Faserstruktur gezielt neue Eigenschaften erhielt.
- z. B. Fäulnisbeständigkeit
- Temperaturbeständigkeit
- Bleibende Weichheit

vierung alleine erfüllt nicht die von Leder geforderte Eigenschaft, nicht mehr zu faulen.

Eine einfache Maßnahme zur Konservierung besteht darin, die frische und feuchte Haut auszuspannen und zu trocknen. Mit abnehmendem Wassergehalt verschlechtern sich die Lebensbedingungen für die Bakterien, die dann alle Aktivitäten ruhen lassen, bis irgendwann die getrocknete Haut wieder feucht wird. Mit abnehmendem Wassergehalt wird die trockene Haut immer steifer und härter, und wenn noch Wärme einwirkt, wird die trockene Haut transparent, das heißt hornartig dicht. Ist dieser Zustand einmal erreicht, lässt sich diese Haut nicht mehr in den Werkstoff umwandeln, den wir Leder nennen.

In einer neuen Definition ist Leder „ein Flächenwerkstoff aus tierischer Haut, der durch chemische Behandlung und mechanische Bearbeitung unter Erhalt der natürlichen Faserstruktur gezielt neue Eigenschaften erhielt.“ Hier wird Leder gegenüber anderen Flächenwerkstoffen abgegrenzt, die eventuell für gleiche oder ähnliche Einsatzbereiche zur Verfügung stehen, wie Papier, Textil, Vlies und ähnliche. Der Ansatz, Leder als Flächenwerkstoff zu betrachten, hat seit der Mitte des 20. Jahrhunderts sowohl die Lederherstellung und -verarbeitung als auch die chemisch-technische Entwicklung sehr stark beeinflusst. Dass diesem Trend ganz natürliche Grenzen gesetzt sind, darauf verweist die Festlegung „aus tierischer Haut“. Diese Haut hat ein einzelnes Tier umschlossen und ist mit ihm gewachsen. Dieses Wachstum hört mit dem Tod des Tieres auf und deshalb ist die Fläche jeder einzelnen Haut begrenzt und lässt sich nicht beliebig vergrößern. Und auch die Form jeder Haut ist durch das Tier festgelegt, von dem sie stammt. Auch die Dicke ist nicht einheitlich innerhalb einer Haut. Um die vielen Anforderungen an Leder durch gezielt hervorgehobene Eigenschaften zu erfüllen, muss die tierische Haut einer Reihe von chemischen Behandlungen und mechanischen Bearbeitungen unterzogen werden, wobei die natürliche Faserstruktur erhalten bleiben muss. Diese natürliche Faserstruktur ist der Garant all der besonde-

Abb. 2 Leder – ein Flächenwerkstoff.

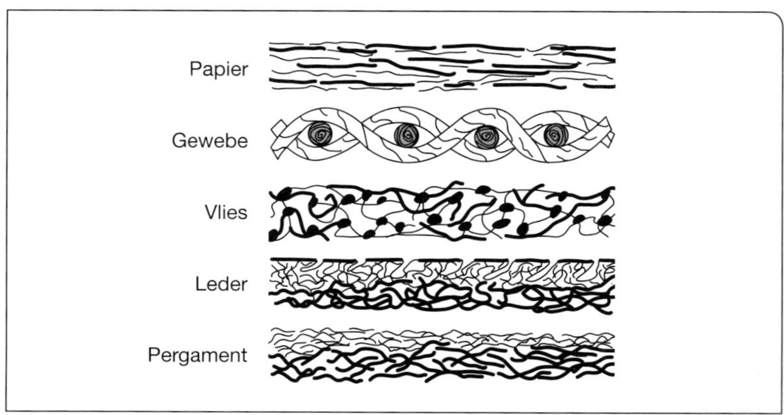

Abb. 3 Querschnitte durch Flächenwerkstoffe.

ren Eigenschaften, die Leder als Werkstoff auszeichnen. Sie konnte bis heute noch nicht gleichwertig nachgeahmt werden.

Die besondere innere Struktur des Flächenwerkstoffes Leder im Vergleich zu anderen Flächenwerkstoffen auf der Grundlage von Fasern soll in Abbildung 3 deutlich werden.

Papier und Gewebe sind aus Fasern mit erkennbarem Anfang und Ende aufgebaut. Diese Fasern sind geordnet und untereinander nicht chemisch verknüpft. Im Vlies sind die ungeordneten Fasern durch Bindemittel punktartig miteinander verklebt. Leder dagegen besteht aus endlosen Fasern, die sich ohne Zuhilfenahme einer fremden Substanz streckenweise zusammenlagern zu Faserbündeln, sich dann wieder trennen und mit anderen Fasern neue Faserbündel bilden. Eine Besonderheit besteht darin, dass die Fasern und Faserbündel nicht einheitlich dick sind. Zur Oberfläche der Haut hin bilden sie eine Schicht feinerer Fasern in dichter Verflechtung, die aber mit der darunter liegenden Schicht aus dickeren Faserbündeln in lockerer Verflechtung fest verbunden bleibt. Diese innere Struktur des Leders ist der Grund für viele wichtige physikalische Eigenschaften, aber sie erfordert auch besondere Arbeitsweisen bei der Lederherstellung.

Das Pergament ist kein Leder, obwohl es ebenfalls aus tierischer Haut hergestellt wird. Es unterscheidet sich von Leder dadurch, dass es nicht gegerbt wird. Es besteht nur aus der Hautsubstanz Kollagen. Weil keinerlei fremde Stoffe zwischen den Fasern gebunden sind, lagern sich diese beim Trocknen ganz eng aneinander. So wird Pergament ganz besonders reißfest, dünn und lichtdurchlässig. Bei Pergament wird in der Regel die Oberfläche der Haut abgeschabt, doch ist die Gliederung in zwei Schichten unterschiedlicher Faserdichte im Querschnitt noch zu erkennen.

In der Definition von Leder wird noch etwas ganz deutlich angesprochen. Dem Leder werden gezielt neue Eigenschaften gegeben, die die ungegerbte Haut in der Natur nicht hat. Diese neuen Eigenschaften richten sich nach den Anforderungen an das Leder bei der Verarbeitung und im Gebrauch. Nicht alle Verwendungszwecke von Leder führen zu den gleichen Anforderungen. Das Leder für eine Schuhsohle muss völlig andere Eigenschaften haben als das Leder für Handschuhe. Das eine Leder ist nicht tauglich für die Aufgaben des anderen Leders. Deshalb ist „Leder“ ein Sammelbegriff für viele verschiedene Lederarten, die gezielt zur Erfüllung ganz besonderer Aufgaben hergestellt werden. Will man für die Herstellung eines bestimmten Gebrauchsgegenstandes das richtige Leder einsetzen, dann genügt es nicht zu sagen: „Ich nehme ein Leder“ oder „ich nehme ‚echtes Leder‘“. Zuerst muss man sich darüber klar werden, welche Eigenschaften das richtige Leder haben muss und welche keine Rolle für die Eignung spielen. Nach diesem Katalog wird man am Markt das geeignete Leder finden oder dem Lederhersteller ermöglichen, ein Leder nach Maß zu machen.

Die gegebene Definition des Leders beschränkt sich nicht auf die alte Aufzählung von Eigenschaften, die das Leder nicht hat. Sie zeigt auf, dass Leder als gezielt hergestellter Werkstoff in ständiger Entwicklung immer wieder neue Aufgaben erfüllt und so ein aktuelles Material bleibt.

1.2 Warum Leder

In der Summe positiver Eigenschaften wird Leder von keinem alternativ einsetzbaren Material erreicht. So könnte ganz stark vereinfacht und prägnant eine Werbeaussage für Leder lauten. Und diese Aussage wäre richtig. Wenn sich jemand für Leder entscheidet, hat er sicher alle anderen Möglichkeiten geprüft und verglichen. Er wird, wie im vorigen Kapitel angesprochen, eine Liste von Eigenschaften für den besonderen Zweck aufgestellt haben, die das Material in messbarem und somit vergleichbarem Umfang aufweisen muss. Diese Eigenschaften sind teilweise im Ausgangsmaterial festgelegt, teilweise aber auch durch die chemischen und mechanischen Stufen der Herstellung, Bearbeitung oder Veredlung dem Material vermittelt worden.

Von den Eigenschaften des Leders, die schon in der tierischen Haut als Ausgangsmaterial festgelegt sind, wurde auf Größe, Form und Dicke bereits hingewiesen. Hier kann der Lederhersteller nur wegnehmen oder verkleinern. Aus einem Kalbfell lässt sich auch unter Ausnutzung aller Kenntnisse kein Leder in der Größe einer Bullenhaut herstellen. Trotz großer Erfolge in der Genforschung gibt es noch keine viereckigen Tiere, die eine viereckige Haut für ein viereckiges Leder liefern. Die Form der Felle und damit der daraus hergestellten Leder liegt in der Natur der Tiere fest. Auch die maximale Dicke ist für jedes Tier seiner Entwicklung entsprechend unterschiedlich. Für die am häufigsten genutzten Häute und Felle der Säugetiere liegt die Dicke der Haut zwischen 1 und 10 mm.

Nach diesen drei Kriterien (Größe, Form und Dicke) wird eine erste Auswahl unter den Häuten und Fellen getroffen. Dabei wird man bemüht sein, möglichst wenig durch Abschneiden oder Dünnermachen zu verändern. Gerade das Dünnermachen verändert die Verhältnisse in der inneren Struktur und somit viele physikalisch messbare Eigenschaften, die oft als Festigkeiten beschrieben werden.

Eine dieser Eigenschaften ist bei allen Ledern vorhanden und ergibt sich aus der besonderen Struktur aus endlosen Fasern. Es ist die **Schnittkantenfestigkeit**. Ein Einschnitt in beliebiger Richtung im Leder franst nicht aus und macht so einen Saum überflüssig. Bei vielen Einsatzbereichen kommt diese Kantenfestigkeit zur Geltung, zum Beispiel bei den Schuhsohlen, den Riemen, Gürteln, offenkantig verarbeiteten Taschen bis hin zur Lederbekleidung.

Eine andere hervorragende Eigenschaft des Leders ist die **Stichausreißfestigkeit**. Sie ermöglicht es, eine Naht unmittelbar neben eine Schnittkante zu legen, ohne befürchten zu müssen, dass die Einstichlöcher zur Kante hin ausreißen. Dies wird bei eleganten Handschuhen deutlich, wo ganz dünnes und weiches Leder verarbeitet wird. Auch bei hoch belasteten Sportgeräten, Bällen, Riemen, Boxhandschuhen und Sicherheitsausrüstung aus Leder zeigt sich diese wichtige Eigenschaft als unvergleichlicher Vorteil von Leder gegenüber anderen Werkstoffen.

Von ganz besonderer Bedeutung für den Einsatz von Leder sind die tragehygienischen Eigenschaften. Diese kommen stets dann zur Geltung, wenn das Leder als Bekleidung genutzt wird. Das gilt für Schuhe wie für Bekleidung und Bandagen oder andere orthopädische Lederartikel. Als **tragehygienische Eigenschaften** werden all die chemischen und physikalischen Eigenschaften verstanden, die sicherstellen, dass wir uns wohlfühlen in dieser „zweiten Haut". Da ist die Festigkeit des Leders ebenso angesprochen wie seine Dehnbarkeit und Elastizität, die unsere Bewegungen nicht behindern. Bei Schuhen machen wir gelegentlich die Erfahrung, dass sie zunächst an einigen Stellen drücken, nach kurzer Zeit jedoch druckfrei getragen werden können. Hier hat sich das in der Schuhfabrik über einen Normalleisten geformte Oberleder beim Tragen erneut verformt und der individuellen Form des Fußes angepasst. Es ist nicht nur einfach elastisch dehnbar, es besitzt auch eine bleibende Dehnung, die eine dauerhafte Anpassung dort ermöglicht, wo der Schuh drückt. Für diese Fähigkeit ist die innere Faserstruktur der tierischen Haut verantwortlich, die der Gerber bis zum fertigen Leder wirksam erhalten hat. Weiter ist da die Schutzfunktion gegenüber den Umwelteinflüssen, die dafür sorgt, dass wir uns in Leder wohl fühlen. Dazu gehört die Aufrechterhaltung der Temperatur- und Feuchtigkeitsbedingungen, die unsere Hautoberfläche unbedingt braucht um auch bei wechselnden Bedingungen richtig zu funktionieren. Leder ist winddicht und es hat durch seine besondere innere Struktur die Fähigkeit, erhebliche Mengen an Feuchtigkeit aus dem Schweiß aufzunehmen ohne sich feucht anzufühlen. Funktioniert das nicht, dann staut sich die Feuchtigkeit an der Hautoberfläche, kondensiert zu Schweißtröpfchen, die einen Feuchtigkeitsfilm bilden und ein Gefühl des Unbehagens verursachen. Der Körper reagiert mit Temperaturerhöhung, die zu erhöhter Schweißabsonderung führt, was das Unbehagen verstärkt. Bleibt dieser Schweiß längere Zeit auf der Hautoberfläche, so verändert sich der pH-Wert ins alkalische Gebiet, es tritt eine Quellung der Hornschicht der Epidermis ein, die Haut wird weich und damit wächst die Gefahr des Wundwerdens und das Risiko von Pilzerkrankungen. Bei ungenügend wasserdampfdurchlässigen Schuhmaterialien treten Fußpilz und Kreislaufbelastungen häufiger auf. Wer längere Zeit in Gummistiefeln laufen musste, kennt diese Zusammenhänge.

Verformbarkeit, elastische und bleibende Dehnbarkeit, Feuchtigkeitsaufnahmevermögen, Wasserdampfdurchlässigkeit und Schutz gegenüber äußeren Einflüssen sind die Faktoren, die zusammen die tragehygienischen Vorteile des Leders gegenüber anderen Materialien aus Fasern ausmachen. Diese Eigenschaften werden oft fälschlicherweise als Atmungsfähigkeit bezeichnet. Leder atmet jedoch nicht selbst. Aber es sollte auch dann noch luft- und wasserdampfdurchlässig sein, wenn seine Oberfläche mit einer Zurichtung versehen wurde, die wasserabweisend, reib- und kratzfest sein soll.

Zur Antwort auf die Frage „warum Leder" gehört auch der Hinweis auf die Gestaltungsmöglichkeit von Leder. Sowenig wie es ein Naturleder gibt, sowenig gibt es eine Naturfarbe von Leder. Die **Farbe** des Felles am lebenden Tier ist selten einheitlich über die gesamte Fläche, oft sehen wir kontrastreiche Flecken. Diese farbigen Effekte sind in der Farbe der Haare begründet, nicht in der Färbung der Haut, aus der das Leder gemacht wird. Selbst wenn im Verlauf der Lederherstellung die Haare entfernt werden, zeigt sich keine einheitliche Farbe. Nach der Gerbung hat das Leder die typische Farbe der verwendeten Gerbstoffe angenommen. Je nach Gerbart reicht das von weiß über gelb, graugrün, graublau bis braun. Farbe ist für die meisten Einsatzbereiche eine ganz wichtige Eigenschaft. Sie soll selbst in großen Mengen von Ledern möglichst gleich und innerhalb eines jeden Stückes gleichmäßig sein. Leder lässt sich in allen Farbtönen färben, man kann damit die Lederoberfläche auf vielfältige Weise gestalten um allen Wünschen auch der wechselnden Mode stets zu folgen. Weltweit wird der größte Teil der Leder schwarz gefärbt. Diese Farbe muss durch eine besondere Färbung erreicht werden, denn kein Gerbverfahren liefert schwarzes Leder.

Abb. 4 Das bekannte Markenzeichen.

Ein besonderes Argument für den Einsatz von Leder kommt aus der Ausstattung von Flugzeugen. Dort gelten scharfe Sicherheitsbestimmungen und hohe Gebrauchsanforderungen. Flugzeugsitze mit speziell hergestelltem Leder zu beziehen hat sich nach vielen Prüfungen als geeignet erwiesen, weil Leder sehr flammfest ist, und bei der Reinigung der Sitze kostbare Zeit eingespart werden kann im Vergleich zu anderen Fasermaterialien. Die Flugzeugleder sind pflegeleicht ausgerüstet und erfüllen die tragehygienischen Anforderungen für ein angenehmes Sitzen auch auf langen Strecken. Gleiches gilt für die Automobil-Leder zur Polsterung und Gestaltung des Innenraums von Autos und auch für die Möbelleder.

Außer den rein technisch begründeten Argumenten für Leder ist da noch die bedeutende Tatsache, dass sich Leder mit allen Sinnen erfassen lässt. Man kann es sehen und anfassen, riechen und auch hören. Das Aussehen des Leders vermittelt den ersten Eindruck und weckt sofort eine positive Haltung, wenn das Leder durch seine typischen Merkmale sich als „Echtes Leder" zu erkennen gibt. Es darf zeigen, dass es aus tierischer Haut hergestellt wurde.

Um diesen Eindruck zu bestätigen, möchte man das Leder anfassen und befühlen. Hier erwartet man sanfte Wärme, eine angemessene Weichheit und Dehnbarkeit. Eine kalte Lederoberfläche, auf der man den Abdruck der Finger in Form feuchter Flecken sieht, wird als nicht ledertypisch erkannt und beurteilt.

Der Geruch wird häufig herangezogen um Leder zu erkennen. Tief im Unterbewusstsein hat jeder Mensch eine Vorstellung davon wie Leder riecht. Beim Kauf kann der Vergleich mit dieser Geruchserwartung entscheidend sein. Dieser Ledergeruch ist aber eine ganz persönliche Sinnesempfindung und an keine chemisch zu definierenden Inhaltsstoffe gebunden. Deshalb kann man auch keinen Einheitsgeruch als Echtheitskriterium nutzen oder Leder entsprechend parfümieren. Der Geruch nach Schweiß, Gerbstoff und Fischöl wird bei Geschirrledern akzeptiert, niemals aber bei Bekleidungs- oder Möbelledern. Da zeigt sich, dass der Geruch sogar nach Lederarten unterschiedlich beurteilt wird.

Das Geräusch wird nur bei einigen Lederarten bewusst erwartet. Vom Geschirr- und Sattelleder wird oft berichtet, dass es beim Gebrauch knarrt oder quietscht. Das sind Beschreibungen, die sich technisch nicht in messbare Größen oder reproduzierbare Werte fassen lassen. Und doch wird ein derartiges Geräusch akzeptiert oder erwartet. Auch bei Schuhsohlen können in Abhängigkeit von den Bedingungen bei der Schuhherstellung anfangs typische Geräusche auftreten. Der Volksmund hat dafür sogar eine Erklärung in der Redewendung: „Wenn Schuhsohlen knarren, sind die Schuhe noch nicht bezahlt." Ganz offensichtlich handelt es sich hier um eine vorübergehende Erscheinung. Bei bestimmten Feinledern und Buchbinderledern gibt es ein Knirschen beim Entrollen als erwünschtes Gütemerkmal für eine traditionelle Gerbung und Bearbeitung.

Es sind nicht nur die technischen Kenndaten, die Leder zuordnen und beurteilen lassen. Persönliche Empfindungen sind einzubeziehen, wenn man eine Antwort auf die Frage sucht: warum Leder?

1.3 Wofür Leder

In den Betrachtungen zu dem Werkstoff Leder sind bereits recht unterschiedliche Einsatzbereiche genannt worden. Sie weisen darauf hin, dass es „das Leder" nicht gibt. Als gezielt hergestellter Werkstoff kann Leder unter Berücksichtigung der in der rohen Haut festliegenden Grenzen den Anforderungen im Gebrauch entsprechend unterschiedlich hergestellt werden. Deshalb werden viele Lederarten nach den später daraus hergestellten Gebrauchsgegenständen benannt. In Abbildung 4 sind die wichtigsten Gruppen von solchen Gebrauchsgegenständen aufgezeigt. Die Schuhe stehen mit Recht an der Spitze, denn weltweit wird der größte Teil der hergestellten Leder für Schuhe eingesetzt. Dabei sind das durchaus verschiedene Lederarten. Zwischen dem Sohlenleder, dem Oberleder und dem Futterleder bestehen sehr große Unterschiede und für jede dieser Lederarten können die Häute und Felle ganz verschiedener Tierarten eingesetzt werden. Bei den Polsterledern für Möbel, Autos und Flugzeuge sind auch die Leder für die weiter gehende Innenausstattung einbezogen.

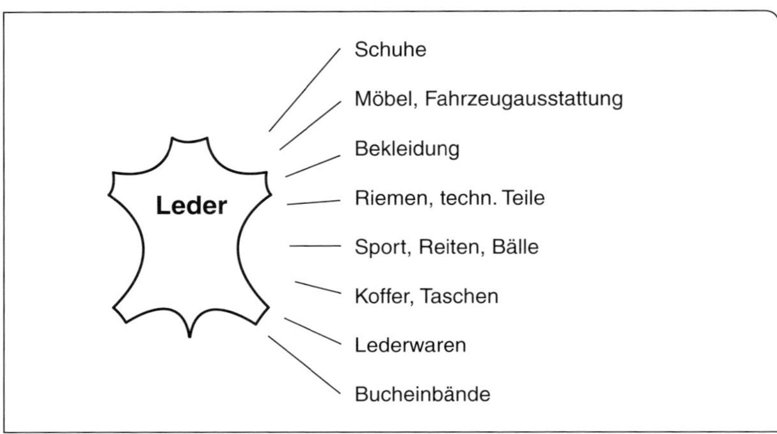

Abb. 5 Einsatzbereiche von Leder.

Hinter dem Begriff Bekleidung stehen die Trachtenkleidung, die modische Oberbekleidung, die Motorrad-Lederkombi bis hin zur Lederschürze für den Schmied und die Arbeitsschutzartikel (ASA). Es ist ein weiter Bereich mit ständig wechselnden Anforderungen.

Zu den Riemen zählen auch Ledergürtel, Zaumzeug für Tiere und Hundeleinen. Selbst im 21. Jahrhundert werden Antriebsriemen für einige Hochleistungsmaschinen noch aus Leder hergestellt, weil es dafür keinen vollwertigen Ersatz gibt. Infolge seines Aufbaus aus Eiweißfasern und der Gerbung mit pflanzlichen und mineralischen Gerbstoffen hat das richtig gefettete Riemenleder eine besonders geringe Neigung, elektrostatische Ladungen aufzubauen. So sammeln sich Fasern und Staub nicht um und auf den Antrieben, wodurch die Betriebssicherheit verbessert wird. Bei den technischen Teilen denkt man an Dichtungen und flexible Abdeckungen in Fahrzeugen und Maschinen. Hierunter finden sich auch die ganz dünnen Musikinstrumentenleder, die weichen saugfähigen Fensterleder, dicke und steife Leder für Formteile und dünne Lederschnüre für Schmuck.

Der Bereich Sport ist traditionell stark durch den Einsatz von Leder geprägt. Hier werden die hohen Festigkeitseigenschaften, die Belastbarkeit von Nähten und die Formbeständigkeit auch unter extrem wechselnden Bedingungen geschätzt. Im Reitsport sind es die Sättel und die Ausrüstung der Reiter, die besondere Lederarten erfordern. Oft sind die Sportleder ganz unauffällig, wie die schweißbeständigen Bandagen der Tennisschläger oder die Griffleder der Turner am Reck. Bälle sind oft ebenso selbstverständlich aus Leder wie Boxhandschuhe oder spezielle Hochleistungssportschuhe.

Koffer und Taschen sind Beispiele für die vielen Behälter aus Leder. Dafür sind belastbare Nähte ebenso gefragt wie spezifisch leichte Leder mit unempfindlicher Oberfläche, die sich leicht reinigen und pflegen lässt. Die Verarbeitung mit Metallen an Schnallen, Beschlägen und Nieten stellt besondere Anforderungen der Verträglichkeit. Silber darf nicht dunkel anlaufen und andere Metalle dürfen nicht zu Korrosion führen oder zu Veränderungen am Leder. Früher wurden Formstabilität und Festigkeit nur durch das ausgewählte Leder gewährleistet. Heute finden sich durch Formteile, Versteifungen, Unterfütterungen und Futtermaterialien und die notwendigen Verklebungen oft vielschichtige Verbundwerkstoffe an einem Fertigteil. Dabei muss das Leder seine eigenen Eigenschaften erhalten und darf die anderen Materialien nicht nachteilig beeinflussen.

Der Sammelbegriff Lederwaren umfasst alle kleineren Teile aus Leder: Geldbeutel, Brieftaschen, Brillenetuis, Schreibgarnituren, Schutzhüllen für viele Teile aus Papier oder Metall, Etuis für Zigarren, Zigaretten, Schmuck, Kosmetikartikel, Schlüssel und vieles mehr. Auch Bereitschaftstaschen für Mobiltelefone, CD-Player und Kleinwerkzeuge gehören dazu. Es ist ein weites Feld – und gerade diese Lederwaren haben die Phantasie zur Gestaltung der verwendeten Feinleder angeregt und zu ganz spezifischen Herstellungsverfahren und Bearbeitungstechniken geführt. In diesem Bereich kann die **Vielfalt der Rohware** so richtig ausgeschöpft werden durch die Einbeziehung exotischer Häute und Felle mit geringem Aufkommen und hohem Marktwert, der eigentlich Seltenheitswert heißen sollte. Bei diesen Ledern steht der Artenschutz als wichtiger Helfer auf der Seite der Lederhersteller. Nur eine nachhaltige Pflege des Tierbestandes sichert langfristig die Verfügbarkeit der Rohware. In diesem Zusammenhang muss man sehen, dass die Haut geschützter Reptilienarten bis zum Endprodukt Lederware mit einer rückverfolgbaren Kennzeichnung versehen wird, selbst wenn das Tier aus einer Zuchtfarm stammte. Der Seltenheitswert besonderer Rohwarenarten hat schon immer zu Nachahmungen auf anderen Tierhäuten, zu Imitationen, gereizt. Kroko-Imitationen auf Rindleder sind relativ einfach herzustellen. Über Fototechnik auf feinste Transferfolien gedruckte Echsenhautstrukturen sind fast perfekt und feines Schlangenleder lässt sich sogar auf Spaltleder erfolgreich imitieren. Die Formenvielfalt und die Anforderungen im Gebrauch von Lederwaren haben besondere Behandlungen der Oberfläche erforderlich gemacht. Stets musste die Dauer-Knickfähigkeit gegeben sein. Viele Entwicklungen von Lacken, Mattierungen, Metallic-Effekten und mehrfarbigen Mustern, die wir heute auch an anderen Lederarten finden, haben ihren Ursprung in den Feinledern für Lederwaren.

Bucheinbände aus Leder haben den Rang bibliophiler Kostbarkeiten erlangt. Alte Exemplare werden als Kulturgut erhalten. Das ist gerechtfertigt, denn ein guter Bucheinband ist Beweis hoher künstlerischer und handwerklicher Leistungen. Eine ähnliche Präzision in der Gestaltung der Oberfläche am fertigen Leder kennen wir sonst nur von besonderen Sätteln oder Behältnissen. Die Vergoldung mit echtem Blattgold gehört dazu wie auch Punzieren, Prägen und Färben der Leder durch den Verarbeiter. Parallel zu den Bucheinbänden sind auch die Ledertapeten zu sehen, die oft aus der gleichen Lederart in der gleichen Bearbeitungstechnik herstellt wurden. Heute sind Ledertapeten museale Raritäten. Ihre modernen Nachfolger werden Leder-Paneele genannt.

Die hier gegebene Einteilung der Leder nach verschiedenen Einsatzbereichen erhebt keinen Anspruch auf Vollständigkeit. Sie soll den Werkstoff Leder in der Fülle von Anwendungen zeigen, die oft sehr unterschiedliche Anforderungen an die Ledereigenschaften stellen. Dazu muss eine bewusste Auswahl unter den verschiedenen verfügbaren Tierfellen getroffen werden. Das ist leichter gesagt als getan. Die für die Lederherstellung interessanten tierischen Häute und Felle sind allesamt **Nebenprodukte der Fleischgewinnung**. Kein junges Tier wird geschlachtet, weil seine Haut ein besonders feines Leder ergeben könnte. Es wird geschlachtet, wenn der Fleischertrag und die Kosten der Tierhaltung im richtigen Verhältnis zueinander stehen oder wenn der Fleischmarkt einen Bedarf hat, nicht jedoch wenn der Gerber eine Haut braucht. Deshalb muss der Gerber in seinen Verfahren flexibel genug sein, Häute unterschiedlicher Tierarten zu Leder für die gleichen Einsatzbereiche und Anforderungen herzustellen. Haustiere oder in Herden gehaltene Tiere bilden zahlenmäßig die größte Gruppe. Sie werden nahezu unabhängig von der Jahreszeit so regelmäßig geschlachtet, dass sie eine solide Rohstoffbasis für die Lederwirtschaft bilden. Wild dagegen unterliegt so starken Schwankungen, dass die Jahresmenge in sehr kurzer Zeit anfällt und dann eine Periode folgt, in der diese Häute gar nicht zur Verfügung stehen.

Tab. 1 Eignung verschiedener Häute und Felle für ausgewählte Lederarten

	Rind	Kalb	Pferd	Schwein	Ziege	Schaf	Wild	Schlangen Echsen	Vögel Fisch
Sohlenleder	+								
Riemenleder	+								
Geschirrleder	+								
Techn. Leder	+	+	+		+				
Sportleder	+	+					+		
Möbelleder	+	+		+					
Schuhoberleder	+	+	+	+	+	+	+	+	
Futterleder	+	+	+	+	+	+			
Bekleidg. Leder	+	+	+	+	+	+	+		+
Täschnerleder	+	+		+	+	+		++	++
Feinleder		+		+	+	+		++	++
Fensterleder						+	+		
Spezielles Leder für Orthopädie		+					+		
Pelz		+				+	+		

Solche Zyklen erschweren industrielle Fertigungen ganz erheblich. Deshalb hat hier eine Spezialisierung einiger weniger Betriebe auf die Verarbeitung solcher Rohwarenarten stattgefunden. Bei den exotischen Rohwarenarten von Schlangen, Echsen, Fischen und Vögeln ist neben einem zeitlich ungleichmäßigen Anfall auch eine Beschränkung auf wenige Regionen eine Ursache dafür, dass sich die spezialisierten Betriebe möglichst nahe bei dem Ort ansiedeln, an dem solche Häute verfügbar sind.

In der Übersicht in Tabelle 1 wird deutlich, dass aus Rindhäuten und Kalbfellen die meisten Lederarten hergestellt werden können. Bei den zuvor besprochenen unterschiedlichen Anforderungen bedeutet dies, dass die Herstellungsverfahren dem Leder ganz spezielle Eigenschaften oder Kombinationen von Eigenschaften vermitteln können. Andererseits wird aber auch deutlich, dass trotz technischer Möglichkeiten in der Lederherstellung die in der Struktur, Größe oder Dicke der rohen Tierhaut vorgegebenen Grenzen nicht überschritten werden können. Sind zum Beispiel keine Rindhäute verfügbar, kann man nicht auf Schaffelle ausweichen um Sohlen oder Sportleder herzustellen.

1.4 Die Entwicklungsgeschichte des Leders

Das Gerben von Häuten und Fellen gilt als die älteste handwerkliche Kunst der Menschheit. Während die Tiere allein mit den Möglichkeiten ihres Körpers ihr Überleben sichern können, ist der Mensch sehr beschränkt dafür gerüstet. In dem Bestreben, diesen Mangel auszugleichen, hat er fremde Materialien umgestaltet. So hat er die Häute und Felle der als Nahrung erlegten Tiere zum Schutz des eigenen Köpers nutzen wollen. Aber die unbearbeitete rohe Haut ist leicht verderblich und nur sehr kurze Zeit verwendbar. Deshalb entwickelten die Menschen einfache Verfahren, die aus der Haut das wesentlich beständigere Leder machten. Man wird dabei noch nicht von einer Gerbung in unserem modernen Verständnis sprechen können, aber in den steinzeitlichen Funden erkennen wir eine gezielte mechanische Bearbeitung der Tierhäute durch Schaben und Strecken vor und während der Trocknung. Auch das Einarbeiten von Fett zur Steigerung der Weichheit oder der wasserabweisenden Wirkung ist eine der ganz frühen chemischen Maßnahmen. Zur Herstellung von Steinwerkzeugen und -waffen waren haltbare Riemen aus entsprechend bearbeiteten Häuten unabdingbar. Sie ermöglichten die Verbindung von Stein und Holz zu den Waffen, die die Jagd auf große Tiere erst möglich machten. Dadurch standen mehr und mehr größere Häute zur Verfügung, zu deren Bearbeitung die bekannten Werkzeuge weiterentwickelt und verbessert wurden. Auch die haltbar machende Wirkung von Rauch wurde erkannt und genutzt. Aus den archäologischen Funden ergibt sich, dass diese zielgerichtete Behandlung der Häute und

Felle bei Beginn der letzten Eiszeit, also vor etwa 100 000 Jahren, an vielen Stellen der Welt durchgeführt wurde.

Als dann nach der Eiszeit, etwa vor 10 000 Jahren, die Lebensbedingungen besser wurden und aus den umherziehenden Jägern und Sammlern allmählich sesshafte Bauern und Tierzüchter wurden, erhielt die Lederherstellung neue Aufgaben. Die gerbende Wirkung von Pflanzen oder Pflanzenteilen wurde erkannt und erfolgreich genutzt. Die lange Gerbdauer war kein Problem mehr, wenn der Wohnplatz nicht mehr ständig gewechselt wurde. Durch den Fund der gut erhaltenen Mumie vom Hauslabjoch, bekannt als „Ötzi", wissen wir, dass vor 5000 Jahren die pflanzliche Gerbung perfekt beherrscht wurde und verschiedene Lederarten für unterschiedliche Aufgaben hergestellt wurden. In der Bronze- und insbesondere der Eisenzeit erhielt die Entwicklung der Gerberei starke Impulse. Mit den neuen Metallen konnten wirkungsvolle Werkzeuge hergestellt werden. Die Gewinnung von Eisen aus Erz war erst möglich geworden durch den Wind aus einem Blasebalg, der die Hitze des Feuers deutlich steigerte. Für den Blasebalg war ein geeignetes, weiches Leder Voraussetzung, denn kein anderes Material eignete sich dafür. Aber auch andere Gerbverfahren wurden entwickelt, denn es standen jeweils nur die regional verfügbaren Hilfsmittel zur Verfügung. Als Gerbstoffe dienten die Fettstoffe der erlegten Tiere, die pflanzlichen Gerbstoffe, in anderen Gegenden Mineralien wie zum Beispiel Alaun oder Tonerde. Manchmal waren es Kombinationen wie das Einbringen fettender Substanzen und danach das Trocknen im Rauch des Herdfeuers.

Die haarlockernde Wirkung einer leichten Fäulnis war sicher eine sehr frühe Entdeckung. Eine Enthaarung durch wässrige Aufschlämmung von Holzasche, die Urform eines Äschers, wird sicher erst viel später hinzugekommen sein.

Die Entwicklung der Ledererzeugung vom Allgemeinwissen als Teil der Selbstversorgung innerhalb der Familie zu einem eigenen Berufsstand hat offenbar in der Zeit der Gründung von ständig bewohnten Siedlungen überall in der Welt stattgefunden. Mit dem aufkommenden Handel zwischen den Siedlungsgebieten wurde auch technisches Wissen wie das der Lederherstellung über weite Entfernungen ausgetauscht. Wir haben heute gesicherte Kenntnisse aus Ausgrabungen, Inschriften und bildlichen Darstellungen von der hoch entwickelten Kunst der Völker Vorderasiens, verschiedene Leder herzustellen, zu färben und zu verarbeiten. So verwendeten die Hethiter schon vor rund 5000 Jahren Alaun und Galläpfel für die Gerbung der Leder zur Ausstattung ihrer Reiterarmee. Perser, Ägypter, Griechen und Römer nutzten Leder in großen Mengen und beschrieben seine Herstellung in den großen Werken der Religionen (Talmud, Bibel) und Dichtung (Homer, Herodot). Die Technik der Lederherstellung hat sich in diesen Jahrhunderten nur sehr wenig verändert. Die gefundenen Werkzeuge weisen auf eine intensive mechanische Bearbeitung hin. Dabei hatte das Schaben nicht nur die Aufgabe, die Haut auf beiden Seiten zu reinigen, auf der Narbenseite von Haaren und auf der Fleischseite von leicht verderblichen Fleisch- und Fettresten. Das Schaben mit stumpfen Werkzeugen diente der Lockerung der Faserstruktur, dem Verteilen und Einarbeiten von gerbenden Stoffen und Fetten. Dadurch sollte ein Verkleben der Fasern und damit ein Verhärten des Leders bei der Trocknung verhindert werden. Aus Größe, Form und Material gefundener Ahlen und Nadeln können Rückschlüsse auf die verarbeiteten Leder und deren lange Nutzungsdauer gezogen werden. Diese rechtfertigte eine so sorgfältige und zeitaufwändige Bearbeitung.

Mit der Veränderung der Lebensweise vom Jäger zum sesshaften Ackerbauern ging eine Tendenz zur Spezialisierung einher. Das hat bei der Be- und Verarbeitung anderer Materialien, wie Ton, Metallen oder Pflanzenfasern zu völlig neuen Technologien geführt. Die Lederherstellung dagegen wurde bis zum Ende des Mittelalters, trotz aller Zunftregelungen und neuer Marktordnungen, nach den gleichen alten Grundregeln betrieben. Diese stützten sich auf Erfahrung und wurden als gesichertes Wissen über Generationen weitergegeben.

Erst um 1750 begann die Erfassung der Grundlagen der Lederherstellung und somit deren wissenschaftliche Bewertung. Eine rege Forschungs- und Entwicklungstätigkeit auf allen Teilgebieten setzte ein. Die Chemie verhalf zu Einblicken in den Aufbau der Haut und die Wechselwirkungen zwischen der Haut und den zur Gerbung eingesetzten Hilfsmitteln. Neue Gerbstoffe wurden entwickelt und in optimierten Verfahren eingesetzt. Den größten Einfluss auf die Lederherstellung hat die Gerbung mit Chromsalzen genommen. In den Arbeiten von Prof. F. Knapp wurden bereits 1858 die Grundlagen der Chromgerbung beschrieben. Hundert Jahre später wurden bereits mehr als 80 % aller weltweit hergestellten Leder mit Chromgerbstoffen gegerbt. Neben die analytische Kontrolle der verschiedenen Pro-

Abb. 6 Blick in eine Gerberei um 1746 (De La Lande).

zessschritte trat die Erfassung der physikalischen und chemischen Qualitätsmerkmale der fertigen Leder. Eine aufblühende Chemische Industrie sicherte eine gleich bleibende Qualität der Hilfsmittel. Die Gerbereimaschinenindustrie ermöglichte die Bearbeitung großer Mengen unter gleichen Bedingungen. Die sich ständig vertiefende Kenntnis der Vorgänge bei der Lederherstellung war nur noch von gut und vielseitig ausgebildeten Spezialisten zu nutzen. So entstand in kurzer Zeit eine Lederindustrie mit internationalem Austausch von Wissen, Rohware, Roh- und Hilfsstoffen und Fertigleder. Seit der Mitte des 20. Jahrhunderts zeichnet sich eine Arbeitsteilung ab, bei der in den Ursprungsländern der Häute und Felle die grundlegenden Arbeiten bis zu einer geeigneten Handelsform durchgeführt werden und in den marktnahen Industrieländern die Leder dann fertig bearbeitet werden.

Mit der Entwicklung des Transportwesens zur See und in der Luft wurde diese Arbeitsteilung häufig noch weiter gegliedert und die Lederverarbeitung mit einbezogen.

Weil Leder als Material für die Befriedigung der elementarsten Bedürfnisse der Menschen so früh genutzt wurde, hat es die ganze Entwicklung der Zivilisation mitgemacht und musste immer wieder den sich verändernden Anforderungen angepasst werden. Sicher stand am Anfang die schützende Funktion im Vordergrund. Gemeint ist der Schutz gegen die Umwelt als Verstärkung der eigenen Haut, also die Bekleidung. Dabei waren Schutz gegen Witterung und Schutz gegen Verletzungen gleichermaßen erforderlich. So wurden Felle mit Haar und auch zufällig oder bewusst enthaarte Felle auf die gleiche Weise behandelt.

Am Beispiel der Fußbekleidung, die wir heute Schuhe nennen, kann man das nachvollziehen. Ursprünglich wurden kleinere Felle mit der Haarseite nach innen so um die Füße gewickelt, dass sie mit Fellstreifen und später mit Riemen um das Bein befestigt werden konnten. Mit der Möglichkeit, auch größere Tiere zu erlegen und deren Haut durch eine einfache Gerbung haltbar zu machen, wählte man bewusst dicke Hautstücke zum Schutz der Füße. Eine solche Entwicklung ist naturgemäß an die äußeren Bedingungen des Klimas, des Lebensraumes und die Notwendigkeit der Bewegung bei der Jagd und beim Ackerbau gebunden. Über die Sandalen entstand ein Schuh mit der Sohle aus dickem, steifem Leder und dem Oberteil aus dünnerem, flexiblerem Leder. Die Form und das Material wurden immer wieder nach modischen oder praktischen Gesichtspunkten variiert. Die Notwendigkeit eines schützenden und stützenden Schuhes ist auch für uns noch gegeben. Wir kennen und benutzen heute Schuhe vom einfachsten Sandalentyp bis zum kompliziert hergestellten Spezialschuh aus dazu besonders hergestellten Lederarten.

Auch zur Gestaltung des Wohnraumes wurde Leder genutzt. Das konnte regional sehr unterschiedlich aussehen und von einem Fell vor der Höhlenöffnung und am Schlafplatz bis zum Bau von Zelten aus mehreren zusammengenähten Häuten reichen. In den klimatischen Extremregionen wurden geradezu geniale Lösungen dieser Aufgaben gefunden.

Als **technischer Werkstoff** hat Leder die Entwicklung seit der Steinzeit mitgeprägt. Als Binderiemen für Werkzeuge und Waffen dienten schmale Hautstreifen. Als Behälter konnten die Bälge kleinerer Tiere genutzt werden. An Flüssen und Küsten wurden Tierbälge als Schwimmer für Flöße oder einfache Boote eingesetzt. Das gibt es heute noch. Auch zur Aufbewahrung von Flüssigkeiten wurden Tierbälge verwendet, wenn keine anderen Gefäße zur Verfügung standen. Bei den Weinschläuchen hat sich dies im Mittelmeerraum bis in unsere Zeit erhalten.

Zugriemen zur Übertragung von Kräften und zur Befestigung einer Holzstange als Joch standen am Anfang der landwirtschaftlichen Nutzung von domestizierten Tieren. Daraus entwickelten sich Geschirre, Sattel- und Zaumzeug aus Leder und schließlich Treibriemen für maschinelle Antriebe. Seile aus Leder ermöglichten das Heben und Bewegen größter Lasten, das Lasso aus enthaarter und schwach gegerbter Haut ist bei allen Hirtenvölkern bis in die Arktis bekannt. Die Verwendung von Leder im militärischen Bereich gehört auch zur Betrachtung der Entwicklung dieses technischen Werkstoffes. Bis es von Kettenhemden und Metallrüstungen abgelöst wurde, war Leder das am besten geeignete Material für den Schutz des Kriegers. Auf der ganzen Welt finden sich lederne Schutzpanzer und lederbezogene Schutzschilde. Gerade in den Waffen und der kriegerischen Ausrüstung zeigt sich sehr früh die Verbindung des Leders mit mythologischen Überlegungen. Schilde wurden bemalt oder mit Metallteilen versehen um als Zeichen der Stärke abschreckend zu wirken. Die farbliche Gestaltung des Leders diente auch dazu, soziale Unterschiede auszudrücken oder Zugehörigkeiten deutlich zu machen. Wir finden das heute noch in den Trachten oder den Lederjacken bestimmter Jugendgruppen. Die technische Nutzung von Leder reicht bis zu den Sportgeräten. Aus Leder gefertigte Bälle waren schon in der Antike bekannt.

Eine Verbindung von Technik und Kunst findet sich in der Herstellung von Musikinstrumenten. Von der einfachen Trommel bis zur komplizierten Orgel findet sich Leder als wichtiges Material. Ohne das dauerhaft elastische Leder der Faltenbälge wäre die Entwicklung vieler Instrumente nicht möglich gewesen. Auch die Gewinnung und Bearbeitung von Metallen war erst durch die Erfindung des ledernen Blasebalgs möglich.

Bei der Betrachtung der Entwicklungsgeschichte des Leders darf nicht vergessen werden, dass gerade die Nutzung von Leder in der darstellenden und gestaltenden Kunst ganz wichtige Anstöße gegeben hat. Wie kein anderes Material hat sich das flach ausgespannte Leder dazu angeboten, mit Zeichen mittels Holzkohle bemalt zu werden. Diese ursprüngliche Farbgebung wurde technologisch verbessert und ist heute in Färbung und Zurichtung fester Bestandteil einer marktorientierten Lederherstellung, die auch höchsten Anforderungen gerecht wird.

Sehr früh galt ein gut gegerbtes Leder als etwas Edles. Deshalb wurde es für künstlerisch gestaltete Gegenstände und Ornamente verwendet, häufig auch gemeinsam mit edlen Hölzern oder Metallen. Besonders die Steigerung dieses Eindruckes durch Blattgold und Blattsilber führte bei Bucheinbänden und Tapeten, aber auch bei Etuis und Schatullen zu wahren Kunstwerken, die Schönheit und Gebrauchswert über Jahrhunderte behielten. Die kunstvolle Formgebung ist eine in dem pflanzlich gegerbten Leder angelegte Möglichkeit. So wurden Gebrauchsgegenstände wie Kannen und Vasen aus wasserdichtem Leder geformt. Noch heute werden Skulpturen, Halbreliefarbeiten und andere Kunstwerke aus Leder geschaffen. Weil hierbei neben der Form auch die Oberfläche wirken soll, wurden durch diese Arbeiten ganz neue Techniken der Oberflächengestaltung in der Lederherstellung eingeführt.

Obwohl die Entwicklung des Leders seit vielen Jahrtausenden betrieben wird, ist ein Ende der Möglichkeiten noch lange nicht in Sicht. Viele Faktoren tragen dazu bei, dass Leder immer ein aktueller Werkstoff bleibt. Es ändern sich die Lebensbedingungen der Tiere, deren Häute als Rohstoff dienen. Klimatische Einflüsse, Zuchtziele, landwirtschaftliche und marktpolitische Vorgaben und verändertes Verbraucherverhalten sorgen dafür, dass durch ständige Anpassung an solche Veränderungen die Kenntnisse um die Beschaffenheit und Beabeitungsmöglichkeiten der tierischen Haut laufend aktualisiert und erweitert werden. Mit gesetzlichen Regelungen zum Umgang mit chemischen Hilfsmitteln oder zum Umweltschutz greift der Staat in die Produktionstechnik ein und macht ständige Entwicklungsarbeiten notwendig. Die Hilfsmittel- und die Gerbereimaschinenindustrie unterstützen die Lederhersteller bei diesen Aufgaben. Die Verarbeiter leiten aus ihren eigenen Entwicklungen und den Wünschen der Kunden neue Anforderungen an das Leder ab, die insbesondere die Qualität und das äußere Erscheinungsbild des Leders betreffen. Nicht zuletzt steht Leder in einigen Marktbereichen mit anderen Werkstoffen im Wettbewerb und deshalb reguliert der Preis als Summe aller Kosten Umfang und Tempo der Entwicklung. Dabei können andere Werkstoffe in einzelnen Eigenschaften vorteilhafter sein, in der Summe der Eigenschaften ist Leder noch immer unerreicht. Ein Gummistiefel ist in der Wasserdichtigkeit besser als ein Lederstiefel, in Tragekomfort, Tragehygiene und kälteisolierender Wirkung ist Leder weit überlegen. Deshalb wird auch in der Zukunft die Entwicklung des Leders darauf abzielen, einzelne Eigenschaften zu verbessern ohne das ausgewogene Gleichgewicht aller Eigenschaften zu vernachlässigen.

Dies ausgewogene Gleichgewicht aller Ledereigenschaften liegt in dem unvergleichlichen Aufbau der tierischen Haut begründet. Es ist deshalb unverzichtbar, diesen Aufbau genau zu kennen um ihn bei den vielen Arbeitsstufen der Lederherstellung erhalten zu können, wie es in der Definition von Leder gefordert wird.

2 Die tierische Haut

2.1 Aufbau der tierischen Haut

Die Natur ist ein sparsamer Verwalter ihrer Möglichkeiten. Das in einer langen Entwicklungsgeschichte optimierte Bauprinzip für die Haut der Säugetiere hat sie in den Genen festgeschrieben und wir finden es bei ganz verschiedenen Tierarten fast unverändert wieder. Deshalb sei erlaubt, am Beispiel der Rindhaut dieses Bauprinzip aufzuzeigen.

Die Haut ist das größte Organ und hat vielerlei Aufgaben zu erfüllen. Die Haut eines Rindes kann über 50 kg wiegen und eine Fläche von bis zu 7 m^2 bedecken. Als äußere Hülle grenzt sie den Körper gegen die Umwelt ab. Sie schützt ihn gegen die Einflüsse der Witterung, gegen mechanische Verletzungen und verhindert das Eindringen von Mikroorganismen und anderen schädlichen Substanzen in den Körper, solange sie nicht beschädigt ist und das Tier lebt. Die Haut dient zur Regulierung der Körpertemperatur und ermöglicht als Sinnesorgan durch ein weit verzweigtes Nervensystem die Empfindung von Hitze und Kälte, Berührung und Schmerz.

Da jedes Tier in seiner anatomischen Gestalt einmalig ist, ist auch die Haut eines jeden Tieres in ihrer Dicke, Fläche, Beschaffenheit und Oberfläche ein Unikat. Dies gilt es zu bedenken, wenn von großen Mengen von Häuten einer Tierart gesprochen wird. Trotz gleichartiger Behandlung in der Lederherstellung werden die fertigen Leder diese individuellen Unterschiede noch erkennen lassen.

Die tierische Haut besteht aus drei Schichten, die so ineinander übergehen, dass sie als ein Ganzes erscheinen. Jede dieser Schichten hat einen eigenen Aufbau, eine besondere chemische Zusammensetzung und erfüllt ganz spezifische Aufgaben. Von außen nach innen zum Tierkörper hin sind dies:

- die Oberhaut (Epidermis),
- die Lederhaut (Corium oder Cutis),
- das Unterhautbindegewebe (Subcutis).

2.1.1 Die Oberhaut

Die Oberhaut ist eine dünne Schicht, die nur etwa 1 % der Gesamtdicke der Haut ausmacht. Sie besteht aus Keratin-Epithelgewebe, ist also ausschließlich aus Zellen aufgebaut. Diese Zellen liegen direkt auf der darunter liegenden Lederhaut auf und werden durch ein System feinster Gefäße vom Körperinneren mit allen Nährstoffen versorgt, die das Wachstum der untersten Zellen sicherstellen. Dieses ständige Wachstum der untersten Zellen in der basalen Zellreihe führt dazu, dass im gleichen Maße alle fertig entwickelten Zellen nach oben weggedrückt werden, denn – Verdrängung durch Wachstum ist nur

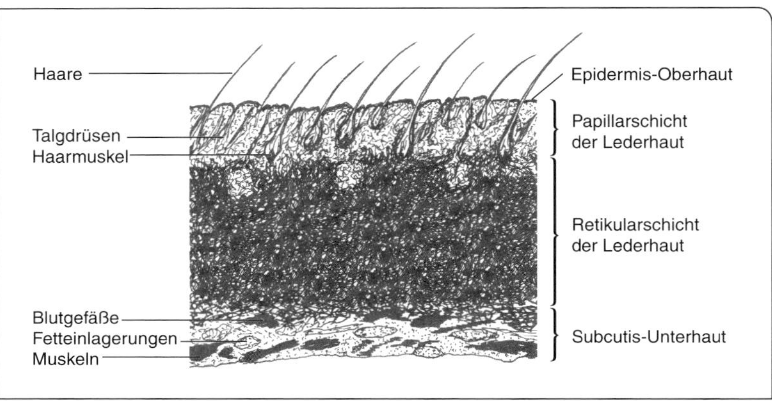

Abb. 7 Querschnitt durch eine Rinderhaut.

nach außen (oben) möglich. Sie werden von der Versorgung mit Nährstoffen abgeschnitten, können nicht mehr wachsen und trocknen allmählich aus. Dabei bilden sie schließlich flache, verhornte Plättchen, die sich als „Schuppen" aus dem Verband lösen und abfallen.

Weil jede einzelne Zelle diese Entwicklung in einem eigenen Tempo durchmacht, liegen in der Epidermis oft Zellen in unterschiedlichen Stadien der Alterung nebeneinander. Betrachtet man diesen Vorgang unter chemischen Gesichtspunkten, dann geschieht hier etwas ganz Bemerkenswertes. Die basale Zellreihe aus den lebensfähigen, aktiven Zellen besteht aus Präkeratin. Mit zunehmender Entfernung der Zellen von der Versorgungsebene wandelt sich das Präkeratin infolge Oxidation in das Keratin der Hornschicht um. Präkeratin ist gegen chemische und enzymatische Einflüsse sehr unbeständig und fault leicht. Keratin ist gegen chemische und enzymatische Einflüsse sehr beständig. Der Grund dafür ist, dass im Präkeratin die Aminosäure Cystein mit der freien Sulfhydrid-Gruppe –SH vorliegt. Diese –SH-Gruppe ist reaktionsfähig und hilft bei der Enthaarung im Äscher durch Hydrolyse der basalen Zellreihe von Oberhaut und Haaren. Das Keratin dagegen enthält durch das Cystin mit seinen durch Oxidation entstandenen Disulfid-Brücken –S–S- eine so stabile innere Vernetzung, dass es nicht durch die hydrolytische Wirkung eines Weißkalkäschers angegriffen wird. Das Haar bleibt in seinen verhornten Bereichen dank Cystin erhalten und wird nur an der Wurzel gelockert. Darauf beruht die Wirkung der haarerhaltenden Äscher. Um die Oberhaut und die Haare nicht nur zu lockern, sondern auch zu zerstören, muss das Cystin zu Cystein reduziert werden. Dafür setzt der Gerber Reduktionsmittel wie zum Beispiel Natriumsulfid Na_2S ein. Er kehrt die natürliche Entwicklung der Keratinzellen um.

Austrocknung und Verhornung der Zellen führen dazu, dass sich eine Art Schutzpanzer auf der Haut bildet, der durch seine Zell- oder Schuppenstruktur nicht starr ist, sondern allen Bewegungen folgen kann. Er ist dennoch so dicht, dass er Schutz bietet gegen mechanische Verletzungen und gegen das Eindringen von Wasser oder anderen gefährlichen Stoffen. Neben der schützenden Abdeckung der Haut über die gesamte Oberfläche des Tierkörpers hat die Oberhaut die Aufgabe, einzelne Körperteile zusätzlich zu schützen. Dazu bildet sie aus Zellen im gleichen Bauprinzip Haare, Wolle, Borsten, Nägel, Klauen und auch Federn. Davon sind die Haare für die Lederherstellung von besonderer Bedeutung, denn sie müssen entfernt werden. Dazu muss man ihre **Beschaffenheit** etwas genauer betrachten. Die Haare sitzen in röhrenförmigen Einstülpungen in der Lederhaut, die mit Epithelgewebe ausgekleidet sind. Diese werden außen durch eine membranartige Bindegewebshülle von ringförmigen elastischen Fasern aus Elastin in Form gehalten und verstärkt. Eine solche Einstülpung heißt „Haarbalg". Das Haar selbst wächst nach dem Prinzip der Zellteilung in der basalen Zellreihe, was an der Haarwurzel zu einer zwiebelartigen Verdickung führt. Hier erfolgt die Versorgung der Haarwurzel durch eine in den Zellverband hineinreichende Papille der Lederhaut. In dem Maße, wie sich die Zellen um die Papille teilen, wächst das Haar und wird nach außen gedrückt. Um dies zu erleichtern und gleichzeitig den Schutz gegen chemische Fremdstoffe und Mikroorganismen zu sichern, münden die Ausführungsgänge der Talgdrüsen in die Haarwurzelscheide. So wird das Haar geschmiert und nach außen abgedichtet. Selten ist der Haarbalg senkrecht zur Hautoberfläche ausgerichtet. Je nach Tierart und Körperpartie verläuft er schräg oder spiralig. Bei einigen Tierarten reicht der Haarbalg durch die ganze Dicke der Lederhaut bis in die Subcutis. Die Haare sind nicht einheitlich in Dicke und Anordnung. Meist lassen sich drei Arten von Haaren im Haarkleid feststellen:

- lange, starke Leithaare,
- dicke, glatte Grannenhaare,
- feine, kürzere Wollhaare.

Die Anordnung der Haare ist für jede Tierart typisch. Nach dem Entfernen der Haare bleiben die Löcher der offenen Haarwurzelscheiden

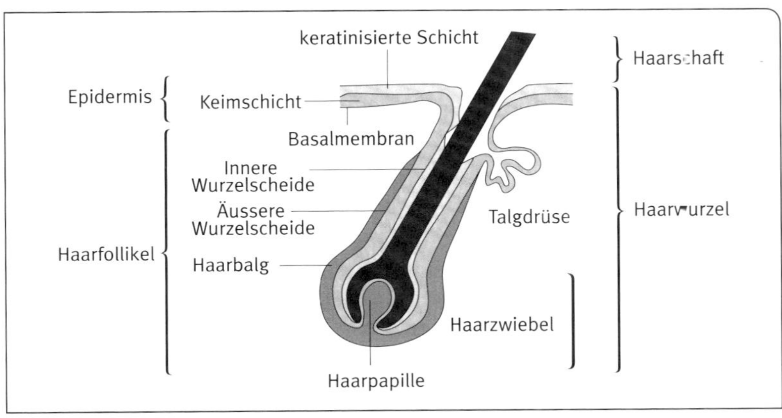

Abb. 8 Aufbau der Haarwurzel.

sichtbar und bilden das Porenbild. Das dient der Zuordnung eines Leders zur ursprünglichen Tierart und gilt als typische Ledereigenschaft.

Zwischen den Haaren liegen der jedem Haar zugeordnete Haarmuskel und die Schweißdrüsen. Diese Schweißdrüsen scheiden eine wässrige Lösung von Salzen, Fettsäuren, Harnstoff, Eiweißstoffen und fettähnlichen Substanzen zur Hautoberfläche aus und regulieren durch deren Verdunstung die Körpertemperatur. Der austretende Schweiß reagiert zunächst sauer und durch die Zersetzung des Harnstoffes nach kurzer Zeit alkalisch. Die Farbpigmente in Oberhaut und Haaren werden bei der Lederherstellung entfernt. Sie geben dem jeweiligen Tier seine typische Naturfarbe.

2.1.2 Die Lederhaut

Die Lederhaut, auch Corium oder Cutis genannt, ist mit bis zu 85 % der Gesamtdicke der Haut die **für die Lederherstellung wichtigste Schicht**. Sie hat im Gesamtsystem Haut am lebenden Tier als Hauptaufgabe den festen, elastischen Schutz des Körpers zu erfüllen und eine geeignete Unterlage für die Oberhaut zu bilden. Deshalb ist sie ganz anders aufgebaut als diese. Sie erreicht nicht die Oberfläche und kann sich deshalb auch nicht durch ständiges Wachstum und Abschuppen erneuern. Sie verändert sich nur im Tempo des Wachstums des Tieres. Es wäre auch nicht zweckmäßig, wenn die Lederhaut aus Zellen aufgebaut wäre, weil deren Zusammenhalt nicht ausreichen würde, der Haut die nötige Festigkeit zu geben um die mechanischen Belastungen zu überstehen. Die Lederhaut hat einen Aufbau aus Fasern, die aus Kollagen bestehen. Diese Fasern bilden ein Geflecht in alle Richtungen (dreidimensional) ohne erkennbaren Anfang und Ende der einzelnen Faser. Dieses als Bindegewebe bezeichnete scheinbar wirre Durcheinander von dicken und dünnen Fasern hat einen ganz ausgeklügelten Bauplan, der die Eigenschaften der Haut und damit auch einen großen Teil der Eigenschaften des künftigen Leders garantiert (Abbildung 9).

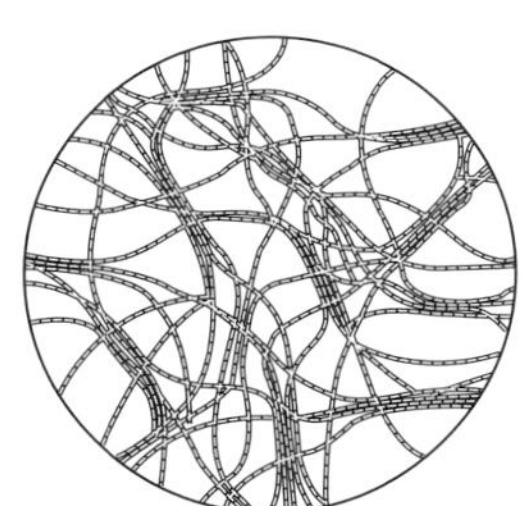

Abb. 9 Das dreidimensionale Geflecht endloser Fasern.

Die chemischen Grundbausteine der Bindegewebsfasern sind **Aminosäuren**. Alle Proteine, die tierischen und pflanzlichen Eiweiße, bestehen aus Aminosäuren. Im Bindegewebe der Haut finden sich sehr viele Aminosäuren, doch ist der ungewöhnlich hohe Anteil an Glykokoll, Prolin, Hydroxyprolin und Hydroxylysin nur im Kollagen zu finden. Das Cystin, die typische Aminosäure im Epithelgewebe aus dem Keratin der Oberhaut, fehlt im Kollagen völlig. Daraus resultiert ein ganz unterschiedliches chemisches Verhalten dieser beiden Gewebearten in der Haut, was für die Lederherstellung von großer praktischer Bedeutung ist.

Bis es zu den erkennbaren Fasern der Lederhaut kommt, werden 19 ausgewählte Aminosäuren nach einem festen Schema in einer langen Reihe geordnet, bis aus circa 1000 Aminosäuren eine **Peptidkette**, das Polypeptid, entsteht. Durch chemische Reaktionen der

Aminosäuren untereinander ist diese lange Kette stabilisiert. Drei solcher Peptidketten lagern sich spiralig umeinander. Dabei kommen CO-NH-Gruppen einander so nahe (weniger als 28 nm), dass sie eine Wasserstoffbrücke ausbilden. Diese spiralige Struktur aus drei langen Peptidketten wird als Tripelhelix bezeichnet und gilt als das eigentliche Kollagenmolekül, das Tropokollagen.

Aus räumlichen Gründen lagern sich fünf solcher Tripelhelices oder Kollagenmoleküle zu einer Protofibrille zusammen. Die nächste erkennbare Einheit ist die **Fibrille**, ein wohlgeordnetes und abgegrenztes Bündel mit circa 7000 Kollagenmolekülen. Lagern sich 200 bis 1000 Fibrillen parallel zueinander, so entsteht die **Elementarfaser**, die als Einzelfaser viele physikalische Eigenschaften des Leders bestimmt. Die eigentliche kollagene Faser, die zu der dreidimensionalen Verflechtung führt, ist eine Bündelung von 30 bis 300 Elementarfasern, die gegeneinander beweglich sind. Diese Fasern, die sich für unterschiedlich lange Strecken nochmals zu Faserbündeln zusammenlegen, enthalten jeweils eine ungeheure Anzahl (circa 50 Millionen) jener gewundenen Kollagenmoleküle aus Aminosäurenketten. Diese Kettenmoleküle wurden in besonderen Zellen, den Fibroblasten, gebildet und ausgeschieden. Auch in der Haut ausgewachsener Tiere finden sich noch einige solcher Fibroblasten. Bei einer Verletzung der

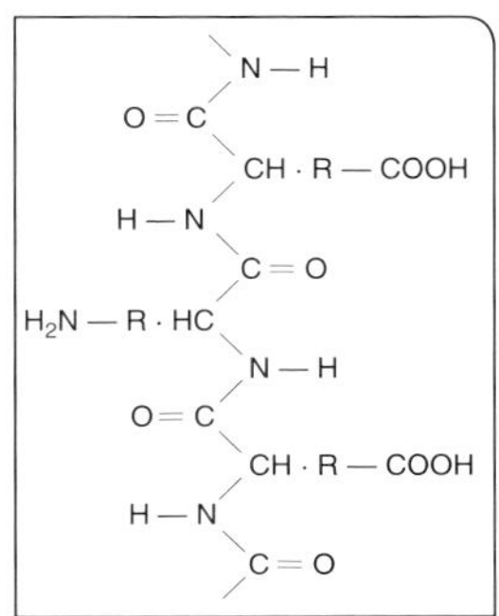

Abb. 10 Peptidkette = Polypeptid, schematische Darstellung.

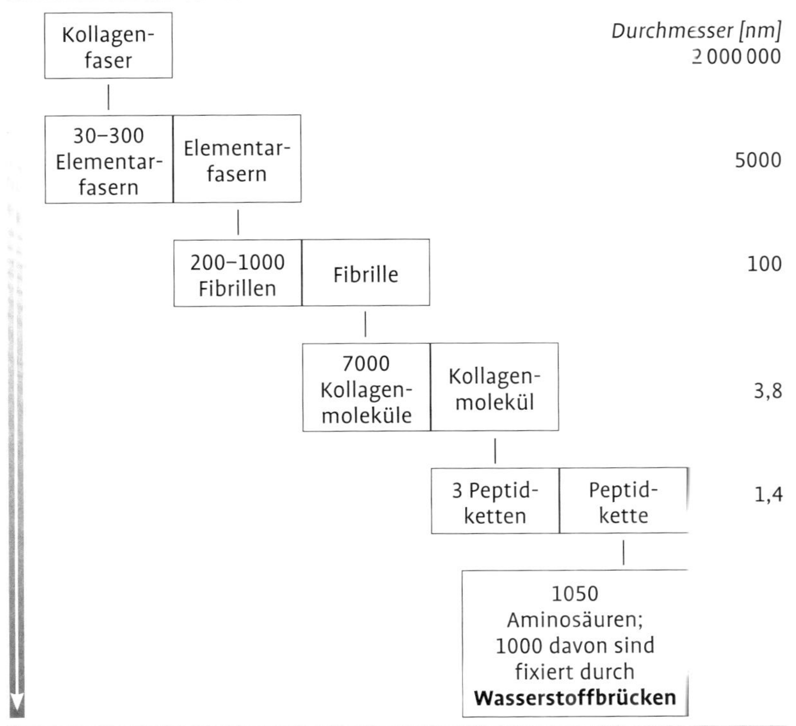

Abb. 11 Die Gerbung erfolgt im Innersten der Faser durch Ersetzen der Wasserstoffbrücken.

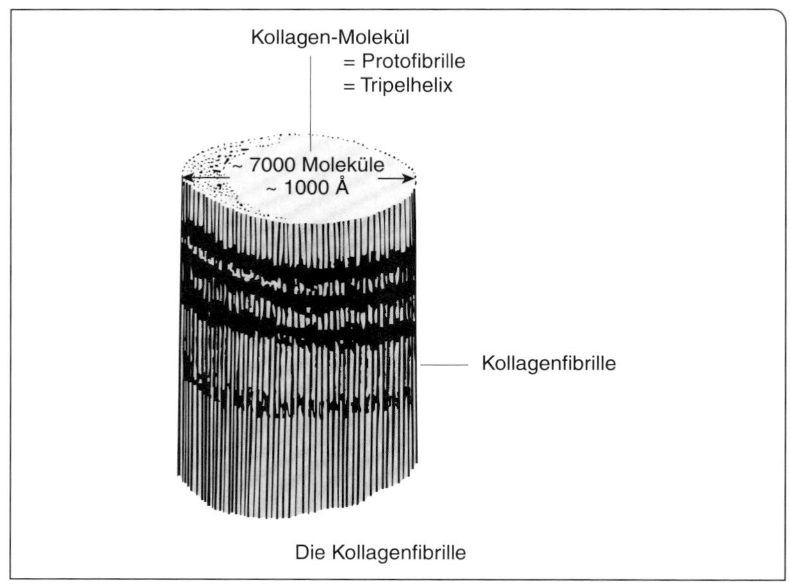

Abb. 12 Die Kollagenfibrille, ein Bündel von Molekülen.

Haut werden sie aktiviert und ermöglichen mit ihren kleinen Bausteinen eine Heilung der Wunde durch die Bildung neuer Kollagenmoleküle in Tripelhelix-Anordnung, die über Protofibrillen, Fibrillen, Elementarfasern und schließlich Fasern das Narbengewebe bilden.

Bei der Verknüpfung der Aminosäuren zu den langen Polypeptidketten reagiert die Karboxyl-Gruppe der einen Aminosäure mit der Amino-Gruppe der nächsten unter Abspaltung von jeweils 1 Molekül Wasser. An der Bindungsstelle entsteht eine ganz typische neue Gruppe, die Peptid-Gruppe -CO-NH-. Sie hat mit ihren chemischen Eigenschaften für die Lederherstellung deshalb so große Bedeutung, weil sie sich in der Polypeptidkette so regelmäßig wiederholt und weil von ihr die Wasserstoffbrücken zu anderen Peptid-Gruppen ausgehen. Durch sie wird die gewundene Tripelhelix des Kollagenmoleküls stabilisiert.

Chemische Reaktionen können in beide Reaktionsrichtungen ablaufen. So wird die beschriebene Verknüpfung der Polypeptidketten zum Aufbau des kollagenen Fasergefüges der Lederhaut genutzt. Aber die Natur hat auch die Möglichkeit vorgesehen, dass diese Haut wieder abgebaut werden kann bis zurück zu den einzelnen Aminosäuren. Dieser Vorgang spielt bei der Verdauung der Haut und der Fäulnis eine Rolle. Beteiligt sind dabei Wasser, bestimmte Fermente und Säuren oder Alkalien. Um eine Haut nach der Trennung vom Tierkörper unverändert in ihrer inneren Struktur zu erhalten, müssen konservierende Maßnahmen diesen Abbau durch Hydrolyse der Polypeptid-Gruppen verhindern. Andererseits nutzt der Gerber genau diesen Mechanismus um durch kontrollierten Abbau von Wasserstoffbrücken und Polypeptidbindungen weiche Leder zu ermöglichen. Es sind aber nicht nur die genannten Einwirkungen, die den geordneten Aufbau des Kollagens wieder zerstören können. Beim Erwärmen mit Wasser auf Temperaturen über 40 °C verändert sich die Haut der Säugetiere, um bei 62 bis 64 °C ganz deutlich zu schrumpfen. Sie wird glasig, durchsichtig und löst sich bei weiterem Erhitzen schließlich auf in eine hochviskose Lösung. Beim Abkühlen und Austrocknen entsteht eine harte, spröde Masse ohne erkennbare Faserstruktur, die als Leim andere Werkstoffe dauerhaft verbinden kann. Dieser **Hautleim** hat dem Kollagen zu seinem Namen verholfen, der mit „Leimbildner" übersetzt werden kann.

Der **Aufbau der Lederhaut** aus Kollagenfasern in dem dreidimensionalen Geflecht ergibt im Querschnitt gesehen keine einheitliche Anordnung. Bei den dickeren Häuten erkennt man mindestens zwei Schichten, die unter dem Mikroskop und aus ledertechnischer Sicht eigentlich drei Schichten darstellen, die an der Grenzfläche ineinander übergehen. Sie bilden gemeinsam die Lederhaut (Corium) (siehe Abbildung 7).

Die oberste Schicht der Lederhaut ist die sehr dünne „Narbenschicht", die obere Grenzzone die „Papillarschicht", die etwa in der Höhe der Haarwurzeln in die „Retikularschicht" übergeht.

Die **Narbenschicht** bestimmt maßgeblich das **Aussehen des Leders**, das nur aus der Lederhaut hergestellt wird. Nur unter dem Mikroskop erkennt man das feine kollagene Fasergefüge mit den Poren der entfernten Haarbälge als große Öffnungen. Diese Haarporen in ihrer tierartspezifischen Anordnung und die vielfach gefurchten Flächen zwischen diesen ergeben das Narbenbild eines Leders. Die dichte Narbenschicht aus dünnen, feinen Fasern ist bei der Lederherstellung deshalb so beachtenswert, weil sie sich gegenüber den meisten Hilfsmitteln etwas anders verhält als die darunter liegenden Schichten der Lederhaut. Teilweise ist das auch darauf zurückzuführen, dass die Oberfläche aller dieser Fasern im Vergleich zu ihrer Gesamtmasse sehr groß ist. Es wird eine erhöhte Beständigkeit gegen Verleimung, chemische und enzymatische Angriffe und eine geringere Neigung zur Säure- und Alkaliquellung beobachtet. Auch ist die Dehnbarkeit dieses dichten Fasergeflechtes geringer als die der restlichen Lederhaut. Deshalb kann es an der rohen Haut wie auch am fertigen Leder zu der Erscheinung der „Narbenplatzer" kommen (siehe Abbildung 26).

Die **Papillarschicht** reicht bis etwa in die Ebene des unteren Endes der Haarwurzeln und Schweißdrüsen. Ihre Fasern sind dünner als die der Retikularschicht und sie werden zur Narbenschicht hin immer feiner und enger verflochten. Wegen der tiefen Einstülpungen der Oberhaut ist die Papillarschicht voller nicht-kollagener Einlagerungen wie den Haarwurzeln, Haarmuskeln, Talg- und Schweißdrüsen, dem intracutanen Adernetz mit seinen feinsten Verästelungen zur Versorgung der Haarpapillen und der basalen Zellreihe der Oberhaut. Um die Haarwurzeln herum und als Gitter zwischen den Haaren liegen elastische Fasern aus dem Eiweißstoff „Elastin", die für die Festigkeit dieser aufgelockerten Schicht sorgen. Das Elastin ist chemisch sehr beständig und wird durch die Arbeiten, die vor der Gerbung stattfinden, kaum angegriffen, während die nicht-kollagenen Einlagerungen weit gehend entfernt werden und Hohlräume im Gefüge der Papillarschicht hinterlassen. Diese Hohlräume schwächen die Verbindung zwischen Narbenschicht und Retikularschicht erheblich. Am Leder kann dies zur unerwünschten Losnarbigkeit führen, die durch den Einsatz füllender und festigender Hilfsmittel vermindert oder vermieden werden soll. Bei einigen Tierarten besteht die Lederhaut nur aus Narben- und Papillarschicht, wenn die Haare wie bei der Schweinshaut bis zum Unterhautbindegewebe reichen.

Der untere Teil der Lederhaut wird von dem dichten Geflecht aus dicken Kollagenfasern der **Retikularschicht** gebildet. Sie nimmt während des Wachstums der Tiere ständig zu und ist bestimmend für die Dicke der Haut. Die Retikularschicht hat eigentlich nur eine **Stützfunktion**. Deshalb ist das dreidimensionale Fasergefüge nahezu frei von nicht-kollagenen Einlagerungen. Diese Schicht wird vollständig in Leder umgewandelt und ist entscheidend für die Festigkeitseigenschaften und die Formbeständigkeit.

Zur Unterhaut hin verlaufen die Faserbündel mehr und mehr parallel zur Oberfläche und bilden eine Grenze, die beim Entfleischen als Orientierungshilfe genutzt wird. In der untersten Grenzzone ist ein dickeres Adernetz angeordnet, das bei einigen Lederarten deutlich sichtbar bleibt und als „subcutanes Adernetz" der Versorgung der Haut dient. Diese Adern in dem kollagenen Fasergefüge können Ursache für Lederfehler sein. In ihnen verbleibendes Blut wird durch Fäulnis sehr schnell zersetzt, was zur Zerstörung der Epithelgewebe, der Aderwände und des elastischen Gewebes führt. Bei den Arbeiten vor der Gerbung werden die abgebauten Restsubstanzen herausgelöst. Es entstehen röhrenartige Hohlräume, die bei den nachfolgenden Arbeitsgängen nicht mehr ausgefüllt werden können und am fertigen Leder als ein Netz unregelmäßiger vertiefter Linien sichtbar werden. Leider kann auch das genaue Gegenteil eintreten mit dem gleichermaßen wertmindernden Effekt. Wenn das Blut in dem intracutanen Adernetz verbleibt und gerinnt, kann es mit den Hilfsmitteln der Wasserwerkstattarbeiten nicht mehr herausgelöst werden. Es bildet nach der Gerbung in den Adern eine feste Masse mit geringerer Elastizität als das Fasergefüge der Lederhaut. Nach Fertigstellung der glatten Leder erscheinen die Adern als erhabene Linien, die sich nicht mehr einebnen lassen.

2.1.3 Das Unterhautbindegewebe

Die unterste Schicht der Haut ist das Unterhautbindegewebe, die Subcutis. Diese sehr lockere Schicht besteht aus dicken, langen Bindegewebsfasern aus Kollagen mit dazwischen eingelagerten Fettgeweben, Blutgefäßen, Nervensträngen und anderen Eiweißstoffen. Diese Faserstränge sichern den inneren Halt der Haut und ermöglichen die Verschiebbarkeit und Beweglichkeit der Haut auf dem Muskelgewebe des Tierkörpers. Zur Lederherstellung ist die Subcutis nicht geeignet und wird beim Entfleischen mechanisch entfernt. Wegen ihres Kollagengehaltes und der früheren weiteren Nutzung zur Herstellung von Leim wird das abgetrennte Unterhautbindegewebe Schabefleisch oder **Leimleder** genannt.

2.1.4 Nichtledergebende Bestandteile der Haut

In der Lederhaut und dem Unterhautbindegewebe sind zwischen den Fibrillen noch **unstrukturierte Eiweißstoffe** eingelagert. Sie können nicht zu Leder umgewandelt werden. Bleiben sie bis zur Gerbung im Fasergefüge erhalten, werden sie durch die Gerbstoffe so verändert, dass sie später nicht mehr entfernt werden können. Sie werden unlöslich und bilden hart auftrocknende Substanzen, wodurch die Diffusionswege verengt oder verstopft werden. Die wichtigsten Gruppen dieser unstrukturierten Eiweiße sind die **wasserlöslichen Albumine** und die **salzlöslichen Globuline**. Sie werden in den ersten Arbeitsgängen der Lederherstellung entfernt.

Neben den bereits angesprochenen Fettgeweben im Unterhautbindegewebe beobachtet man bei intensiv gemästeten Tieren einen steigenden **Fettgehalt** in der Lederhaut. Waren es früher 1 bis 2 % der Trockenmasse bei der Süddeutschen Rindhaut, sind es heute bis 5 %. Diese Naturfettmenge muss in der Technologie der Lederherstellung berücksichtigt werden. Ziegenfelle enthalten bis 16 %, Schaffelle und Schweinshäute 30 % und mehr Naturfett, bezogen auf die Trockenmasse.

Diese Bestandteile sind alle als nicht ledergebende Substanzen aus dem Fasergefüge des Kollagens der Lederhaut zu entfernen, um

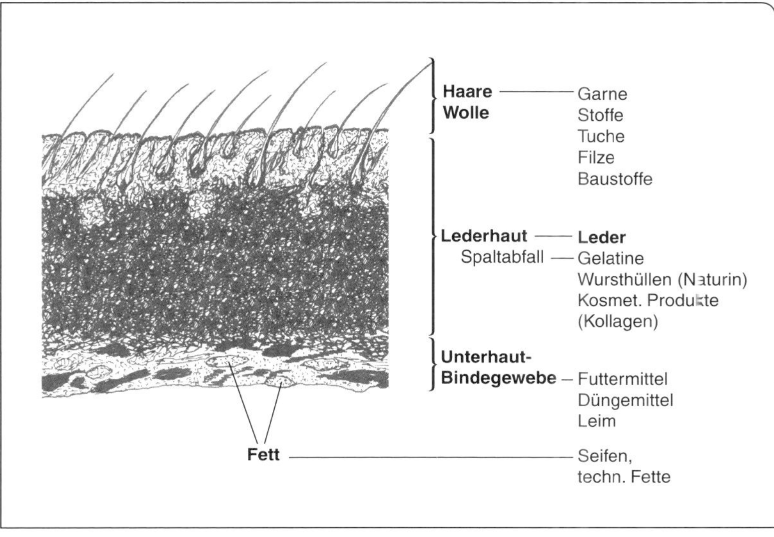

Abb. 13 Haut – ein wichtiger Rohstoff.

die chemischen Reaktionen bei der Lederherstellung gezielt und kontrolliert führen zu können. Aus der Sicht des Lederherstellers sind sie dann Nebenprodukte oder Abfälle, die Kosten verursachen. Einige davon dienen anderen Gewerben als Rohstoffe und somit werden Wünsche und Anforderungen an die Trennung, Vorbehandlung, Lagerung (Sammlung) und den Transport gestellt, die sich aus den späteren Produktgruppen ergeben. In Abbildung 13 sind weitere Verwertungsmöglichkeiten von Teilen der Haut aufgezeigt.

2.2 Chemische Reaktionen in der Haut

Nach der Betrachtung der Haut in ihrem Aufbau aus ganz verschiedenen Eiweißstoffen in den unterschiedlichen Strukturen der Zellen und der Fibrillen muss man sich die Möglichkeiten der chemischen Reaktionen anschauen um die Handlungsweisen bei der Lederherstellung zu verstehen. Die chemischen Reaktionen sind umso einheitlicher in ihrer Auswirkung auf die ganze Haut, je weiter sie im Inneren der Strukturelemente der Haut erfolgen. Die Reaktionspartner müssen dazu den Weg von der Oberfläche der Haut bis in den molekularen Bereich der Spiralstruktur der Tripelhelices zurücklegen. Dies bezeichnet man als **Diffusion**. Nur wenn die Hilfsmittel entsprechend klein sind, sie also selbst molekulardispers oder maximal kolloiddispers sind, können sie diffundieren. Die größeren, grobdispersen Teilchen bleiben an der Oberfläche wie an einem Filter hängen und verstopfen die Poren.

Die für die Lederherstellung wichtigen chemischen Reaktionen an der Haut verlaufen in zwei Stufen:
- Diffusion
- Bindung (Reaktion)

Weiterhin benötigt man ein Transportmittel für diese kleinen Teilchen. Im Umgang mit rohen Häuten und bei der Lederherstellung wird ausschließlich Wasser als Transportmittel genutzt. Alle Hilfsmittel müssen wasserlöslich sein.

Für die Diffusion wird erheblich mehr Zeit benötigt, während die Bindungsreaktion sehr schnell erfolgt. Bemühungen zur Beschleunigung der Prozesse konzentrieren sich deshalb vorwiegend auf die Beschleunigung der Diffusion. Technische Möglichkeiten dazu liegen in

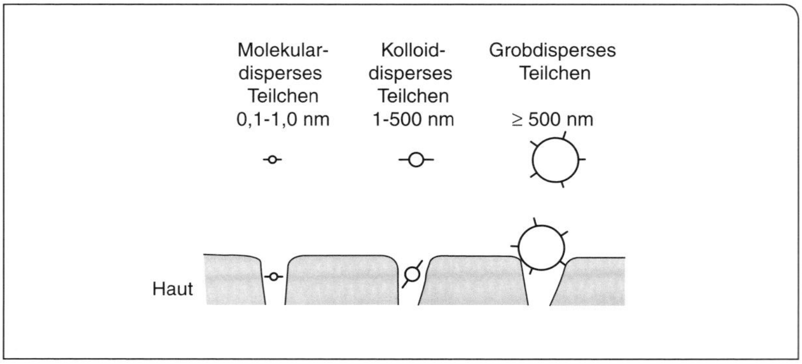

Abb. 14 Die Teilchengröße, wichtig für die Diffusion.

der Vorbereitung beider Reaktionspartner. Die Haut soll in ihrer Faserstruktur möglichst weit geöffnet und von unstrukturierten Einlagerungen gereinigt sein, damit die kapillaren Diffusionswege frei sind, und sie soll einen pH-Wert haben, der vorzeitige Bindungsreaktionen verhindert. Eine hohe Konzentration der diffundierenden Hilfsmittel, erhöhte Temperatur und Bewegung des Hautmaterials sorgen für schnelleres Eindringen in die feinsten Molekülstrukturen bei gleichmäßiger Verteilung an den reaktiven Gruppen der Haut. Die Hilfsmittel müssen gut gelöst sein. Sie dürfen nicht miteinander oder mit der Haut reagieren, bevor sie an die richtige Position diffundiert sind. Dann jedoch sollen sie möglichst vollständig reagieren um spätere unkontrollierte oder unerwünschte Wirkungen zu verhindern. Dieses vollständige Reagieren kann auf ganz unterschiedliche Weise geschehen und die entstehenden **Bindungen** sind abhängig von den beteiligten **reaktiven Gruppen** im Kollagenmolekül. Zum Verständnis dieser reaktiven Gruppen und der möglichen Bindungsart soll der **chemische Aufbau** nochmals aufgezeigt werden.

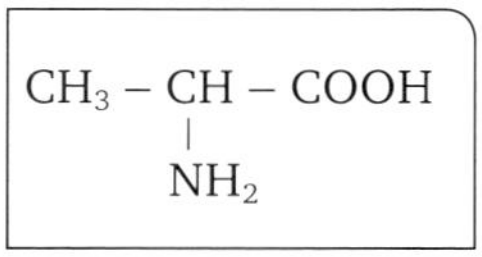

Die Aminosäuren als Grundbausteine der Eiweiße sind organische Säuren mit der typischen Karboxyl-Gruppe –COOH.

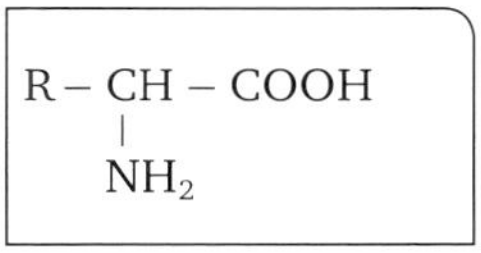

In den Aminosäuren liegen die Amino-Gruppe $-NH_2$ und die Karboxyl-Gruppe –COOH unmittelbar nebeneinander. Geht man von der einfachen Propansäure CH_3-CH_2-COOH aus, dann hat die Amino-Propansäure die in Formel Abbildung 15 beschriebene Struktur.
Die Aminosäuren mit der allgemeinen Formel R–Aminosäure (Formel Abbildung 16) werden in den Fibroplasten-Zellen zu den langen Ketten der Polypeptide geordnet und miteinander verbunden durch eine Reaktion zwischen einer Karboxyl-Gruppe und einer Amino--Gruppe, wobei ein Molekül Wasser abgespalten wird (Formel Abbildung 17).

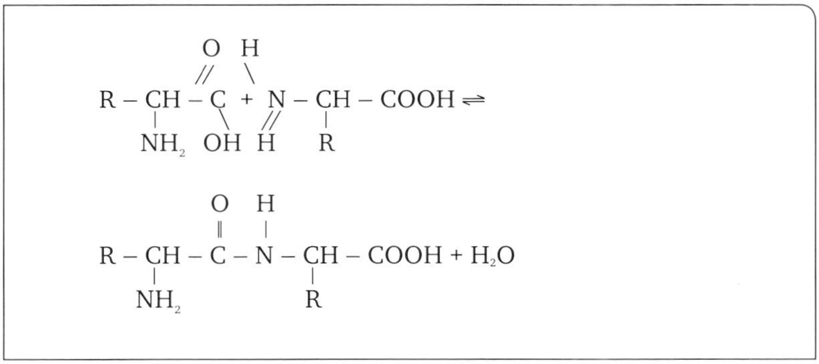

$$\begin{array}{ccccc} CH_3 & - & CH & - & COOH \\ & & | & & \\ & & NH_2 & & \end{array}$$

Abb. 15 Aminopropansäure = Alanin.

$$\begin{array}{ccccc} R & - & CH & - & COOH \\ & & | & & \\ & & NH_2 & & \end{array}$$

Abb. 16 Allgemeines Formelbild für Aminosäuren.

$$\begin{array}{l} \quad\quad\quad\quad\; O \;\; H \\ \quad\quad\quad\quad // \;\; \backslash \\ R - \underset{\displaystyle NH_2}{CH} - \underset{\displaystyle \backslash\, OH}{C} + \underset{\displaystyle //\, H}{N} - \underset{\displaystyle R}{CH} - COOH \rightleftharpoons \end{array}$$

$$R - \underset{\displaystyle NH_2}{CH} - \overset{\displaystyle O}{\overset{\|}{C}} - \overset{\displaystyle H}{\overset{|}{N}} - \underset{\displaystyle R}{CH} - COOH + H_2O$$

Abb. 17 Entstehung der Peptidgruppe - CO-NH durch Kondensation.

Die im Kollagenmolekül immer wiederkehrende Peptid-Gruppe –CO-NH– gilt als das Bindeglied zwischen den Aminosäuren, die sich in dem mit R– bezeichneten Rest unterscheiden. Dieser „Säurerest" ist es aber, der über die Ladung und die Bindungsmöglichkeit entscheidet, wenn Hilfsmittel herandiffundiert kommen. Ist es der Rest einer polaren Aminosäure, dann kann er zum Beispiel durch Aufnahme eines Protons an der endständigen NH_2-Gruppe zur NH_3^+-Gruppe eine positive Ladung annehmen, also ein bindungsfähiges Kation werden. Das ist zum Beispiel bei der Aminosäure Lysin möglich. Gibt der Rest an der endständigen –COOH-Gruppe ein Proton ab, dann bekommt er durch die $-COO^-$-Gruppe eine negative Ladung und wird ein bindungsfähiges Anion. Das ist zum Beispiel bei der Asparaginsäure möglich.

Gehört der Säurerest –R zu einer unpolaren Aminosäure mit einer reinen Kohlenwasserstoffkette, dann wird hier keine Ladung entstehen, die zu einer Bindung führt. Von den 19 Aminosäuren im Kollagen sind 6 unpolar, zum Beispiel das Alanin. Daraus könnte man schließen, dass genügend polare Seitenketten für die Gerb-, Färb- und anderen Hilfsstoffe der Lederherstellung zur Verfügung stehen und eine gleichmäßige Bindung nicht so schwer sein dürfte. Es werden aber eine ganze Reihe günstig angeordneter Säurereste polarer Aminosäuren zur inneren Versteifung und Festigung der Polypeptidketten und der gewundenen Kollagenmoleküle in der Protofibrille benötigt. Dabei kommt es zu den **intramolekularen Längs- und Quervernetzungen** und zu den **intermolekularen Quervernetzungen** (Abbildung 19).

Eine der ganz wichtigen chemischen Reaktionen der Haut in allen Stufen der Lederherstellung bezieht sich auf das gleichzeitige Vorhandensein von positiven und negativen elektrischen Ladungen. Das

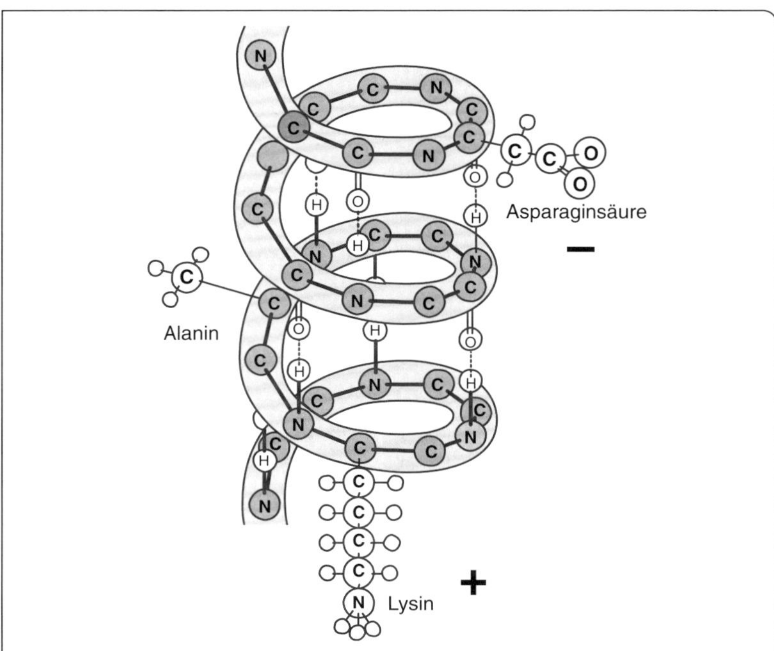

Abb. 18 Die Aminosäuren der Seitenketten bestimmen die Ladung.

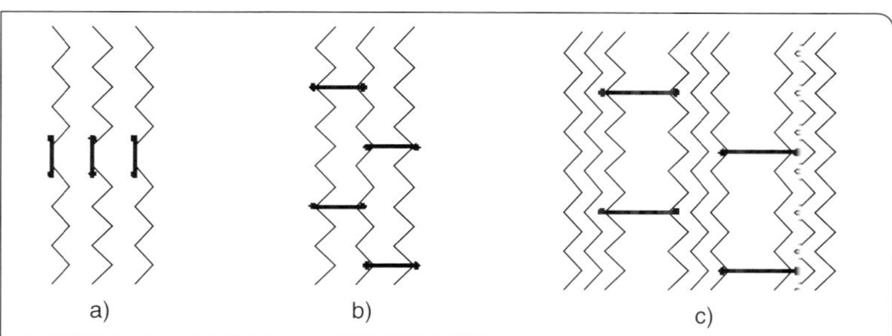

Abb. 19 Brückenbindungen im Kollagen:
a) intramolekulare Längsvernetzung,
b) intramolekulare Quervernetzung,
c) intermolekulare Quervernetzung.

Kollagen ist ein Zwitterion. Welche Ladung gerade vorliegt, hängt vom pH-Wert und dem **„Isoelektrischen Punkt“ (IP)** ab. Dieser IP entspricht dem pH-Wert, bei dem die Zahl der positiven Ladungen und der negativen Ladungen im Kollagenmolekül gleich groß ist. Bei genau diesem pH-Wert reagiert das Molekül neutral, es zeigt praktisch keine Neigung zur Ausbildung von Ionenbindungen. Viele Gerb- und Farbstoffe werden jedoch über Ionenbindungen an das Kollagen gebunden. Das kann nur geschehen, wenn der pH nicht dem IP entspricht und die polaren Gruppen ionisiert sind. Die Diffusion der Hilfsmittel geht am einfachsten bei einem pH-Wert nahe dem IP vonstatten. Die Bindung wird umso intensiver, je weiter der pH vom IP entfernt ist. In der Praxis wird das durch die Zugabe von Säuren oder Alkalien vor oder nach dem eigentlichen Hilfsmittel umgesetzt. Der IP ist somit keine Konstante, er ist abhängig von einem Gleichgewicht, das ständig verändert wird durch Bindungsreaktionen. Unbehandeltes Kollagen hat einen IP bei pH 7,0, geäscherte Blöße bei pH 5,3, pflanzlich gegerbtes Leder bei pH 3,5, mit kationischen Chromkomplexen gegerbtes Leder bei pH 6,5 und mit Tran gegerbtes Leder bei pH 4,6. Kollagen oder Leder sind positiv geladen (kationisch), wenn ihr pH-Wert unter dem Isoelektrischen Punkt liegt. Dagegen sind sie negativ geladen (anionisch), wenn ihr pH-Wert über dem Isoelektrischen Punkt liegt.

Die Ladung von Kollagen oder Leder hat auch Auswirkungen auf die **Reaktion mit Wasser**, das als chemisches Hilfsmittel anzusehen

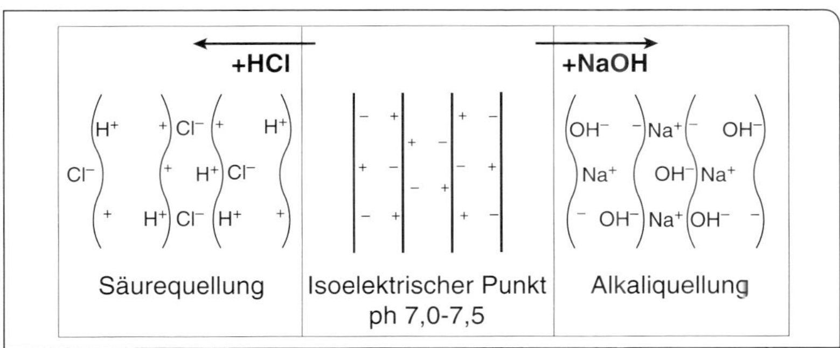

Abb. 20 Der Isoelektrische Punkt von Kollagen und die Wirkung von Säure (HCl) und Lauge (NaOH).

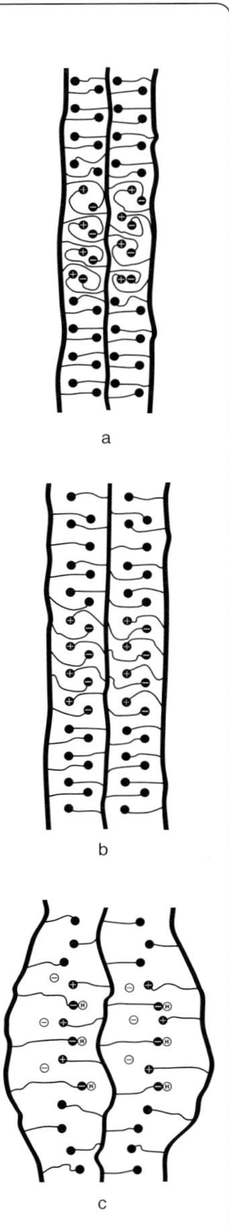

Abb. 21 Faserverkürzung durch Quellung.
a) trockenes Kollagen
b) in Wasser gequollenes Kollagen
c) in Säure gequollenes Kollagen

Tab. 2 Änderung der pH-Werte für den IP von Kollagen in der Lederherstellung

Substrat Haut	IP
Natives Kollagen (Rindshaut)	7,0–7,5
Geäschertes Kollagen (Blöße)	5,3
Pflanzlich gegerbtes Leder	3,5
Synthetisch gegerbtes Leder	2,5–4,0
Sämischleder	4,6
Chromleder kationisch gegerbt (frisch)	6,5
Chromleder kationisch gegerbt (getrocknet)	5,0
Chromleder anionisch gegerbt (maskiert)	4,0

ist, das aber auch innerer Bestandteil des Kollagens ist. Die frisch vom Tierkörper abgezogene Haut hat je nach Art und Alter des Tieres einen Wassergehalt von 60 bis 70 %. Weil die Oberhaut kaum Wasser enthält, befindet sich der größte Teil in der Lederhaut. Davon wiederum ist der größte Teil als Kapillarwasser, Interfibrillarwasser oder eingelagertes Wasser frei und ungebunden in den Faserzwischenräumen. Dieser Teil kann bei der Trocknung abgegeben werden, ohne die Eigenschaften der Haut zu verändern. Ein anderer Teil ist als Hydratwasser in der Struktur chemisch gebunden. Er umgibt die Polypeptidketten und die polaren Gruppen mit einer Hydrathülle und bewirkt die Quervernetzungen über Wasserstoffbrücken, die das Kollagengerüst stabilisieren.

Dieser Anteil am Wassergehalt wird durch viele Bindungen festgehalten und ist nur unter irreversiblen Veränderungen der Struktur zu entfernen. Er verbleibt auch im „trockenen" Leder, das niemals ganz wasserfrei ist. Legt man die Haut in Wasser, so kann sie noch weiteres Wasser aufnehmen, sowohl als Kapillarwasser als auch als Hydratwasser. Durch diese Wasseraufnahme nimmt die Haut an Volumen zu, sie quillt.

Im Isoelektrischen Punkt sind keine freien Ladungen vorhanden, die sich mit einer Hydrathülle umgeben wollen. Deshalb ist im IP die **Quellung** minimal. Je stärker aber eine Aufladung durch eine pH-Änderung erfolgt, umso stärker wird die Quellung. Die pH-Änderung ist die Wirkung von Säuren oder Alkalien. Die Quellung durch Säuren ist ausgeprägter als die Quellung durch Alkalien, weil die sauren Gruppen stärker dissoziiert sind als die basischen Gruppen im Kollagen. Die Menge an Säuren und Alkalien, die mit der Haut reagieren können, entspricht jeweils dem Säurebindungsvermögen und dem Alkalibindungsvermögen, das sich aus der Gesamtmenge der freien Karboxyl-Gruppen und Amino-Gruppen ergibt. Die Quellung ist als Ladungsquellung innerhalb der Kollagenmoleküle dort am stärksten, wo sich die meisten polaren Aminosäuren befinden. Die gegenseitige

Abstoßung gleichnamig geladener polarer Gruppen kann so stark werden, dass das kollagene Fasergefüge einen verspannten, glasigen Eindruck macht, der als Prallheit bezeichnet wird. Das dabei aufgenommene Wasser wird durch seinen Dipol-Charakter sehr fest gebunden und erst bei pH-Änderung in Richtung IP als Kapillarwasser wieder freigegeben. Die unterschiedlichen Quellungsmaxima der verschiedenen Säuren und Alkalien sind auf die unterschiedlichen Dissoziationskonstanten der gebildeten Kollagensalze zurückzuführen. Diese **Dissoziationskonstante** ist bei Kollagenchlorid größer als bei Kollagensulfat, weshalb die Quellung mit Salzsäure größer ist als die Quellung mit der entsprechenden Menge Schwefelsäure. Ein weiterer für die Praxis wichtiger Effekt ist die so genannte **„Pickelwirkung"**. Gibt man über das Säurebindungsvermögen hinaus weiter Säure zu, so nimmt die Quellung wieder ab.

chemische Regel: gleichnamig geladene polare Gruppen stoßen sich ab

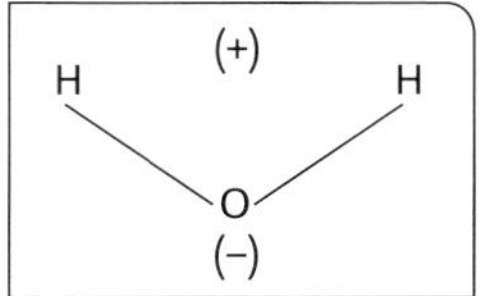

Abb. 22 Das Wassermolekül als Dipol.

Nach dem Massenwirkungsgesetz wird die Dissoziation der Kollagensalze wieder zurückgedrängt. Diese Wirkung geht von den Gegenionen aus, zum Beispiel von CL^- oder SO_4^{--}. Man muss deshalb nicht unbedingt mehr Säure oder Alkali zugeben um die Quellung zu vermindern, es reicht auch die Zugabe von entsprechenden Neutralsalzen wie NaCl oder Na_2SO_4. Aus einem derartigen Säure-Salz-Gemisch wird die Säure entsprechend dem Säurebindungsvermögen aufgenommen, das Salz vermindert oder verhindert bei entsprechender Konzentration die Quellung. Im Falle von Kochsalz sollte zur völligen Vermeidung von Säurequellung eine mindestens 5 %ige Salzlösung vorliegen. Die quellungsfreie Änderung der Ladung im Kollagen durch Zugabe von Säure und Salz nennt man einen „Pickel". Bei ausreichender Salzkonzentration wird auch dann die Quellung unterdrückt, wenn die Säuremenge nicht dem Säurebindungsvermögen entspricht. Damit kann jeder pH-Wert unterhalb des IP quellungsfrei eingestellt werden. Auch die Säure im Pickel muss zu den Bindungsstellen diffundieren. Eine Temperaturerhöhung beschleunigt die Diffusion, doch beginnt bei Temperaturen oberhalb von 25 °C ein starker hydrolytischer Abbau der Hautsubstanz. Deshalb soll die Temperatur beim Pickeln 30 °C nicht übersteigen. Im alkalischen Bereich

dissoziiert = Aufteilung einer chemischen Verbindung in positiv = kationisch und negativ = anionisch geladene Gruppen, die man Ionen nennt

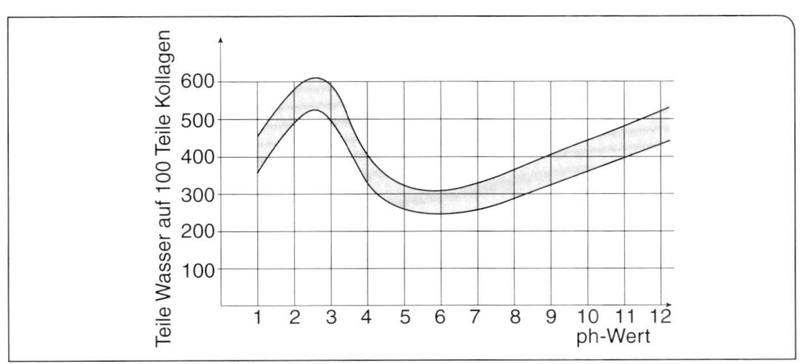

Abb. 23 Quellung geäscherten Kollagens in Abhängigkeit vom pH-Wert.

bei pH-Werten oberhalb des IP wirkt das quellungsmindernde Prinzip des Pickels ebenfalls, doch wird dies überlagert von der quellungsfördernden Wirkung der oft durch doppelte Umsetzung zwischen Alkali und Salz entstehenden Natronlauge. An dieser Stelle müssen die so genannten **„nichtquellenden organischen Säuren“** erwähnt werden. Diese meist mehrkernigen Karbon- und Sulfon-Säuren können mit den in der Lederherstellung üblichen Einsatzmengen das Kollagen sauer stellen ohne eine Säurequellung zu bewirken. Deshalb kann hier auf das Salz verzichtet werden.

Von allen chemischen Reaktionen in der Haut ist die Fähigkeit, mit Gerbstoffen eine dauerhafte Bindung einzugehen, für die Lederherstellung die wichtigste Reaktion. Nur dadurch wird die leicht verderbliche Haut in das nicht mehr fäulnisfähige Leder umgewandelt.

2.3 Gewinnung der Haut

Bei Leder als einem von Menschen hergestellten Werkstoff zur Erfüllung recht unterschiedlicher Aufgaben wird die Kenntnis des Rohmaterials ganz wesentlich darüber entscheiden, ob diese erfüllt werden können. Grundsätzlich kann jede tierische Haut irgendwie gegerbt werden, doch ist das aus wirtschaftlichen, ökologischen oder technischen Gründen nicht immer sinnvoll.

Zur Erzeugung von Leder werden alle Häute und Felle eingesetzt, die in ausreichender Menge der gleichen Art zur gleichen Zeit am gleichen Ort unter Bedingungen anfallen, die einen gleichmäßigen Abzug, eine Konservierung, die Sammlung, Lagerung und den Transport zu einer Gerberei oder einem Handelsplatz ermöglichen. Daraus ersieht man, dass das einzelne Tier, das im unwegsamen Gelände erlegt wird, für die Lederindustrie als Rohware keine Bedeutung hat. Es werden vorwiegend die Häute und Felle folgender Tierarten genutzt:
- Rind,
- Kalb,
- Pferd,
- Ziege,
- Schaf,
- Schwein und die
- wild lebender Tiere, soweit sie die genannten Bedingungen erfüllen.

Die Häute und Felle der einzelnen Tiere unterscheiden sich in ihrer Struktur sehr stark und haben unterschiedlichen **Gebrauchswert.** Dieser hängt ab von
- Rasse,
- Alter,
- Geschlecht,
- Lebensraum (Provenienz) und den
- Lebensbedingungen.

Der Einfluss der **Rasse** äußert sich in den Proportionen des Tierkörpers und damit in Größe und Form der Haut im abgezogenen Zustand. Auch die innere Struktur wird durch die Rasse bestimmt und durch züchterische Maßnahmen beeinflusst. So haben bei den Rindern die Zebu-Rassen mit ausgeprägtem Höcker eine für die Lederherstellung unglückliche Form, aber dichtes Fasergeflecht (→ Farbabbildung 1).

Die auf hohe Milchleistung gezüchteten Rassen haben ein stärker aufgelockertes Fasergefüge mit Fetteinlagerungen. Als Beispiel gilt das schwarzbunte Niederungsvieh (→ Farbabbildung 3).

Die auf hohen Fleischertrag gezüchteten Rassen haben eine dichter strukturierte Haut. Hier gilt als Beispiel das Fleckvieh als Höhenvieh (→ Farbabbildung 2).

Der Anteil der Haut am Gesamtgewicht vermittelt einen Eindruck vom Einfluss der Rasse bei einigen europäischen Beispielen (→ Farbabbildungen 2 und 3 und Tabelle 3).

Für Ziegen und Schafe gelten die gleichen Gesetzmäßigkeiten. Dort unterscheiden sich die Rassen zusätzlich in der Behaarung. Je dichter das Haarkleid ist, umso stärker ist die Papillarschicht durch viele Haarwurzeln aufgelockert. Ziegen und Haarschafe haben deshalb eine kompaktere Papillarschicht als Wollschafe, beispielsweise Merino-Schafe.

Das **Alter** der Tiere führt nicht nur zu einer größeren Haut, auch die Haarporen ergeben ein ausgeprägteres Bild des Narbens.

Bei den **weiblichen** Tieren ist die Faserverflechtung im Kern (Rücken) unabhängig vom Alter dichter und gleichmäßiger als bei **männlichen Tieren**. Mit jeder Trächtigkeit wird die Hautstruktur der Bauchseite lockerer und dünner.

Der **Lebensraum** spiegelt sich in Dicke und Strukturdichte der Haut wieder, aber auch in der Behaarung und der Ausbildung der Schweißdrüsen mit allen Konsequenzen für die späteren Ledereigenschaften. Der Lebensraum ist auch für viele Schäden an der Haut verantwortlich, doch gilt das auch für die **Lebensbedingungen**. Schlechte Ernährung, extreme klimatische und geographische Bedingungen sowie Krankheiten und Parasiten führen zu Häuten mit eingeschränkter Eignung.

Schließlich sind die Maßnahmen beim **Schlachten der Tiere** und beim **Abzug der Häute** regional von Traditionen und äußeren Be-

Tab. 3 Einfluß der Rasse auf den Anteil der Haut am Gesamtgewicht

	Niederungsvieh	Höhenvieh
Kalb	9 kg	11 kg
Färse	28 kg	36 kg
Kuh	26 kg	37 kg
Bulle	38 kg	48 kg

dingungen geprägt und deshalb sehr unterschiedlich. Die einzige allgemein anerkannte Regelung für Schlachtung und Abzug ist die für Rindhäute. Noch heute wird die Haut als Abfallprodukt der Fleischwirtschaft angesehen. Ihre Gewinnung wird unter dem Gesichtspunkt des schnellen und vollständigen Zugriffs auf den Schlachtkörper häufig so wenig sorgfältig vorgenommen, dass dadurch erheblicher wirtschaftlicher Schaden entsteht. Das gilt auch für den Umgang mit der abgezogenen Haut.

Für die Verwertbarkeit von großer Bedeutung ist die **Form der Haut** und damit die Größe der nutzbaren Fläche. Die Form der Haut wird von der Führung der Schnitte zu Beginn des Abzugs festgelegt. In Abbildung 24 wird gezeigt, wie diese Schnitte geführt werden sollen. Die Abbildung 25 zeigt die Auswirkung richtiger und falscher Schnittführung.

Durch die Einkerbungen und schmalen Zipfel wird die Bearbeitung erschwert und es ergibt sich eine kleinere nutzbare Fläche.

In den Schlachthöfen wird die Haut mit Hilfe spezieller Vorrichtungen und Maschinen abgezogen. Dazu sind große Kräfte erforderlich um das Unterhautbindegewebe vom Fleisch loszureißen. Wird die Haut dabei zu stark gezogen, können quer zur Zugrichtung Dehnungsrisse in der dichten Narbenschicht entstehen, die **„Narbenplatzer“**. Manchmal reichen sie bis tief in die Papillarschicht, werden jedoch von den Haaren überdeckt und bleiben zunächst unbemerkt.

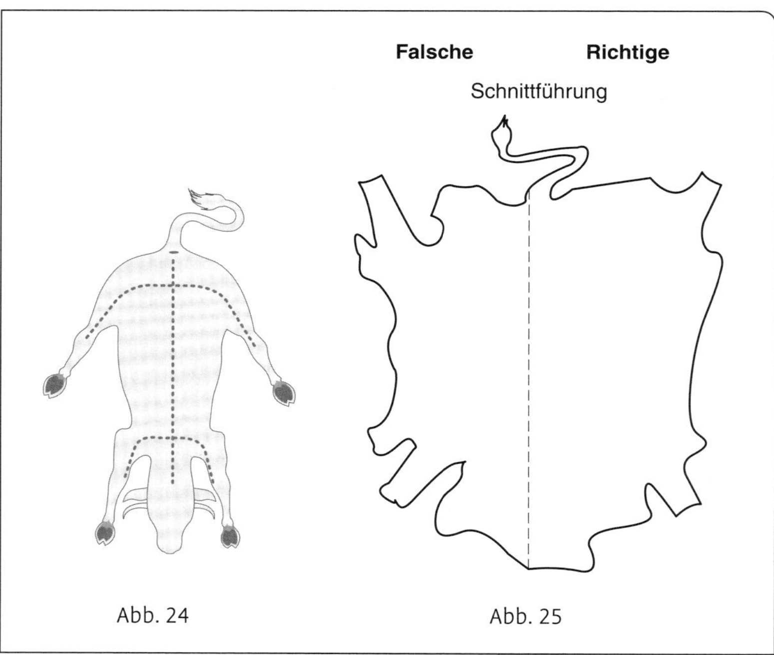

Abb. 24 Korrekte Schnittführung beim Vorschlachten einer Rinderhaut.

Abb. 25 Flächenausbeute bei richtiger und falscher Schnittführung.

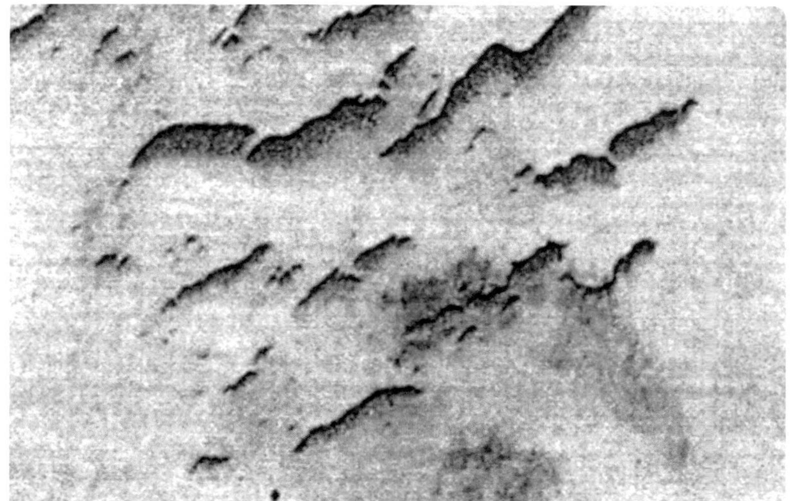

Abb. 26 Narbenplatzer werden erst an der Blöße sichtbar.

Bei Einzelschlachtungen außerhalb der Schlachthöfe muss das Unterhautbindegewebe mit dem Messer durchtrennt werden. Dabei ist das Risiko von Beschädigungen der Haut recht groß. Liegen solche Messerschnitte, Löcher, Narbenplatzer oder andere Schäden im Kern der Haut, ist der Schaden am größten. Liegen sie in anderen Teilen der Haut, kann der wirtschaftliche Schaden geringer sein.

Die Haut wird aus ledertechnischer Sicht in Bereiche mit annähernd einheitlicher Faserstruktur eingeteilt. Dabei ist das Kernstück oder der Croupon das wertvollste Teil und macht etwa 50 % der Gesamtfläche aus. Der Hals ist lockerer in seiner Faserverflechtung und weist oft typische Halsriefen oder Mastfalten auf. Er macht etwa 25 % der Hautfläche aus. Die Bauchteile, auch Flanken oder Seiten genannt, haben den geringsten Wert, weil sie den größten Unterschied in der Faserdichte aufweisen. Durch Haarwirbel weicht das Narbenbild vom Kern ab. Wegen des Öffnungsschnittes auf der Bauchseite

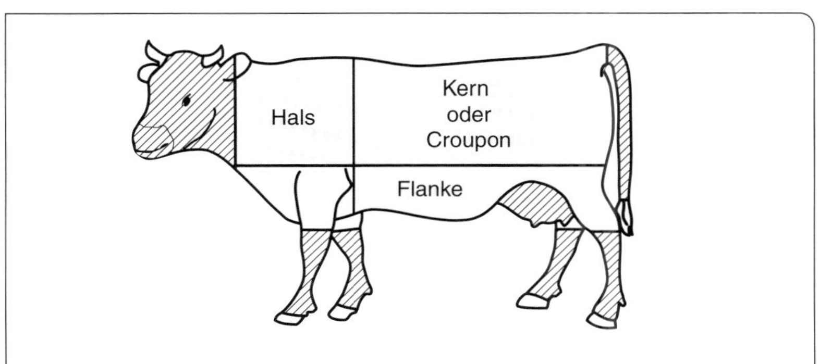

Abb. 27 Gerbereitechnologische Einteilung der Haut.

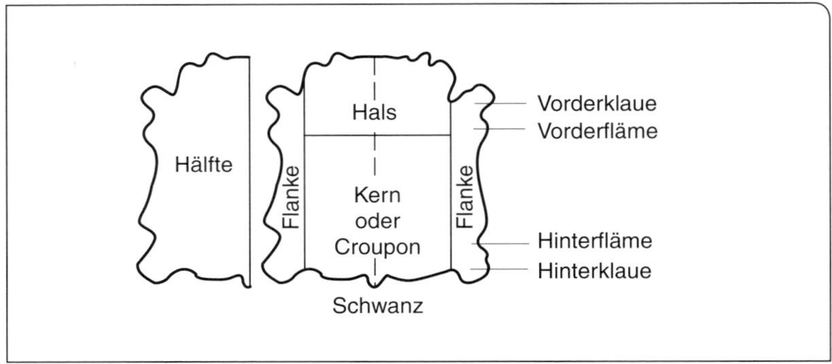

Abb. 28 Aufteilung der abgezogenen Haut.

der Tiere hat die abgezogene Haut zwei Flanken. Die Zuordnung als rechte oder linke Flanke erfolgt, wie bei allen derartigen Beurteilungen, vom Betrachter – hinter der Schwanzwurzel stehend – mit Blick auf die Haar- oder Narbenseite. Besondere Anforderungen durch die Verarbeiter des Leders können auch die Aufteilung der Haut in andere Teilstücke erwirken, zum Beispiel in Hälften, Hechte, Culatas oder andere.

Die Entscheidung, ob eine Haut als ganze Haut oder in einzelnen Teilen bearbeitet wird, liegt beim Gerber. Er wird zum geeigneten Zeitpunkt die Haut durch gerade Schnitte an den fühlbaren Übergängen der Faserdichte aufteilen. Bis er die Haut überhaupt in Händen hält, kann vom Zeitpunkt des Abzugs im Schlachthof viel Zeit vergehen. In dieser Zeit ist die Haut in hohem Maße durch Fäulnisbakterien gefährdet. Sie finden in der noch warmen und feuchten Haut optimale Lebensbedingungen und beginnen sofort ihr Zerstörungswerk, wobei sie sich rasant vermehren. Die in der Haut befindlichen nichtstrukturierten Eiweißstoffe in Gewebeflüssigkeit, Blut und der basalen Zellreihe der Oberhaut sind leichter anzugreifen als das Fasergefüge des Kollagens. Bei der Zersetzung durch Fäulnis entstehen übelriechende Stickstoffverbindungen und es werden die Haare gelockert. Schon wenige Stunden nach dem Hautabzug sind die Wirkungen der Fäulnisbakterien zu erkennen. Deshalb müssen die Lebensbedingungen der Bakterien sofort verschlechtert werden. Dazu soll das Blut aus den Adern abfließen können, die Temperatur gesenkt und der Wassergehalt der Haut erniedrigt werden. Die Haut soll in ihrer Substanz erhalten bleiben, sie muss konserviert werden.

2.4 Konservierung der Haut

Selten liegen der Schlachthof und die Gerberei so dicht beieinander, dass die anfallenden Häute sofort eingearbeitet werden können. Oft vergeht auch ein ganzer Schlachttag, bis genügend Häute der gleichen Art zusammenkommen, denn für die Lederherstellung sollen jeweils möglichst gleichartige Häute eingearbeitet werden. Nur so lassen sich die komplizierten chemischen Prozesse steuern und zu dem erwarteten Ergebnis führen. Häute und Felle besonderer Rassen aus ausgewählten Lebensräumen werden wegen ihrer Eigenschaften im Fasergefüge oder in der Oberfläche auch in weit entfernten Ländern gegerbt. Sie sind weltweit gehandelte Rohware. In diesem Fall kommt der Konservierung größte Bedeutung für den Erhalt eben dieses benötigten Fasergefüges oder der besonderen Oberfläche zu. Der Transport über große Entfernungen erfolgt in Containern auf dem Land- oder Seeweg und dauert oft Monate. Die Konservierung muss deshalb sicherstellen, dass auch in so langer Zeit bei wechselnden klimatischen Bedingungen die Fäulnis verhindert wird. Weil die bewährten Konservierungsverfahren an die Verfügbarkeit entsprechender Konservierungsmittel oder technischer Anlagen gebunden sind und diese nicht immer und überall vorhanden sind, werden gelegentlich mehrere Konservierungsverfahren für die gleiche Haut eingesetzt. Fallen die Häute wie bei einigen Wildtieren nur in einer kurzen Saison an, müssen aber über viele Monate gelagert werden, dann kann man durch Nachkonservieren die Haltbarkeit bei geeigneten Lagerbedingungen bis zu einem Jahr ausdehnen.

Die zur Konservierung vorgesehene Haut soll sauber und gut abgezogen sein. Schmutz und Dung auf der Haarseite behindert jede Konservierung, ebenso Fettbehang auf der Fleischseite.

2.4.1 Konservierung durch Kühlung

In Ländern mit einem entsprechenden Straßennetz kann die Gerberei täglich mit frischer Rohware versorgt werden. Aus organisatorischen Gründen und zur Produktionssicherheit werden die Häute jedoch mehrere Tage gesammelt, sortiert, transportiert und gelagert. Dafür hat sich die Konservierung durch Kühlung bewährt. Das Prinzip ist von der Lagerung von Fleischprodukten bekannt. Die sortierten und getrimmten (beschnittenen) Häute werden am Kopfende mit einem Gleithaken auf Hängebahnen gehängt und in Kühlräume geführt. Hier werden sie in kurzer Zeit auf etwa 4 bis 6 °C heruntergekühlt und bei dieser Temperatur gelagert. Auch der Transport in die Gerberei erfolgt hängend in dafür ausgerüsteten Fahrzeugen bei dieser Temperatur. Das Verfahren ist energieintensiv und erfordert eine ununterbrochene Kühlkette bis in das gekühlte Lager der Lederfabrik. Es hat den Vorteil, ganz ohne fremde Hilfsmittel auszukommen.

Eine Variante der Konservierung durch Kühlung ist das Einbringen von Scherbeneis zwischen die frisch abgezogenen Häute bereits im Schlachthof. Hierbei bildet sich am Boden des Sammelbehälters eine Brühe aus Schmelzwasser, Blut und Gewebsflüssigkeit, die schon bei gering ansteigenden Temperaturen eine ideale Nährlösung für Bakterien ist. Auch kann keine durch den Querschnitt der Haut gleich bleibende Kühlung erzielt werden.

2.4.2 Konservierung durch Trocknung

Eine einfache und sicher sehr alte Konservierungsmethode ist das Trocknen der ausgebreiteten oder ausgespannten Felle an der Luft. Dabei wird der Wassergehalt unter 30 % gesenkt. Das ist etwa der Wassergehalt der Haut, den die Bakterien zur Entfaltung ihrer Lebensfunktionen brauchen. Wird der Wasssergehalt deutlich weiter gesenkt (unter 15 %), verkleben die Fasern, das Fell verliert seine innere Geschmeidigkeit und kann brechen, wenn es gefaltet oder beim Transport gebogen wird. Erfolgt die Trocknung zu schnell, besteht das Risiko, dass die Kapillaren in den Außenzonen enger werden und sich Feuchtigkeit im Inneren der Haut staut. Kommt dann noch Erwärmung durch Sonneneinstrahlung hinzu, sind **Selbstspaltung** zur Doppelhäutigkeit in der Papillarschicht oder irreversible Verleimung die Folge. Auch für die Trocknung gilt, dass Dungbehang oder starke Verschmutzung der Haarseite sowie Muskel- und Fettgewebe auf der Fleischseite eine gleichmäßige Konservierung erschweren oder unmöglich machen. Sind die klimatischen Voraussetzungen gegeben, erfolgt die Trocknung schneller als das Wachstum der Bakterien. Ein schattiger, luftiger Platz mit Temperaturen bis maximal 35 °C bietet dafür die Gewähr. Die Konservierung durch Trocknung hat für Wildfelle, Schaf- und Ziegenfelle und ganz allgemein für die Felle zur Pelzherstellung Bedeutung. Für den Transport wirken sich das verminderte Gewicht und die geringere Dicke (−50 %) günstig aus. Eine Beurteilung der steifen, um etwa 10 % Fläche geschrumpften Felle ist erschwert. Die Einarbeitung getrockneter Felle erfordert eine besondere Technologie.

2.4.3 Konservierung durch Salzen

Die Verwendung von Kochsalz als Konservierungsmittel ist keine Erfindung der Gerber. Tierisches Eiweiß vor dem Angriff durch Fäulnisbakterien zu schützen und es dazu intensiv mit Salz zu behandeln ist für Nahrungsmittel weit verbreitet. So ist auch die Konservierung von Häuten und Fellen mit Kochsalz weltweit die am häufigsten gewählte Technik. Das Grundprinzip ist dabei wie bei der Trocknung eine Verminderung des Wassergehaltes in der Haut. Hier nutzt man das ausgeprägte Bestreben konzentrierter Salzlösungen sich zu verdünnen und dazu der Umgebung Wasser zu entziehen. Die Salzkonservierung funktioniert somit nur dann, wenn genügend Salz zur Verfügung steht. Die Einsatzmenge liegt je nach Hautart zwischen 30 und 50 % des Gewichtes der frisch abgezogenen Haut. Das kristalline Salz wird auf die Fleischseite der Haut gestreut. Diese Arbeitsweise wird „Streusalzen“ oder „Stapelsalzen“ genannt. Auf einer leicht dachartig geneigten Unterlage werden die Häute mit der Fleischseite nach oben flach ausgebreitet und Salz einer Körnung von bis zu 2 mm gleichmäßig auf der Fläche verteilt. Bei großen Stückzahlen erfolgt der Salz-

Tab. 4 Wassergehalt konservierter Häute

frisch abgezogene Haut	60–70 %, im Durchschnitt	65 %
gesalzene Haut	30–40 %	35 %
getrocknete Haut	12–18 %	15 %
trockengesalzene Haut	20–35 %	

auftrag maschinell. Die so entstehenden Stapel dürfen 1 bis 1,5 m hoch werden. Schon nach kurzer Zeit bildet sich eine oft leicht rötlich gefärbte Flüssigkeit, die abfließen soll. Sie enthält neben Blutresten auch salzlösliche Eiweiße und viele Mikroorganismen von der Oberfläche der Haut. Die sich bildende hochkonzenrtierte Salzlösung diffundiert während der nächsten Tage in das Innere der Haut, bei Rindhäuten dauert das bis zu 14 Tage. Dann können die Häute leicht nachgesalzen und zusammengefaltet auf Paletten für den Versand bereitgestellt werden.

Die Nasssalzung oder Salzlakenkonservierung arbeitet mit gesättigten Salzlösungen. Die gereinigten, vorentfleischten Häute werden bis zu 24 Stunden in der Salzlösung bewegt. Dabei diffundiert das Salz schneller in das Innere der Haut als auf dem Stapel ruhend. Die konservierende Wirkung ist gut.

Von regionaler Bedeutung und bevorzugt für Wild- und Kleintierfelle eingesetzt ist das „Trockensalzen". Dabei versucht man den Salzbedarf dadurch zu senken, dass die Felle erst mit Salz eingestreut und gestapelt werden und dann durch Hängetrocknung die Salzkonzentration im Inneren der Felle ansteigt.

Versuche mit verschiedenen Salzen oder mit Bioziden haben gegenüber dem Kühlen oder dem Salzen noch zu keinen entscheidenden Vorteilen geführt. Die gleichmäßige Verteilung auf und in der Haut ist schwer zu erreichen. Die große Menge an Salz ist eine ökologische Bürde der Salzkonservierung, denn das Salz wird bei dem Lederherstellungsprozess im Abwasser verbleiben. Es ist so sehr mit Blut, Bakterien und Eiweiß belastet, dass es ohne aufwändige Aufbereitung nicht nochmals zur Konservierung eingesetzt werden kann.

Mit dem veränderten Wassergehalt verändert sich auch das Gewicht der Rohware. Das Gewicht ist für den Handel und als Bezugsgröße für die Verfahren in der Lederfabrik wichtig. In Tabelle 4 sind für die Konservierungsverfahren die Änderungen des Wassergehaltes in der Haut aufgezeichnet.

2.4.4 Sonstige Handelsformen „konservierter" Häute

Die Arbeitsteilung in der Lederherstellung hat dazu geführt, dass die rohe Haut am Ort A (Schlachthof) anfällt, am Ort B (Wasserwerkstatt, Gerberei) eingearbeitet wird bis zu einem Zwischenprodukt und am Ort C (Gerberei, Zurichterei) zum fertigen Leder wird. Der Trans-

Folgende bearbeitete, aber noch nicht fertige Zwischenstufen von Leder finden sich im Handel:

- Pickelblößen: zur Gerbung vorbereitete Häute und Felle in stark saurem, nassem bis feuchtem Zustand
- wet-white: Vorstufe zu Leder, mit einer leichten, hellen, meist organischen Angerbung, feucht
- wet-blue: Vorstufe zu Leder mit einer Chromgerbung, feucht
- crust: Sammelbezeichnung für trockenes Rohleder zur marktbezogenen Weiterverarbeitung; keine Festlegung der durchgeführten Arbeiten.

port kann jeweils nur stattfinden, wenn das Material für längere Zeit beständig (konserviert) ist.

Bei diesen halbfertigen Ledern handelt es sich nicht mehr um nur konservierte Haut.

2.5 Schäden an der rohen Haut, Rohhautschäden

Der Endverbraucher von Lederartikeln wünscht sich ein absolut fehlerfreies Leder von höchstmöglicher Qualität. Bei der Vielzahl von Aufgaben der Haut am lebenden Tier und den unterschiedlichen Einflüssen, die auf die Haut einwirken, ist eine fehlerfreie Haut, die die Voraussetzung für fehlerfreies Leder ist, sehr selten. In der Haut spiegelt sich der Lebenslauf eines Tieres wieder. Sie zeigt das Alter, den Gesundheitszustand, die Pflege und die Wunden. Einige der Rohhautschäden kann der Lederhersteller mit technologischen Mitteln mindern, sie bleiben sichtbar ohne den Gebrauchwert zu verschlechtern. Die meisten Schäden vermindern jedoch den Gebrauchswert und damit den Handelswert der Haut. Die Beurteilung der Schäden wird durch das Haarkleid erschwert, denn oft wird ein Rohhautschaden erst nach der Entfernung von Haaren oder Unterhautbindegewebe sichtbar. Dann erst kann man entscheiden, ob die eingekaufte Haut für den vorgesehenen Zweck geeignet ist. In der Regel weist eine Haut mehrere Arten von Schäden auf, deren Verteilung über die Fläche mit der Anatomie und der Lebensweise des Tieres zusammenhängt. Hier sollen die Schäden nach dem Zeitraum ihrer Entstehung gegliedert werden in

- Schäden der Haut am lebenden Tier,
- Abzugsschäden,
- Schäden an der abgezogenen Haut.

2.5.1 Schäden der Haut am lebenden Tier

Durch die Haltung in Ställen oder auf eingezäunten Weideflächen kommt es zu erheblichen Schädigungen der Haut, die allein in Deutschland einen wirtschaftlichen Verlust in Höhe mehrerer hundert Millionen Euro pro Jahr ausmachen.

Dungbehang durch angetrocknete Kotplatten führt zu tiefen Verätzungen und Entzündungen der Hautoberfläche, die sich am fertigen Leder in Narbenveränderungen, offenen Stellen und flächigen Vernarbungen zeigen. Unter den Kotplatten versucht die Haut, die Temperatur durch vermehrte Schweißabsonderung zu regulieren, was nicht gelingt. Die feuchtwarme Oberfläche wird von Mikroorganismen zerstört und chemisch verätzt, wenn die ständige Durchfeuchtung mit Urin hinzukommt. Neben der Auswirkung auf die Haut und das Leder erschwert Dungbehang die Gewichtsfeststellung, die Konservierung und die Arbeiten zur Lederherstellung.

Stacheldraht- und Heckenrisse sind meist längliche, rissartige Verletzungen der Haut, die teilweise vernarbt sein können. Sie treten mit zunehmendem Alter so zahlreich an den gleichen Partien der Haut auf, dass dadurch ein ganz erheblicher Schaden entsteht, der erst nach der Enthaarung sichtbar wird. Frisch verheilte Stacheldraht- und Heckenrisse können bei der Lederherstellung oder -verarbeitung wieder aufreißen, was den Schaden erhöht.

Mistgabelstiche treten nur bei Stallhaltung der Tiere auf. Sie bilden tiefe, nur schlecht heilende Verletzungen. Oft sind sie im hinteren Teil der Haut konzentriert, können aber mit bis zu 100 Einstichen eine ganze Haut völlig entwerten. Von den Haaren verdeckt bleiben sie bei der Bewertung der rohen Haut unbemerkt und werden erst nach der Enthaarung sichtbar.

Keineswegs nur auf den Wilden Westen beschränkt ist die Kennzeichnung der Tiere durch **Brandzeichen**, die sowohl im Heißbrand mit dem glühenden Metallstempel als auch im Kaltbrand zu vergleichbaren Hautveränderungen führen. Leider werden die Brandzeichen in der Regel auf beiden Seiten des Tieres im Kern angebracht, dem wertvollsten Teil der Haut. Wird bei jedem Besitzerwechsel erneut ein Brandzeichen aufgebracht, kann dies zur völligen Entwertung der Haut führen.

Werden Kälber oder Rinder mit einem scharfen Striegel gereinigt, so kann das zu den **Striegelrissen** führen. Das sind mehrere parallel zueinander verlaufende Hautverletzungen unterschiedlicher Länge. Sie verheilen und vernarben so, dass sie gelegentlich erst am fast fertigen Leder in Erscheinung treten.

Bei den Schafen kommt es bei der **Schur** immer wieder zu Verletzungen der Haut, die unter Ausbildung wulstartiger Vernarbungen verheilen und unter der nachwachsenden Wolle verborgen bleiben. Im Leder sind diese Schnipperlinge sichtbar und fühlbar.

Viele Tiere erleiden im Laufe ihres Lebens Hauterkrankungen, die durch Mikroorganismen oder durch Schädlinge ausgelöst werden. Selbst wenn die Krankheit überwunden wurde, bleiben wertmindernde Veränderungen in der Haut zurück. Die **Räude oder Krätze** führt bei Rindern, Ziegen, Schafen und Schweinen zu punktförmigen bis großflächigen Veränderungen des Fasergefüges. Die Räude geht von Milben aus, die als Parasiten die Tiere in großer Zahl befallen. Die Grabmilbe (*Sarcoptes bovis*) verursacht den ausgeprägtesten Schaden, weil sie Gänge in die Haut gräbt und dort ihre Eier ablegt. Die Saugmilbe (*Psoroptes bovis*) verursacht die Schwanzräude, die auf die weichen Hautteile um die Schwanzwurzel und Hinterklauen beschränkt ist. Die Haarbalgmilbe (*Demodex bovis*) ist mikroskopisch klein, bewirkt aber durch ihre Zahl und die Eiablage am Haarbalg eine Entzündung, die zur Bildung von Pusteln mit einem gelblichgrünen Inhalt aus Milben und Larven führt. Am fertigen Leder können diese Pusteln erhaben und verhärtet oder eingefallen als Vertiefung erscheinen.

Eine andere Gruppe von Schädlingen sind die **Zecken**, die runde Biss- und Saugkanäle von 1 bis 2 mm Durchmesser bis zum intracutanen Adernetz führen. Meist befallen viele Zecken gleichzeitig ein Tier und bewirken Juckreiz. Scheuern und Kratzen der Tiere führt zu Entzündungen der Bissstellen und vergrößert den Schaden. Auf Häuten aus Südamerika und Australien (Queensland) finden sich über die ganze Fläche vernarbte Zeckenschäden als verhärtete Verdickung bis 5 mm Durchmesser.

Die **Läuse- und Haarlingsschäden** sind stichartige Verletzungen der Papillarschicht bei Rindern und Schafen. Durch Entzündungen wird der Schaden häufig vergrößert.

Einen markanten Schaden verursacht die **Dasselfliege**. Ihre Larven wachsen im Unterhautbindegewebe der Rücken- und Lendengegend und bohren schräge Löcher durch die ganze Haut. Diese Löcher dienen zunächst der Atmung, und im Sommer zwängen sich die reifen Larven durch sie nach außen. Durch eiternde Entzündungen bilden sich in der Haut Geschwüre (Dasselbeulen), die in der Lederhaut sich nach unten erweiternde Kavernen hinterlassen. Selbst wenn das Loch an der Narbenschicht vernarbt, bleiben die Hohlräume im Inneren der Haut und stellen wegen ihrer Häufung einen erheblichen Schaden dar.

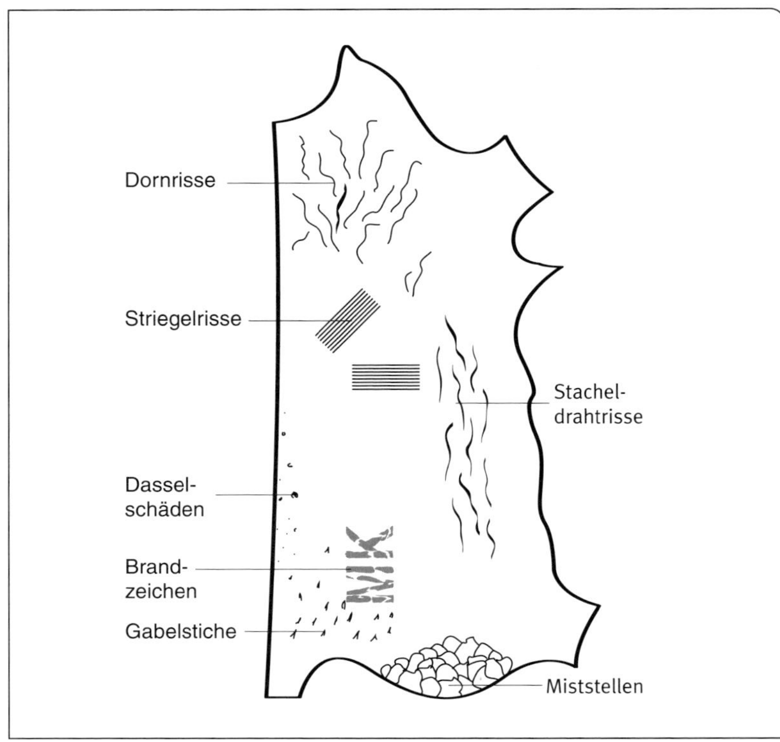

Abb. 29 Häufigste Anordnung einzelner Rohwarenschäden auf der Haut.

Weitere Lebendschäden entstehen durch Verletzungen, die sich die Tiere gegenseitig beibringen. Dazu zählen **Bisswunden** und **Hornstöße**. Auch der Transport der Tiere über weite Strecken hinterlässt mit Scheuerstellen, Treibstachelschäden oder frischen Entzündungen seine Spuren in der Haut, die den Wert der daraus hergestellten Leder mindern.

Seltener, dann aber die Haut völlig entwertend, sind die genetischen Schäden wie der **Vertikal-Faser-Defekt**, bei dem die Hautfasern nicht mehr dreidimensional verflochten sind, sondern parallel nebeneinander liegen.

2.5.2 Abzugsschäden

Beim Abzug der Haut kann die falsche Schnittführung zu erheblichen Werteinbußen führen. Darauf wurde bereits hingewiesen. Auch eine besondere **Schlachttechnik** wie das Schächten der nicht betäubten Tiere führt zu einer ungünstigen Form der Felle mit kleinerer nutzbarer Fläche.

Das Entfernen der für die Lederherstellung wertlosen Teile der Haut wie Klauen, Kopfhaut, Geschlechtsteile und Euter erfolgt im Schlachthof oder durch den Häutehändler. Das ist zweckmäßig, denn die entfernten Teile werden mit den anderen Schlachtabfällen entsorgt. Die Schnittführung dabei wird als „Trimm" bezeichnet und kann regional voneinander abweichen. In Europa wird der Trimm etwas anders geführt als in Südamerika. Wird zu viel weggeschnitten, dann wird die größtmögliche Fläche nicht mehr erreicht.

Die **Metzgerschnitte** vom Abzug der Haut gehen oft so tief in die Haut, dass sie insbesondere bei dickeren Lederarten den Verschnitt bei der Lederverarbeitung erhöhen und damit den Wert des Leders senken. Metzgerschnitte reichen von schmalen stichartigen Verletzungen der Haut über Löcher bis zu langen, bogenförmigen Schnitten. Bei breiteren Verletzungen der Retikularschicht spricht man von **Aushebern**.

Durch den maschinellen Abzug mit den hohen Zugkräften sind die **Narbensprenger** oder **Narbenplatzer** häufiger geworden und stellen insbesondere bei den großflächig verarbeiteten Lederarten für Möbel, Polsterungen und Bekleidung eine bedeutende Schadensgruppe dar.

2.5.3 Schäden an der abgezogenen Haut

Die abgezogene Haut wird als Nebenprodukt möglichst schnell aus dem eigentlichen Schlachtbereich entfernt. Mit dem anhaftenden Schmutz, dem noch aus der Haut sickernden Blut und den vielen Mikroorganismen stellt sie eine Gefahr für das Nahrungsmittel Fleisch dar. Sie stellt aber auch eine Gefahr für sich selbst dar. Die nichtstrukturierten Eiweiße in der Haut werden jetzt nicht mehr mit Nährstoffen versorgt und beginnen sich nach einiger Zeit chemisch zu verändern. Sie reagieren in den Prozessen der Lederherstellung nicht mehr wie erwartet und verändern die Ledereigenschaften. Diese Schäden werden zusammengefasst als „post mortem Schäden“ (Schäden nach dem Tod). Sie sind einer der Gründe für die nachdrückliche Forderung, die Haut möglichst schnell zu konservieren. Wo das nicht geschieht, bevor die Fäulnisbakterien ihre zerstörende Wirkung entfalten, entstehen die teilweise erst während der Bearbeitung erkennbaren **Fäulnisschäden**. Sie bewirken eine matte, raue Oberfläche, Losnarbigkeit, verminderte Festigkeit und Dehnbarkeit, Einfressungen bis zu Löchern und großflächige Auflösung des Faserverbandes. Das sind erhebliche Schäden, die nur durch rechtzeitige und richtige Konservierung vermieden werden können. Erfolgt die Konservierung jedoch nicht richtig, können hier die als Konservierungsschäden zu bezeichnenden Salzflecken, Blutflecken, Eisenflecken und sonstigen Verfärbungen auftreten. Die **Brühschäden** an Schweinshäuten, durch Behandlung mit heißem Wasser zur Gewinnung der Borsten hervorgerufen, gehören auch zu den Schäden an der abgezogenen Haut.

Bis die Haut endlich zum Gerber gelangt, ist sie noch dem Risiko der **Transportschäden** ausgesetzt. Der Transport auf Holzpaletten ist praktisch. Wenn aber rostige Nägel sich in die konservierte Haut drücken oder Stahlbänder die hoch gestapelten Felle zusammenhalten, kommt es zu bleibenden Veränderungen der Hautsubstanz an den Berührungsstellen. Auch ungeeignet imprägnierte Paletten führen zu solchen Schäden.

Bei der Lagerung von Häuten und Fellen wird durch Einhaltung geeigneter Lagerbedingungen bezüglich Temperatur, Luftfeuchtigkeit, Stapelhöhe, Vermeidung direkter Sonneneinstrahlung, Lüftung usw. versucht, Schäden zu vermeiden. Unabhängig davon können Fliegen, Käfer und Nagetiere zu erheblichen Schäden führen. Auch hier sind es meist die Larven, die durch ihre große Zahl und Fresslust die Schäden bewirken.

Der Transport mit Gabelstaplern schließlich kann zu Scheuerstellen, Rissen und Löchern führen, aber auch fremde Chemikalien mit Häuten in Berührung bringen.

Es ist ein weiter und für die Qualität und den wirtschaftlichen Wert der Haut gefahrenreicher Weg, bis diese endlich in der Gerberei in den eigentlichen Produktionsgang der Lederherstellung gelangt. Die entstandenen Schäden sind durch keine gerberische Maßnahme aufzuheben, sie bleiben wirksam und teilweise auch sichtbar. Das sind dann die wirklichen Naturmerkmale im Leder, die im Handel als Zeichen für „echtes“ Leder hervorgehoben werden. Sie haben nichts zu tun mit den absichtlich nachgeahmten Naturmerkmalen in anderen Werkstoffen, die Leder ersetzen wollen.

3 Die Lederherstellung

Die Technologie der Lederherstellung ist eine logische Folge von Arbeitsgängen. Diese logische Folge ergibt sich aus den chemischen Möglichkeiten im Feinbau der Haut, aus den mechanischen Notwendigkeiten zur Unterstützung der chemischen Vorgänge und den Gestaltungswünschen und Qualitätsanforderungen der Lederverarbeiter als Kunden der Lederhersteller.

Die Technologie sieht für alle Rohwaren- und Lederarten fünf Schritte vor, die jeweils zu einem veränderten Zustand der Haut führen, den der Gerber mit einem besonderen Begriff kennzeichnet.

Weil in alter Tradition die chemische Behandlung einer großen Stückzahl in der Flotte mit der mechanischen Bearbeitung des Einzelstückes abwechselt, ist der Aufwand für die Vorbereitung zur mechanischen Bearbeitung sehr hoch. Jedes einzelne Stück muss in der richtigen Richtung und mit der richtigen Seite nach oben ausgebreitet der Bearbeitung zugeführt werden. Trotz vieler Versuche und rationeller Arbeitshilfen ist es noch nicht möglich, die chemischen Verfahrensschritte und die mechanischen Arbeiten jeweils als geschlossenen Block hintereinander durchzuführen. Die Kenntnis der Wirkungsweise der einzelnen Arbeitsgänge ist notwendige Voraussetzung zum Verständnis der Technologie der Lederherstellung.

Als Flotte wird die Wassermenge bezeichnet, in der chemische Bearbeitungsprozesse durchgeführt werden.

3.1 Reinigende Arbeiten und Hautaufschluss als Vorbereitung zur Gerbung

Alle Versuche, eine frisch abgezogene Haut oder ein irgendwie konserviertes Fell direkt zu gerben, sind bisher gescheitert. In Kenntnis des inneren Aufbaus der Haut, der chemischen Reaktionen in der Haut und der Veränderungen durch die Konservierung wird klar, dass ein Gerbstoff gar nicht bis zu den Bindungsstellen im Kollagenmolekül der rohen Haut gelangen kann. Vor einer Gerbung muss das Kollagen freigelegt und das Keratin von Oberhaut und Haaren entfernt werden. Die nicht-strukturierten Eiweißstoffe, wie Albumine, Globuline, Proteoglykane und Vorstufen des Kollagens müssen aus den Faserzwischenräumen herausgelöst werden. Die Fettstoffe aus Talgdrüsen, Haarwurzelscheiden und dem Fettgewebe müssen emulgiert werden und so die Diffusionswege freimachen. Das Unterhautbindegewebe mit allen Einschlüssen muss möglichst vollständig abgetrennt werden um ein Eindringen der Gerbstoffe von der Fleischseite her zu ermöglichen. Erst wenn die für die Bindung der Gerbstoffe zuständigen chemischen Gruppen in der Peptidkette oder an den Seitenketten freigelegt und entsprechend geladen wurden, kann an eine Gerbung gedacht werden. Die richtige Vorbereitung entscheidet ganz wesent-

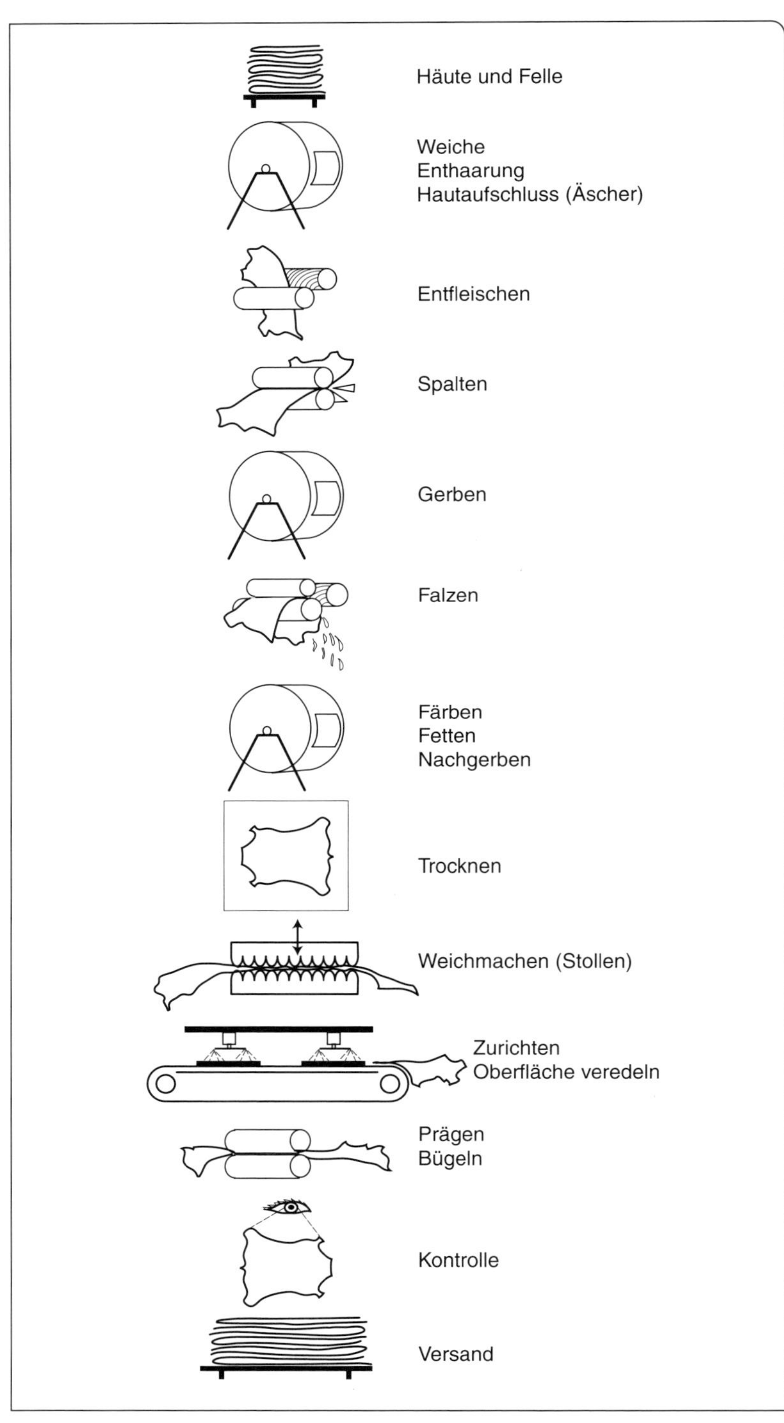

Abb. 30 Übersicht Lederherstellung.

lich über das Gelingen der Gerbung und somit über die Ledereigenschaften.

3.1.1 Weiche – Wäsche

Wird eine konservierte Rohware eingearbeitet, so ist die Weiche der erste Schritt. Das ist die Rückführung der Haut in einen Zustand, der dem einer frisch abgezogenen Haut entspricht. Die Konservierungsmittel müssen weggewaschen werden und das Fasergefüge wieder den ursprünglichen Wassergehalt von etwa 65 % zurückerhalten. Bei angetrockneten oder getrockneten Häuten und Fellen ist die dafür benötigte Zeit so lange, dass die vorhandenen Bakterien schon wieder aktiv werden. Dann müssen Bakterizide und rechtzeitiger Wechsel der Flotten dem entgegenwirken.

Bei salzkonservierter Ware werden die wasserlöslichen Albumine und die salzlöslichen Globuline leicht herausgespült. Bei frischer, gekühlter Ware ist das schwieriger, benötigt mehr Zeit und wird durch Dispergiermittel oder enzymatische Hilfsmittel unterstützt. Die von Natur aus fettreichen Schaffelle und Schweinshäute wurden schon immer im Zuge der ersten Arbeitsgänge gezielt entfettet. Das in stabilen Zellen sitzende Fett wird durch Emulgatoren bei pH 8 bis 9 so weit anemulgiert, dass es mit intensiver Walkwirkung aus dem Fasergeflecht in die umgebende Flotte von 30 bis 35 °C transportiert werden kann. Eine hohe Emulgator-Konzentration fördert das Eindringen, die Verteilung und erhöht ihre Wirkung. Deshalb erfolgt die **Entfettung** nach einer gründlichen Weiche in einem neuen Bad mit geringst möglicher Wassermenge. Ganz ohne Wasser geht es nicht, da die Verteilung nicht gewährleistet wäre. Ist diese aber abgeschlossen, wird warmes Wasser zugegeben und es bildet sich eine milchige Emulsion, die ausgewaschen wird. Mit dem Naturfett werden auch viele andere Fettstoffe entfernt, die unbedingt aus der Haut heraus müssen, bevor diese zu Leder wird. Diese Fettstoffe erschweren das Eindringen, die gleichmäßige Verteilung und die Bindung von Gerb-, Farb- und anderen Hilfsstoffen. Sie oxidieren an Licht und Luft, verändern ihre Farbe und riechen so unangenehm ranzig, dass der Kunde allein dadurch die Freude an einem sonst schönen und guten Leder verlieren würde. Durch die intensive Fütterung bei bewegungsarmer Stallhaltung der auf hohe Fleisch- und Milchleistung gezüchteten Rinder enthält deren Haut immer mehr Naturfett. Für solche Rohware ist die Entfettung unbedingt erforderlich um die hohen Echtheiten am fertigen Leder zu ermöglichen.

Effektiver arbeiten heißt schneller und mit weniger Aufwand zum gewünschten Ziel zu kommen. In allen Nass-Prozessen der Lederherstellung trägt **Bewegung** ganz wesentlich dazu bei. Die Gefäße sind deshalb meist rotierende Behälter aus Holz, Edelstahl oder Kunststoff. Innen angebrachte Zapfen, Bretter oder gelochte Zwischenwände bewirken eine Durchmischung des Hautmaterials mit dem

Wasser und den darin gelösten Hilfsmitteln. Beim Gleiten über die abgerundeten Zapfen oder Bretter wird das Fasergefüge gedehnt und gestaucht, was in den Kapillaren einer Pumpwirkung gleicht und so die Hilfsmittel bis in die Fibrillen bringt.

3.1.2 Enthaarung – Äscher

Zu den deutlich sichtbaren Wirkungen der Arbeiten vor der Gerbung zählt die Enthaarung. Dabei werden nicht nur die Haare entfernt, das ganze Keratin-System der Oberhaut muss restlos vom Kollagen der Lederhaut getrennt werden. So entsteht der **Narben** als neue Oberfläche, der das typische Poren- und Narbenbild der Tierart und des einzelnen Tieres zeigt.

Die Enthaarung ist ein Arbeitsgang, der im Lauf der Zeit eine vielfältige Entwicklung erfahren hat. Sie wird noch heute von Betrieb zu Betrieb sehr unterschiedlich durchgeführt. Dabei gibt es zwei Möglichkeiten, die sowohl nach ledertechnischen als auch nach betriebswirtschaftlichen Gesichtspunkten zu unterscheiden sind:

- haarerhaltende Enthaarungsverfahren,
- haarzerstörende Enthaarungsverfahren.

3.1.2.1 Haarerhaltende Enthaarungsverfahren

Die haarerhaltenden Enthaarungsverfahren sind sicher die ältesten Verfahren. Wie schon ausgeführt, ist das Präkeratin der untersten Zellreihen von Oberhaut und Haarwurzeln ganz besonders gefährdet durch hydrolytische und enzymatische Angriffe. **Fäulnis** ist solch ein Angriff und Haarlässigkeit oder Haarausfall gehören zu den ersten Anzeichen für die Wirkung der Fäulnisbakterien. Eine leichte Fäulnis bewirkt Haarlockerung. Die Haare können dann auf dem Gerberbaum mit dem stumpfen Haareisen mechanisch abgestreift werden. Eine gewollte aber unkontrollierbare leichte Fäulnis ist als „Schwitze" in die Geschichte der Lederherstellung eingegangen. Wegen des unangenehmen Gestanks und anderer Nachteile wird sie nicht mehr praktiziert.

Das bedeutendste haarerhaltende Enthaarungsverfahren ist der **Äscher**. In seiner Urform als wässrige Aufschlämmung von Holzasche – mit ihrem hohen Gehalt an Kalilauge (KOH) – hat er die untersten Zellreihen hydrolytisch zerstört und so die mechanische Enthaarung ermöglicht. Seit mehreren Jahrhunderten nutzt man statt der Asche den in gleichmäßiger Zusammensetzung verfügbaren Weißkalk oder Kalkhydrat [$Ca(OH)_2 \cdot n\, H_2O$] für den Äscher.

Die Wirkung dieses **Weißkalk-Äschers** geht über die Haarentfernung weit hinaus. Die noch im kollagenen Fasergefüge verbliebenen Eiweiße werden ebenfalls hydrolysiert, damit wasserlöslich und können ausgewaschen werden. Bei längerer Einwirkung der Kalkbrühe werden auch die Polypeptidketten angegriffen und unterbrochen. Die so neu entstandenen Endstücke, die Telopeptide, tragen reaktionsfähige Gruppen, an denen sich später Gerbstoffe binden können. Gleichzeitig wird das ganze Gefüge aus Kollagenfasern dadurch etwas aufgelockert und die Fasern gegeneinander beweglicher. Am späteren Leder äußert sich das in mehr Weichheit und Dehnbarkeit. Diese innere Unterbrechung der Kettenmoleküle wird als **Hautaufschluss** bezeichnet. Der minimale Verlust an Festigkeiten wird durch mehr Gerbstoffbrücken wieder ausgeglichen. Die reinigende Wirkung des Weißkalk-Äschers schafft durch verbesserte Diffusion der Gerbstoffe und aller folgenden Hilfsstoffe die Voraussetzung für nahezu gleiche Ledereigenschaften über die gesamte Fläche und Dicke der Haut.

Weißkalk ist eine schwerlösliche Verbindung. In 1 Liter Wasser von 20 °C lösen sich nur 1,7 g Weißkalk. Bei höheren Wassertemperaturen löst sich weniger, bei Zusatz von Salz, Zucker oder NaSH löst sich mehr. Die entstehende Lösung hat mit pH 12,3 bis 12,5 eine stark alkalische Reaktion. Dieser pH-Wert liegt weit über dem Isoelektrischen Punkt (IP) der geweichten Haut bei pH 7.

Im Weißkalk-Äscher wird das Kollagen stark anionisch aufgeladen. Die vielen gleichsinnig geladenen Gruppen stoßen sich gegenseitig ab und die Haut quillt in der kollagenen Schicht, der Lederhaut. Sie wird dicker, aber nicht verspannt, nicht prall. Die Oberhaut und das lose Unterhautbindegewebe quellen praktisch nicht, denn sie sind in ihrer Molekül-Struktur anders aufgebaut. Aber das Keratin der Haare reagiert mit dieser Alkalität, das Haar wird widerstandsfähiger gegen chemische Angriffe. Somit werden die Präkeratin enthaltenden Zellen der Haarwurzel und der Oberhaut im Weißkalk-Äscher hydrolysiert, die Haare jedoch immunisiert. Diese beiden Wirkungen erleichtern das mechanische Abstreifen der gelockerten Haare. Im reinen Weißkalk-Äscher dauert diese Haarlockerung mehrere Wochen. Verbleiben die Häute und Felle noch länger im Weißkalk-Äscher, dann wird die Papillarschicht so stark aufgelockert, dass sie von der Retikularschicht abgehoben werden kann. Das ist ein Sonderfall und wird bei der Herstellung von Sämischleder aus Wildfellen praktiziert. Normalerweise bemüht man sich, die Enthaarung zu beschleunigen. Dazu wird die Wirkung des Weißkalk-Äschers mit „Anschärfmitteln" erhöht, man sagt, er wird angeschärft.

Anschärfmittel für einen haarerhaltenden Äscher sind:
Natriumsulfid (Schwefelnatrium) Na_2S
Natriumhydrogensulfid (Natriumsulfhydrat) NaSH
Kalziumhydrogensulfid (Kalziumsulfhydrat) $Ca(SH)_2$

Bei Einsatz von **Natriumsulfid** im Weißkalk-Äscher ist die Wirkung auf die Haare und die Oberhaut in starkem Maße von der Konzentration des Schwefelnatriums in der Flotte abhängig. Bis zu 1g Schwefelnatrium je Liter, das entspricht einer 0,1 %igen Lösung, werden Haare und Oberhaut nicht angegriffen, es bleibt ein haarerhaltendes Enthaarungssystem und muss durch ein mechanisches Abstreifen der Haare ergänzt werden. Die Dauer eines so angeschärften Weißkalk-Äschers ist deutlich verkürzt und die Quellung der Haut liegt geringfügig über der Quellung durch den reinen Weißkalk-Äscher. Wird mehr Natriumsulfid zugesetzt, werden Haare und Oberhaut zunehmend schneller und stärker verändert. Eine 0,3 %ige Lösung führt schon zu einer Versulzung der Haare und zu einer sehr starken Quellung der Haut. Durch eine Lösung mit einer Konzentration von 1,5 % Natriumsulfid werden Haare und Oberhaut aufgelöst und die Haut bei pH 12,3 bis 12,7 so verspannt, dass sie als prall bezeichnet wird. Sie lässt sich dann mit den Fingern nicht mehr zusammendrücken, erscheint steif und im Querschnitt glasig. In der Praxis liegt die Einsatzmenge an Schwefelnatrium bei diesen haarzerstörenden, angeschärften Äschern so hoch, dass alle Haare mit Sicherheit gleichmäßig aufgelöst werden. Dabei ergibt sich abhängig von der Wassermenge eine Schwefelnatrium-Konzentration zwischen 0,3 und 0,9 %. Die Wassermenge muss so groß sein, dass die Verteilung von Weißkalk und Anschärfmittel selbst dann gewährleistet ist, wenn die Haut Wasser in die Quellungsräume aufnimmt. Bei der Bewegung des Gefäßes dürfen keine Scheuerstellen am Hautmaterial entstehen. Allein durch die zugesetzte Menge an Schwefelnatrium kann so ein haarerhaltendes Enthaarungsverfahren in ein haarzerstörendes Enthaarungsverfahren übergehen.

Das gleiche gilt auch für die Verwendung von **Natriumhydrogensulfid** als Anschärfmittel im Weißkalkäscher. Nur wirken hierbei die beiden Hilfsmittel nacheinander. Das Natriumhydrogensulfid wandelt ab einer Konzentration von 0,043 % in der Lösung das Keratin in das empfindliche Präkeratin um. Der Kalk kann dieses dann auflösen, wie für den Weißkalkäscher beschrieben. Daraus ergibt sich die logische Reihenfolge im Ablauf eines solchen Äscherverfahrens: zuerst das Natriumhydrogensulfid einwirken lassen und dann den Weißkalk zugeben. Der durch NaSH in den üblichen Anwendungskonzentrationen erreichte pH-Wert liegt bei 9,8. Das ergibt eine mäßige Quellung, die eine gute Verteilung und Diffusion im Fasergefüge erlaubt. Mit dem Weißkalk zusammen steigt dann der pH-Wert auf 12,0 bis 12,5. Das entspricht dem pH-Wert eines Weißkalkäschers und führt noch nicht zur Prallheit. Mit einem solchen Natriumhydrogensulfid-Weißkalk-Äscher erhält man einen besonders feinen, fest anliegenden Narben.

Weil das Bearbeiten größerer Stückzahlen von Häuten gleichzeitig im gleichen Gefäß erfolgt und zwangsweise zu einer allseitigen Einwirkung der Chemikalien auf die Haare und so zu ihrer Wertminderung führt, hat man auf der Grundlage eines angeschärften Weißkalkäschers das **„Schwöde-Verfahren"** entwickelt. Es wird bevorzugt zur Gewinnung von Wolle und Haaren von Schaf- und Ziegenfellen eingesetzt. Dabei wird ein Brei aus Wasser, Weißkalk und Anschärfungsmittel so auf die Fleischseite aufgetragen, dass die dicht strukturierten Partien mehr erhalten als die dünnen, lockeren Hautpartien.

Für die Zusammensetzung des Schwödebreis gilt die 1-5-8-Regel:

- 1 kg Natriumsulfid wird aufgelöst in
- 8 l Wasser. Die Lösung hat eine Dichte 9 °Bé.
- 5 kg Weißkalkpulver werden eingerührt, die Dichte steigt auf etwa 24 °Bé.

Der Weißkalk kann anteilig oder ganz durch Kaolin ersetzt werden. Die behandelten Felle werden aufeinander gestapelt und darauf geachtet, dass die Wolle nicht mit dem Schwödebrei in Berührung kommt. Nach etwa 4 bis 6 Stunden ist der Schwödebrei durch die Haut hindurch zu den Haarwurzeln und der basalen Zellreihe der Oberhaut diffundiert und hat das Präkeratin aufgelöst. Die gelockerten Haare werden abgestreift und gewaschen. Die Felle werden in Wasser gegeben, das alsbald aus den an der Fleischseite anhaftenden Resten des Schwödebreies einen angeschärften Weißkalkäscher bildet. Dadurch werden Resthaare aufgelöst und die für viele Ledereigenschaften wichtige Quellung kontrolliert herbeigeführt. Wegen fehlenden Wassers ist während der Schwöde eine Quellung ausgeschlossen.

Neuere Entwicklungsarbeiten ersetzen den Weißkalk durch Wasserglas, ein flüssiges Natriumsilikat. Quellung und pH-Werte verhalten sich wie bei Einsatz von Weißkalk. Vorteile sieht man in einer gleichmäßig hellen Farbe der so geäscherten Blößen und dem gesamtökologischen Vorteil verringerter Schlammmengen bei der Abwasserreinigung.

Blößen nennt der Gerber die von Haaren und Oberhaut befreiten Häute und Felle.

Die Schwitze war wegen der nicht zu steuernden Fäulnisprozesse nicht für die industrielle Lederherstellung geeignet. Die chemische Industrie hat später auf dem gleichen Grundprinzip die **enzymatischen Enthaarungsverfahren** entwickelt. Durch kontrollierten Einsatz ausgewählter Enzyme, die als Keratinasen nur das Präkeratin, nicht aber das Kollagen abbauen, stehen verschiedene Enzymäscher zur Verfügung. Dabei wird die Haarlockerung im rotierenden Gefäß so schonend erreicht, dass das Haar weit gehend erhalten bleibt und über Siebe abgetrennt werden kann. Es kann als fester Abfall entsorgt werden und entlastet dadurch das Abwasser. Um diese Abtrennung schneller und sicherer zu erreichen, werden in einigen Verfahren die Haare zuerst durch Erhöhung des pH-Wertes immunisiert.

Bei allen haarerhaltenden Verfahren ist die mechanische Enthaarung nur dann möglich, wenn die Haut wenig gequollen ist. Auf keinen Fall darf sie so verspannt oder gar prall sein, dass die gelockerten Haare im Haarbalg festgeklemmt werden. Weil aber eine stärkere Quellung auf das kollagene Fasergefüge lockernd wirkt und so die fertigen Leder weicher werden, gibt man die enthaarten Blößen in einen Nachäscher. Dieser angeschärfte Weißkalkäscher von 4 bis 24 Stunden Dauer soll die eventuell verbliebenen restlichen Haare zerstören und den Hautaufschluss bewirken. Dabei werden die nichtstrukturierten Eiweiße zwischen den Fibrillen weiter abgebaut.

3.1.2.2 Haarzerstörende Enthaarungsverfahren

Die haarzerstörenden Enthaarungsverfahren bieten sich an, wenn die Gewinnung der Haare keinen wirtschaftlichen oder qualitätsmäßigen Vorteil bietet. Es werden dabei stark reduzierend wirkende Äscherhilfsmittel eingesetzt um das Cystin im Keratin in Cystein umzuwandeln. In den üblichen haarzerstörenden Äscherverfahren werden Enthaarung und Hautaufschluss im gleichen Verfahrensschritt angestrebt. Die für die Zerstörung der Haare und der Oberhaut erforderliche Menge an Anschärfmitteln und die für den gewünschten Hautaufschluss erforderliche Menge an Weißkalk werden in die gleiche Flotte gegeben. Mit der Wassermenge lässt sich die Quellung beeinflussen. Im Prinzip der **Fassschwöde** nutzt man dies aus. Liegt nach Zugabe der Äscherchemikalien nicht genug Wasser vor um die meist anionisch geladenen Gruppen mit einer Hydrathülle zu versehen, dann kann die Hautsubstanz nicht quellen. Sie bleibt entspannt und beweglich und erleichtert damit das Eindringen der Hilfsmittel bis in die Molekülstruktur. Wird dann Wasser zugegeben, tritt eine gleichmäßige Quellung ein. Selbst wenn dann durch den hohen pH-

Wert eine Prallheit eintritt, ist die vollständige Enthaarung bereits erfolgt und ein Hautaufschluss möglich. Die Dauer des Äschers war früher von größerer Bedeutung, als ruhend in Gruben oder bei minimaler Bewegung in Haspeln gearbeitet wurde. Heute ist die Dauer mit etwa 24 Stunden begrenzt und oft stehen nur 8 bis 16 Stunden zur Verfügung. Das ist nur bei intensiver Bewegung in geeigneten und dafür ausgestattetenGefäßen durchführbar. Der besondere Vorteil der haarzerstörenden Verfahren liegt darin, dass das mechanische Abstreifen der gelockerten Haare entfällt. Alles läuft im gleichen Gefäß ab wie die vorangehende Weiche oder die nachfolgenden Arbeiten der Entkälkung und Beize. Der Nachteil der haarzerstörenden Verfahren wird in dem sehr stark mit stickstoffhaltiger organischer Fracht belasteten Abwasser gesehen, das eine **intensive Abwasserreinigung** erforderlich macht.

Alle Äscherverfahren werden abgeschlossen mit einem Waschvorgang, der die gelösten Eiweißstoffe und eventuell überschüssige Hilfsmittel aus der Blöße herauswaschen soll. Waschen bedeutet hier, dass die Äscherflotte möglichst vollständig kanalisiert wird und die Blößen in einer genau bemessenen Wassermenge kontrollierter Temperatur eine bestimmte Zeit lang intensiv bewegt werden. Bei Bedarf kann der Waschvorgang jeweils mit neuer Flotte wiederholt werden.

3.1.3 Entfleischen

In der klassischen Abfolge der Arbeitsgänge hatte es sich angeboten, nach dem Äscher die Blößen aus dem Äschergefäß zu entnehmen und die Fleischseite zu reinigen. Durch den Äscher ist das Kollagen gequollen und so erheblich kompakter als das lose Unterhautbindegewebe. Die Grenze zwischen diesen beiden Schichten ist eindeutig zu erkennen. Beim Entfleischen von Hand oder mit der Entfleischmaschine setzt das gequollene Kollagen dem Eindringen eines schneidenden Werkzeuges seinen inneren Druck entgegen und verhindert so die Schädigung durch Schnitte in die Lederhaut. Deshalb wurde dies der übliche Zeitpunkt für das Entfleischen. Der Vorteil war klar ersichtlich, solange das abgetrennte „Leimleder" einer weiteren Nutzung in Form der Herstellung von Hautleim zugeführt werden konnte. Der Nachteil ist in dem Arbeitsaufwand zu sehen. Die gequollenen Blößen sind schwer, steif und schlüpfrig. Sie müssen einzeln und geordnet in die Entfleischmaschine eingelegt werden, was noch viel Handarbeit erfordert. Auch ist die Verwertung als Leim-Rohstoff zurückgegangen und das Leimleder gelegentlich ein zu entsorgender Abfall geworden.

Zum Entfleischen nach dem Äscher gibt es Alternativen.

a) **Entfleischen der frisch abgezogenen Haut am Schlachthof:** Das ist der Wunschtraum vieler Gerber. Die Vorteile für jede Art der Konservierung sind ebenso offensichtlich wie der vereinfachte Entsorgungsweg des Unterhautbindegewebes mit den Schlachtabfällen. Neben den Kosten steht das Risiko von Beschädigungen der Haut bei harten Schmutz- und Dungbehängen der Häute. An diesen Stellen schneiden die Entfleischmaschinen Löcher in und durch die Haut.

b) **Entfleischen nach kurzer Weiche und Wäsche:** Auch hier ist der Vorteil in einem Schabefleisch zu sehen, das höchstens mit dem Konservierungssalz behandelt wurde, aber noch als Schlachtabfall entsorgt werden kann. Das Risiko des Dungbehangs wäre zu diesem Zeitpunkt weitgehend beseitigt. Der erhöhte Arbeitsaufwand steht dem entgegen, obwohl die Handhabung der Haut wesentlich erleichtert wäre.

c) **Entfleischen nach der Weiche und vor dem Äscher:** Hierbei wäre das Konservierungssalz ebenso entfernt wie der Dung. Die Haut wäre entspannt und gut zu greifen. Es fehlt aber der Dichteunterschied zwischen den Schichten und die innere Stabilität der im Äscher gequollenen Haut, die das exakte Abtrennen des Unterhautbindegewebes gewährleisten.

Neben dem Entfleischen nach dem Äscher hat sich nur das Entfleischen der frischen, gekühlten Rindhäute am Beginn der reinigenden Arbeiten in der Wasserwerkstatt der Lederfabrik eingeführt, wenn das Problem des Dungbehangs gelöst werden konnte oder durch die Art der Tierhaltung nicht bestand.

Das Gewicht der beschnittenen Blöße nach dem Entfleischen (Blößengewicht) bildet die Grundlage der Dosierung der Chemikalien bei den folgenden Arbeitsgängen. Wird die Blöße auch gespalten, dann gilt das Gewicht der gespaltenen Blöße (Spaltgewicht) als Bezugsgröße.

3.1.4 Spalten – Angleichung der Dicke des Hautmaterials

Der Bedarf an großen Mengen von Ledern gleicher Dicke kann nicht dadurch gedeckt werden, dass man die rohen Häute nach ihrer Dicke sortiert, denn auch damit wären die Dickenunterschiede innerhalb jeder Haut nicht berücksichtigt. Die Gerbereimaschinenindustrie hat zur Lösung dieses Problems die **Bandmesserspaltmaschine** entwickelt, die mit großer Präzision die Haut in zwei Schichten aufschneidet. Weil die Narbenseite in aller Regel die wertvollere Seite darstellt, wird diese Schicht als Narbenspalt der künftigen Lederdicke entsprechend über die ganze Fläche gleichmäßig dick gehalten. Die Seite des Unterhautbindegewebes wird als Fleischseite bezeichnet, der abgespaltene Teil der Haut wird **Fleischspalt oder** kurz nur **Spalt** genannt. Der Spalt ist als Teil der Retikularschicht ein wertvoller Teil der Haut und ergibt als Spaltleder wichtige Lederarten. Reicht die Dicke des Fleischspaltes nicht überall für die Spaltleder aus, wird er als Croupon beschnitten und die abfallenden Seiten- und Halsteile als Rohstoff an solche Betriebe weitergegeben, die das Kollagen weiter verarbeiten. Mit Ausnahme von Sohlen- und einigen technischen Ledern werden alle Rindhäute gespalten. Es ist der **Schlüsselarbeitsgang** zur Herstellung großflächiger dünner Leder. Dabei gilt es neben der einheitlichen Dicke im Toleranzbereich von einigen Zehntel Millimetern die größtmöglichen Festigkeiten zu erhalten. Beim Spalten werden die Fasern durchschnitten und damit in jedem Fall die Festigkeit des dreidimensionalen Geflechtes der Fasern vermindert. Je genauer man an die gewünschte Lederdicke spalten kann, umso mehr von dem ursprünglichen Faserverband bleibt erhalten und umso besser sind die Festigkeiten. In systematischen Untersuchungen konnte gezeigt werden, dass die Spaltgenauigkeit abnimmt, je stärker die Haut gequollen ist. Das optimale Ergebnis erreicht man beim Spalten von Leder, also nach der Gerbung. Dann ist der Spalt ebenfalls gegerbt und nur noch als Leder verwertbar, soweit die Dicke und die Festigkeit das erlauben. Der Rest ist Abfall. In Tabelle 5 wird die Beziehung zwischen der Dicke der Haut in den verschiedenen Behandlungszuständen und der Dicke des daraus hergestellten Leders aufgezeigt.

Für viele Schuhoberleder hat sich das Spalten nach der Chromgerbung eingeführt. Die Polsterleder werden meist als Blößen nach dem Äscher gespalten. Das Spalten der trockenen oder gar der fertigen Leder ist teilweise schon der Lederverarbeitung zuzuordnen.

3.1.5 Entkälkung – Entfettung

Das Entfleischen und das Spalten haben neue Oberflächen geschaffen und den Zugang zur inneren Faserstruktur freigelegt. Die Blößen sind bei dem hohen pH-Wert noch gequollen und die Faserzwischenräume mit Wasser, aber auch mit abgebauten Eiweißstoffen gefüllt. Bevor eine Gerbung beginnen kann, muss die Quellung abgebaut und die Reinigung von allen nicht-ledergebenden Stoffen abgeschlossen werden.

Zur **Rückführung der Quellung** braucht man nur den pH-Wert in die Nähe des Isoelektrischen Punktes zu bringen. Dann sind die Ladungen ausgeglichen, die Blöße wird innerlich weich und die Kapillaren werden geöffnet. Das Quellungswasser kann aus den Faserzwischenräumen ausströmen und dabei die gelösten und dispergierten Stoffe aus der Haut spülen. Zum Absenken des pH-Wertes werden Säuren oder saure Salze zugegeben. Weil sich vom Äscher noch Kalkreste in der Blöße befinden, nennt man diese Säurezugabe auch „Entkälkung“, wohl wissend, dass danach noch immer Kalziumverbindungen in dem Kollagen verbleiben. Für Lederarten mit „Sprung“ und „Stand“, also innerer Elastizität ohne ausgeprägte Weichheit, belässt man gezielt mehr von dem Kalk in der Blöße. Je weicher und dehnbarer ein Leder werden soll, umso weit gehender wird man die Kalkverbindungen entfernen. Die zur **Entkälkung** eingesetzten Säuren müssen gut lösliche Salze bilden. Dafür eignen sich die organi-

Tab. 5 Dicke von Haut und daraus hergestelltem Leder in verschiedenen Herstellungstadien

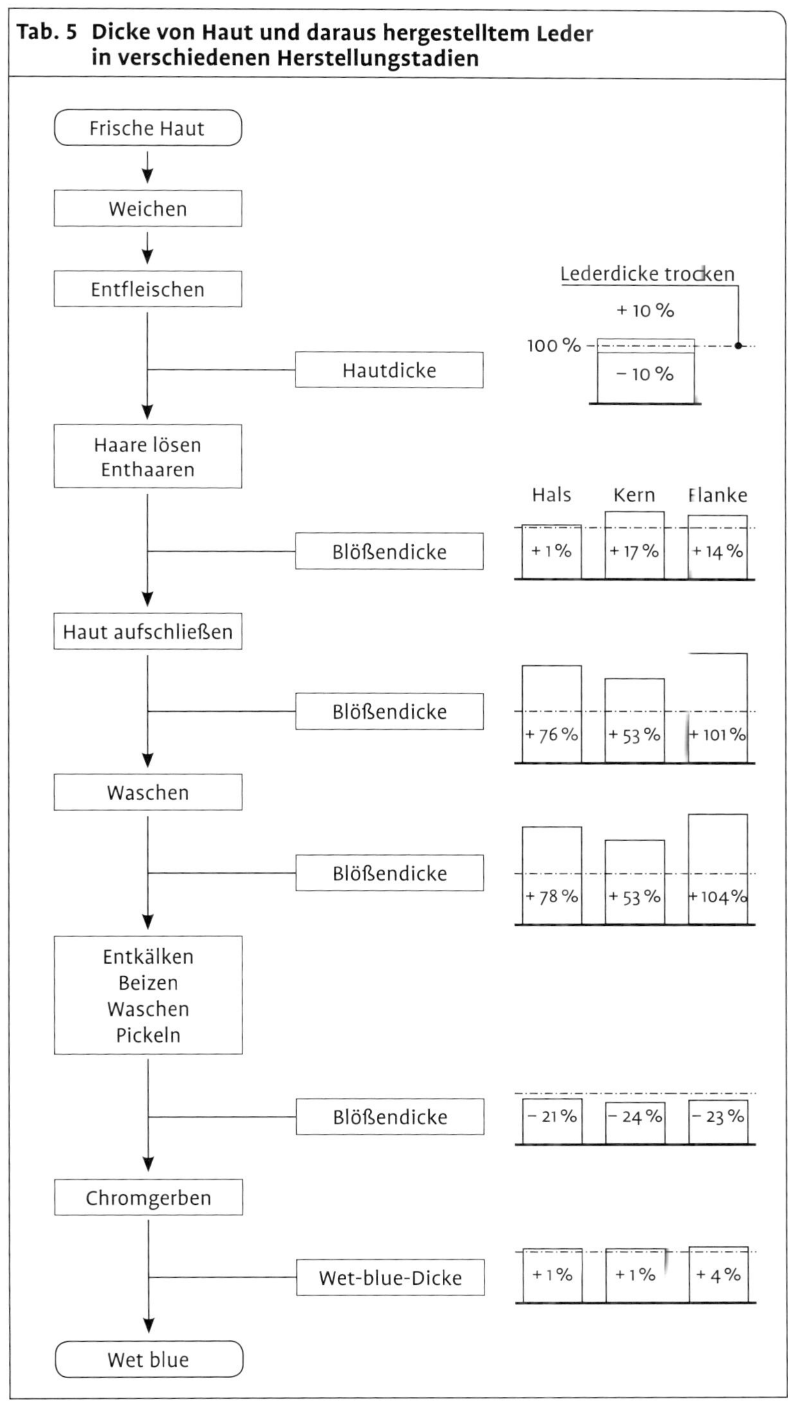

schen Säuren besser als die anorganischen, denen man deshalb Ammoniumsalze als Hilfsmittel zusetzt. Auch Polyphosphate sind sehr wirksame Entkälkungsmittel. Als Besonderheit ist der Einsatz von Kohlensäure in Gestalt des gasförmigen CO_2 zu sehen. Es ist das einzige Verfahren mit einem Gas als Wirkstoff und gilt als umweltfreundlich, weil es das Abwasser nicht zusätzlich belastet.

Die Entkälkung ist ein geeigneter Zeitpunkt für eine **Entfettung**. Durch den Äscher und die mechanischen Arbeitsgänge sind die Fettzellen so weit angegriffen, dass sich der Inhalt durch geeignete oberflächenaktive Substanzen gut emulgieren lässt. Diese Entfettungsmittel können bei verminderter Quellung schnell und tief in die Faserstruktur eindringen und die Reinigung der Kollagensubstanz unterstützen. Neben Naturfett und Talg sind nach dem Äscher in der Papillarschicht und insbesondere in den Haarbälgen noch Reste der Oberhaut, der Haarwurzeln und Drüsensekrete verblieben. Diese Substanzen nennt der Gerber „Grund" und „Gneist". Sie können von Hand oder mit der Streichmaschine aus den Poren herausgedrückt werden, doch wird dies viel effektiver von der Beize bewirkt.

3.1.6 Beize

Die Beize ist der Einsatz von ausgewählten **Enzymen**, die außer dem Kollagen alle anderen Eiweißstoffe abbauen sollen. Dabei werden die Fasern gegeneinander freier beweglich und der Narben von Grund und Gneist gereinigt. Das Leder wird dadurch dehnbarer und weicher. Die eingesetzten Enzyme sind nur in engen Temperatur- und pH-Bereichen wirksam. Die günstigste Temperatur, auch für Entkälkung und Entfettung, liegt bei 37 °C. Der pH-Wert richtet sich nach den Beizenzymen, die zum Einsatz kommen sollen, und kann zwischen pH 5 und 8 liegen. Je weicher und zügiger das Leder werden soll, umso länger lässt man die Beizenzyme einwirken. Handschuhleder werden am intensivsten gebeizt, um den besonders geschmeidigen Narben zu erreichen.

In modernen Verfahren werden Entkälkung und Beize gleichzeitig durchgeführt, da die Hilfsmittel unter gleichen Bedingungen eingesetzt werden und mit weniger Flotten gearbeitet werden kann.

Zum Abschluss der reinigenden und hautaufschließenden Arbeiten wird gründlich gewaschen. Dabei werden nicht nur die abgebauten Eiweiße und emulgierten Fette ausgewaschen, auch die entstandenen Salze sollen aus dem Kollagen herausgespült werden. Die starke Verdünnung und eine Temperatur um 20 bis 25 °C beenden die Aktivität noch verbliebener Enzyme, die sonst weiter wirken können und zu Losnarbigkeit und Narbenschäden führen.

Aus der Haut ist jetzt die zur Gerbung bereite Blöße geworden, die sehr empfindlich ist und schnell weiterverarbeitet werden soll.

3.2 Gerbung

Die Gerbung ist der **zentrale Arbeitsgang** bei der Lederherstellung. Er hat der Berufsbezeichnung und der gesamten Produktionsstätte zur Namensgebung gedient. Der Gerber stellt in der Gerberei Leder her. Die bisher beschriebenen Arbeiten sind als Vorbereitung der Haut für eine Gerbung notwendig. Sie sind arbeitsintensiv und von den Betriebsmitteln und Hilfsstoffen her aufwändig. Auch der Zeitaufwand für diese Verfahren ist größer als der für die Gerbung. Das Ergebnis der Gerbung hängt jedoch ganz wesentlich davon ab, dass diese Vorarbeiten gründlich durchgeführt werden und zu einer Blöße mit definierten Eigenschaften führen. Zu diesen definierten Eigenschaften zählen:

- die Blößen bestehen vorwiegend aus strukturiertem Kollagen,
- die Fasern sind gegeneinander beweglich,
- die Ladung der Kollagenmoleküle ist einheitlich,
- der IP liegt bei pH 5,
- die Schrumpfungstemperatur liegt unter 63 °C.

Aus diesen Blößen soll ein Leder werden, das unter Erhaltung der natürlichen Faserstruktur gezielt neue Eigenschaften erhält. Diese neuen Eigenschaften erhält das Leder in ganz wesentlichem Maße durch die Gerbung. Dabei geht es nicht nur um die Vermeidung von Fäulnis, hornartigem Auftrocknen oder Verleimung bei hoher Temperatur. Das moderne Leder muss ganz unterschiedliche Anforderungen erfüllen und wird entsprechend hergestellt. Es ist ein Werkstoff, dessen Zusammensetzung und Eigenschaften wir messend erfassen und mit vorgegebenen Werten vergleichend beurteilen. Diese Werte beruhen auf konkreten Erfahrungen aus dem Gebrauch dieser Leder. Gerben ist somit ein Teil einer **gezielten Veredelungstechnologie**.

Im Mittelpunkt der Gerbung stehen die **Gerbstoffe**. Das sind Moleküle oder chemische Verbindungen, die mit dem Kollagen so reagieren können, dass stabile Querbrücken entstehen. Je mehr solcher Brücken entstehen, umso stabiler ist die neue Struktur des Leders. Ein Gerbstoff muss deshalb mindestens zwei reaktionsfähige Gruppen haben. Besser sind mehrere, weil dann die räumliche Vernetzung verschiedener Polypeptide gesichert wird. Eine Gerbung kann nur dann erfolgen, wenn der Gerbstoff mit seiner Teilchengröße weit genug in den Feinbau des Blößenkollagens diffundieren kann und wenn er groß genug ist, den Raum zwischen den Bindungsstellen zu überbrücken. Molekulardisperse Gerbstoffe (0,1 bis 1,0 nm) können das nicht. Erst wenn sie sich zu Aggregaten oder Ketten im Größenbereich der Kolloide (1 bis 500 nm) zusammenlagern, können sie diffundieren und sich vernetzend binden. Sind die Teilchen grobdispers (>500 nm), dann sind sie nicht mehr in der Lage weit genug zu diffundieren und zu gerben, selbst wenn sie sehr zahlreiche bindungsfähige Gruppen haben. Somit müssen auch von den Gerbstoffen bestimmte Voraussetzungen erfüllt werden.

Vor der Betrachtung einzelner Gerbverfahren sollen die allgemein gültigen Gesetzmäßigkeiten angesprochen werden.

3.2.1 Allgemeine Gesetzmäßigkeiten der Gerbung

In der Haut am lebenden Tier und in der Blöße bis zur Gerbung wird der innere Zusammenhalt in der Tripelhelix und in der Protofibrille durch viele Wasserstoffbrücken gewährleistet. Die Gerbung soll einen Teil dieser wenig beständigen Wasserstoffbrücken durch **stabile Gerbstoffbrücken** ersetzen. Gelingt es dem Gerber nicht, seine Gerbstoffe an die Bindungsstellen im Kollagen heranzuführen, so werden sich insbesondere großmolekulare Gerbstoffe über die Massenanzie-

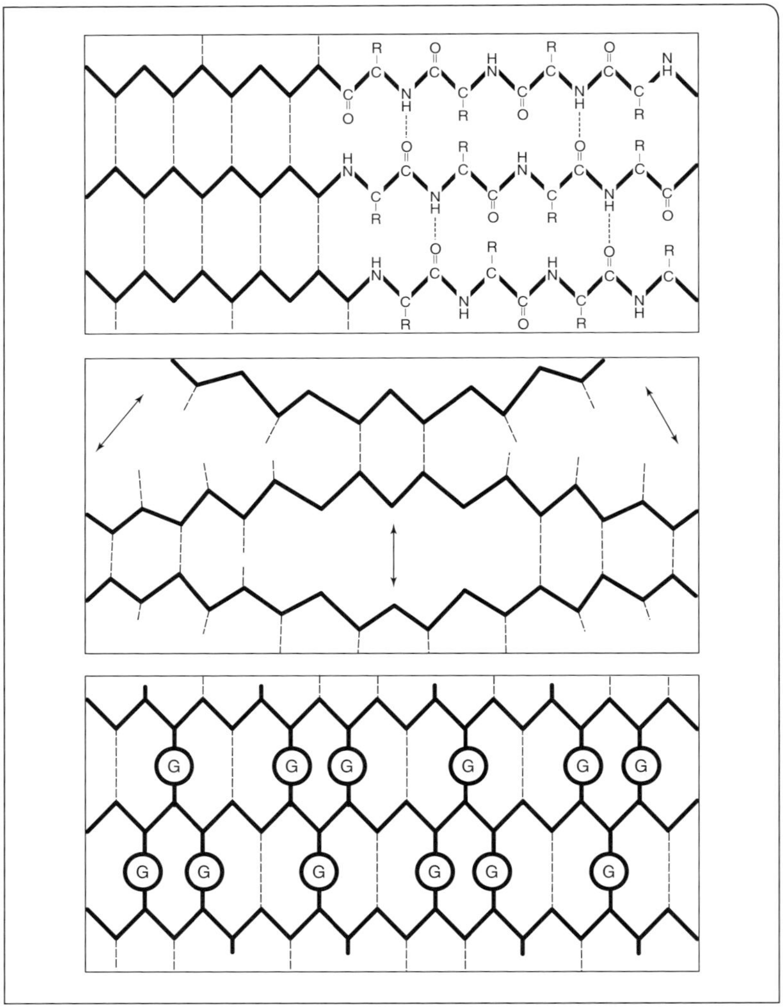

Abb. 31 Die Gerbung als dauerhafte Fixierung der Kollagenstruktur.
a) Wasserstoffbrücken zwischen den Peptidgruppen benachbarter Eiweißketten stabilisieren das Kollagen.
b) Durch Fäulnis werden Wasserstoffbrücken zerstört, die Ordnung der Eiweißketten löst sich auf.
c) In der Gerbung werden Wasserstoffbrücken des Kollagens durch stabiler gebundene Gerbstoffe ersetzt. Die geordnete Eiweißstruktur wird fixiert; es entsteht Leder.

hung an der Oberfläche der Fibrillen oder gar der Faserbündel anlagern ohne sie zu durchdringen. Weil die Gerber gewohnt sind, die Gerbung durch eine Änderung der Gerbstoffkonzentration in den Reaktionsflotten zu beurteilen, könnte dabei der Eindruck einer ordnungsgemäß fortschreitenden Gerbung entstehen, obwohl die oberflächliche Anlagerung der Gerbstoffe an die Fibrillen keineswegs ordnungsgemäß ist. Die Ablagerung von Gerbstoff am falschen Platz führt zwangsläufig zu einem Produkt mit falschen, weil ungewünschten Eigenschaften. Der Gerber nennt diese Erscheinung „Totgerbung" und sie ist keineswegs auf die ungenügende Durchdringung im Querschnitt des Hautmaterials beschränkt. Die unsichtbare **Totgerbung** der Fibrille ist unabhängig vom Gerbstoff eine wachsende Gefahr, je schneller und adstringenter man zu gerben versucht.

Das Wesen der Gerbung liegt in einer Reaktion zwischen den dazu befähigten Gruppen der Peptidketten und denen der Gerbstoffe. Das können recht verschiedene sein, zum Beispiel phenolische OH-Gruppen, Sulfonsäurereste, Liganden in Komplexen, Aldehydgruppen, ungesättigte Doppelbindungen oder Phosphorsäurereste. Diese verschiedenen Gruppen sind einerseits der Grund für die vielen verschiedenen Gerbarten, andererseits reagieren sie verschieden und unterliegen unterschiedlichen Gesetzmäßigkeiten. Immer aber ist es das Ziel, zu einer möglichst festen Bindung zu kommen. Es gibt mehrere Bindungsarten, die von äußeren Bedingungen abhängig sind und nebeneinander oder nacheinander wirksam werden können. Dafür sind physikalische Regeln verantwortlich, denn die Spannweite einer chemischen Bindung richtet sich nach den beteiligten Kräften, genauer den Kraftfeldern. Deren Größe ist von der chemischen Struktur der Bindungsstellen abhängig und kann um den Faktor 1 bis 100 schwanken. Je kleiner das Kraftfeld, umso dichter muss man die Reaktionspartner zusammenbringen. Diese Transportphase nennt man Diffusion, während die Ausbildung der vernetzenden Reaktion als Bindung bezeichnet wird. Für den Praktiker sind Diffusion und Bindung auch heute noch die Hauptschritte jeder Gerbung. Die **Diffusion** setzt an den Oberflächen des Hautmaterials ein. Es zeigt sich bei den meisten Gerbverfahren, dass die Gerbstoffe vom Narben bis in die Tiefe der Haarwurzeln rascher eindringen als von der Fleischseite her in eine entsprechende Tiefe. Die Diffusion wird gefördert durch geringe Teilchengröße, geringe Adstringenz, hohes Konzentrationsgefälle der Gerbstoffe zwischen Flotte und Hautsubstanz, niedrige Viskosität, erhöhte Temperatur und mechanische Bewegung. Wasser dient dabei als Lösemittel für den Gerbstoff, als Transportmedium und als Hydrathülle hydrophiler Ladungszentren. Daraus ergibt sich, dass zur Aufrechterhaltung einer Diffusion eine Minimalmenge an Flotte nicht unterschritten werden darf.

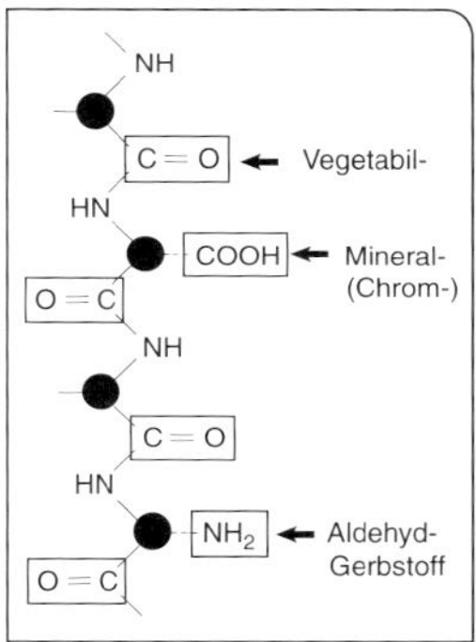

Abb. 32 Bindungsstellen für Gerbstoffe im Kollagen.

Die **Bindungen** können durch sehr unterschiedliche technologische Maßnahmen gefördert werden, die nicht alle in gleichem Maße für die verschiedenen Gerbstoffe gelten. Eine Konzentrationserhö-

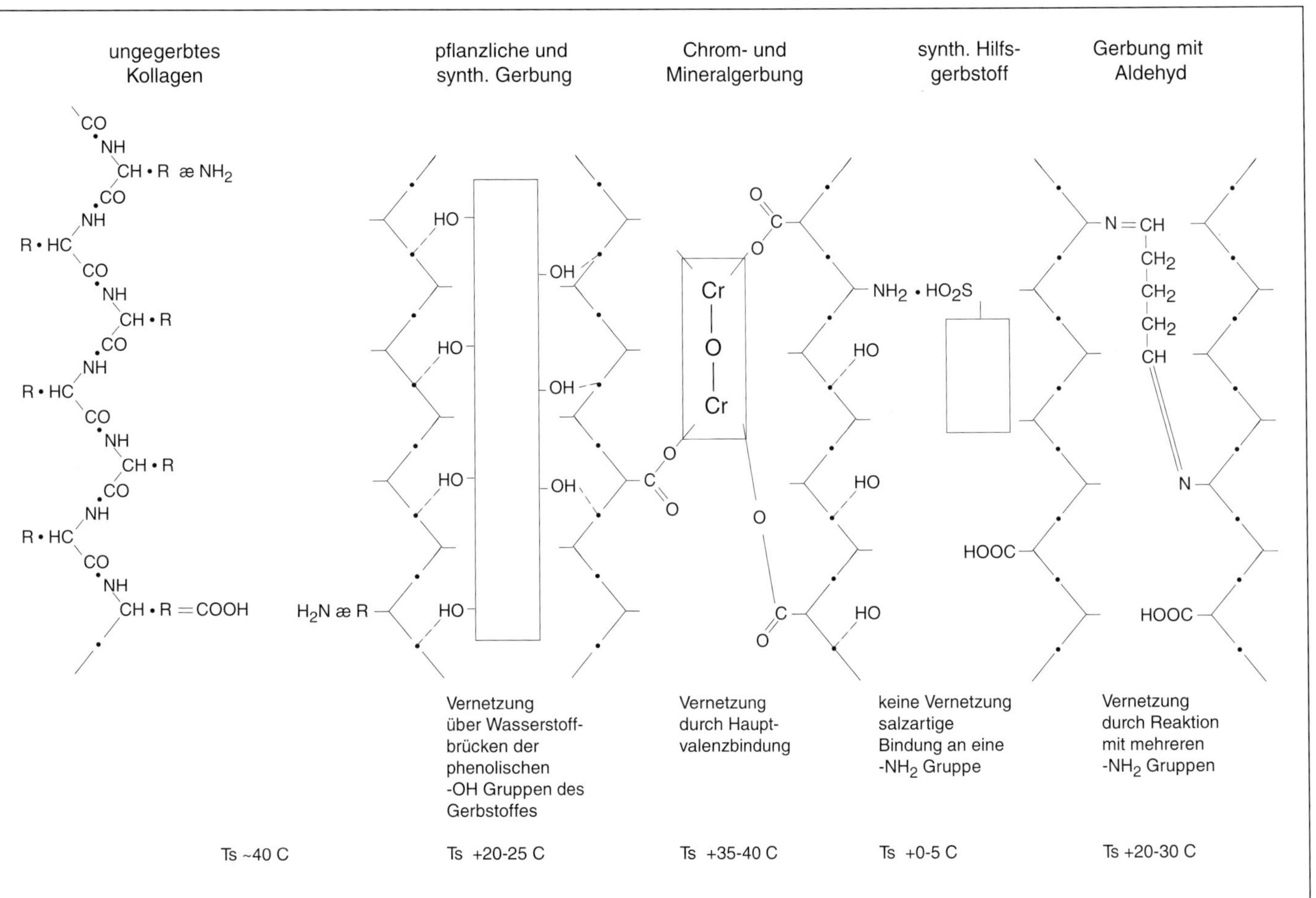

Abb. 33 Bindungsmechanismus der Gerbung

hung, um alle bindungsfähigen Gruppen in der Haut zu erreichen, steht dem Bestreben nach quantitativer Ausnutzung der eingesetzten Gerbstoffe entgegen. Die Steuerung von Löslichkeit, Teilchengröße, Ladung und Adstringenz durch Variation der pH-Werte, Hilfsmittelzusatz, Maskierung oder Entmaskierung, Vorgerbung oder Fixierung ermöglicht es, die Bindungsfestigkeit zu stärken. Für alle Gerbungen gilt, dass erst mit der Trocknung die volle vernetzende Wirkung der Bindungskräfte eintritt. In der Trocknung werden die **Van-der-Waal'schen Kräfte** mit ihrer kurzen Reichweite, aber hohen Dichte wirksam. Werden die Hydrathüllen um die reaktionsfähigen Gruppen in der Trocknung entfernt, so verringern sich die Abstände und dieser Bindungsmechanismus kommt zum Tragen.

Eine Gerbung wird somit mindestens die zwei Teilschritte der Diffusion und der Bindung beinhalten. Es gibt aber auch Gerbungen, zu denen man „Gerbstoffe" einsetzt, deren Bindungsfähigkeit oder Bindungsbereitschaft durch chemische Veränderungen dieser Stoffe nach der Diffusion herbeigeführt werden muss. Hierzu seien die Zweibadgerbungen und die Gerbung mit natürlichen Fetten angeführt. Erst über Reduktions- oder Oxidationsschritte kann hier die Bindung eingeleitet werden. Somit entstehen dreistufige Verfahren. In dem Bestreben nach rasch ablaufenden Prozessen ist der Gerber bemüht, die Diffusionszeit zu verkürzen. In diesem Zusammenhang ist es hilfreich, sich die Wege einmal klarzumachen, die die Gerbstoffe in der Blöße zurücklegen müssen und auch, auf welch ungeheuer großer Fläche die Bindungsstellen verteilt sind. Je nach Messverfahren werden Angaben gemacht zwischen 260 und 350 m^2 innerer Oberfläche pro Gramm Hautsubstanz eines Rindoberleders. Bei 1 kg Hautsubstanz sind das 26 bis 35 ha Fläche. Um die Verteilung der Gerbstoffe auf einer so großen Fläche zu ermöglichen und ebenso eine dauerhafte Bindung zwischen Eiweiß und Gerbstoff, ist die Kenntnis steuernder Faktoren sehr wichtig. Diese erlauben es, für die Diffusion einen Gerbstoff in seiner Adstringenz gezielt zu bremsen und ihn später für die Bindung wieder in der Adstringenz zu fördern. Aber auch die Faktoren, die auf der Seite des Kollagens die **Bindungsbereitschaft** und **Bindungsfestigkeit** bedingen, sind für den Gerber ein ständig gebrauchtes Werkzeug. Die Tatsache, dass durch jede Gerbung der Isoelektrische Punkt verschoben wird, ist für die nachfolgenden Arbeitsgänge von größter Bedeutung. Die Tabelle 6 zeigt die Spanne im pH-Wert der Flotte, in der der eine Gerbstoff hochadstringent, ein anderer überhaupt nicht zur Bindung bereit ist.

Aus dem bisher Gesagten ergibt sich zwangsläufig die technologische Reihenfolge im Ablauf der Gerbung.

1. Die Hautsubstanz, die Blöße, wird in ihrem Wassergehalt, ihrer Ladung und ihrer mechanischen Stabilität für das jeweilige Gerbverfahren vorbereitet. Man bewirkt diese Vorbereitungen durch Arbeitsgänge wie Waschen, Pickeln, Maskieren, Konditionieren und Vorgerben.

Tab. 6 Abhängigkeit der Adstringenz der Gerbstoffe vom pH-Wert

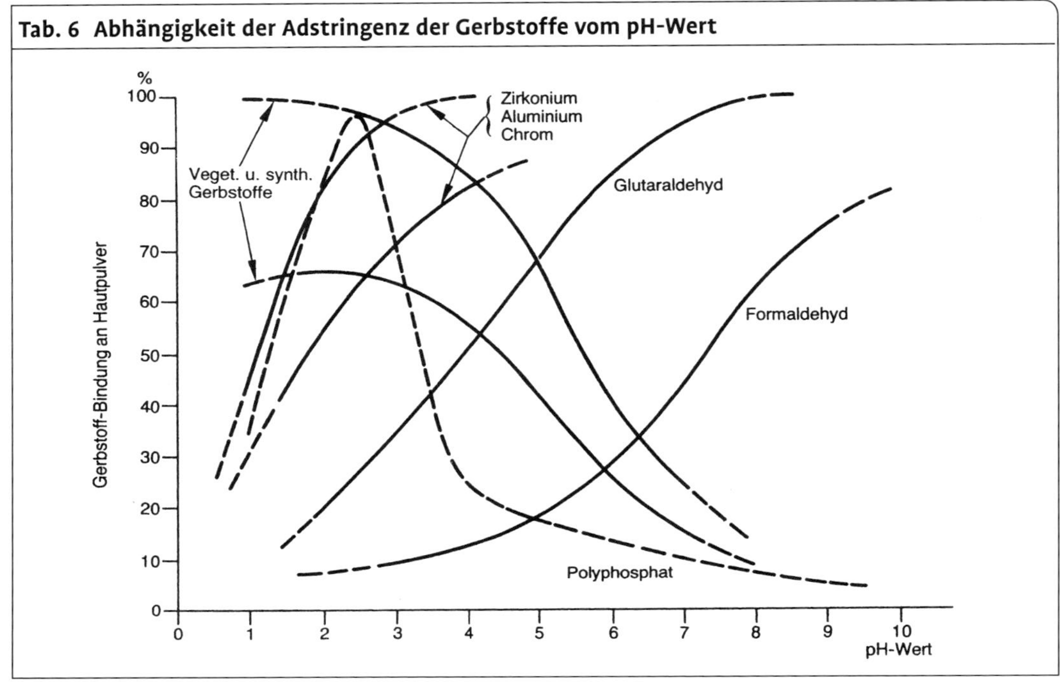

2. Die Gerbstoffe werden in möglichst konzentrierter Form in Wasser gelöst oder ungelöst als Pulver in solcher Menge eingesetzt, dass nach Zugabe zu dem System Flotte+Blöße die gewünschten Bedingungen für die Diffusion entstehen und die erwartete Gerbintensität erreicht wird.
3. Einleiten oder Verstärken der Bindung der Gerbstoffe an das Kollagen durch gezielte Veränderung von Ladung, Adstringenz, Konzentration oder Teilchengröße kann durch Maßnahmen wie zum Beispiel Abstumpfen, Absäuern, Entsäuern, Entwässern, Wasserzugabe, Erwärmen oder Fixieren erreicht werden. Die Bindung der Gerbstoffe erfolgt nicht quantitativ, was leider für die Mehrzahl der Gerbverfahren gilt.

Während der Gerbung kommt es in den bewegten Systemen zu Änderungen der Viskosität der Flotten und der Geschmeidigkeit des Hautmaterials. Um Nachteile durch Scheuern des steifer werdenden Hautmaterials an der Gefäßwand zu vermeiden, werden hier Hilfsmittel mit „Schmierwirkung“ eingesetzt, etwa ausreichend beständige Fettemulsionen oder großmolekulare Gleitmittel. Diese Hilfsmittel dürfen allerdings nicht mit dem Gerbstoff um Bindungsstellen in der Haut konkurrieren oder die Bindung der Gerbstoffe behindern. Bei den Fettemulsionen ist eine weichmachende Wirkung auf das Leder nicht zu vermeiden und wird als Vorgriff auf die Hauptfettung dort berücksichtigt.

Die Frage, wie der eigentliche Gerbprozess genau stattfindet, muss auch noch von der apparativen Seite angesprochen werden. Ein ganz wesentlicher Teil der gerberischen Bemühungen gilt dem Transport der gerbenden Stoffe an die entsprechenden Bindungsstellen im Feinbau der mit dieser ungeheuer großen Oberfläche ausgestatteten kollagenen Faserstruktur der Blöße. Als Transportmittel dient Wasser; andere Fördermedien sind über das Versuchsstadium noch nicht hinaus. Man muss also die Gerbstoffe in Wasser verteilen, ohne dass es dabei zu Veränderungen ihrer Gerbfähigkeit kommt und man muss sie später aus dem Wasser auf die Hautsubstanz aufziehen lassen. Zunächst wurde in **ruhenden Systemen**, in Gruben, versucht, möglichst alle Bindungsstellen in der Haut mit Gerbstoffen zu erreichen. Dabei erwies sich ein Gegenstromprinzip als einzig gangbarer Weg, Diffusion und Bindung zu steuern. Der räumliche und zeitliche Aufwand für solche Systeme einerseits und die unterschiedlichen chemischen Notwendigkeiten der verschiedenen Gerbstoffe andererseits machten eine innige Durchmischung notwendig. In der Folge wurden **bewegte Systeme** entwickelt. Über Haspel, Fässer in unterschiedlichen Ausführungsformen und Materialien und schließlich so genannte Gerbmaschinen führte die Entwicklung zu Geräten, die den anspruchsvollen Namen „Automaten“ tragen. Das Ziel war stets, mehr, schneller und billiger zu gerben. Dabei wurde gerne auch das Ziel „besser“ erwähnt, doch haben viele Untersuchungen gezeigt, dass eine „bessere“ Gerbung durch apparative Änderungen allein nicht zu Stande kommt. Nicht einmal die Ausnutzung physikalischer Gesetzmäßigkeiten wie das Gerben im Überdruck oder Hochfrequenzfeld haben die erhofften Wege zum Erreichen obiger Zielsetzungen gezeigt. Heute gilt die Erkenntnis, dass rotierende, vorwiegend zylindrische Gefäße aus chemikalienbeständigem Material, deren Innenraum durch Mitnehmer in Form von Brettern, Zapfen oder durch Aufteilung in Segmente eine Durchmischung gewährleisten, für moderne Gerbsysteme am besten geeignet sind. Die Einhaltung der zuvor genannten und begründeten Parameter muss möglich sein und kontrolliert werden können. Weil immer wieder nach schnelleren Gerbverfahren und größeren Gerbmaschinen gefragt wird, muss auf die unwidersprochene Erkenntnis hingewiesen werden, dass umso mehr kontrolliert werden muss, je mehr in kürzerer Zeit gleich gut gegerbt werden soll! Diese notwendigen Kontrollen können auch durch andere Chemikalien nicht überflüssig gemacht werden. Die Kenntnis der Gesetzmäßigkeiten und der anwendungstechnischen Möglichkeiten entscheidet in jedem Einzelfall die Frage, mit welchem Gerbverfahren das beste Ergebnis erreicht werden kann.

In unserer Ausgangsüberlegung wurde formuliert, dass Leder „durch chemische Behandlung veränderte tierische Haut“ sei. Dabei soll die natürliche Struktur erhalten bleiben, das neue Produkt durch die Gerbung aber neue Eigenschaften erhalten. Die Beurteilung der

Gerbwirkung erfordert aussagekräftige Messgrößen für diese neu erzielten Eigenschaften. Was bewirkt die Gerbung und was davon kann man messen? Die wohl augenfälligste Veränderung einer Blöße durch die Gerbung ist die **Änderung der Farbe**. Jedes Gerbverfahren und jeder einzelne Gerbstoff vermittelt dem damit gegerbten Leder eine typische Farbe. Diese Farbe kann erwünscht sein, sie kann aber auch stören und neue Arbeitsgänge erforderlich machen. Nur in einigen Sonderfällen, etwa beim Sämischleder, bei weißen Ledern oder bei einigen pflanzlich gegerbten Schwerledern gilt die Farbe der Gerbung als erwünscht und als Gütesiegel. Die Farbe selbst kann im Verlauf der Gerbung herangezogen werden um das Eindringen der die Farbe hervorrufenden Gerbstoffe in den Querschnitt zu beobachten. Die Intensität einer Farbänderung ist indes kein Maß für die Gerbwirkung. Sie ist von zu vielen Faktoren abhängig und gehört zu den subjektiv beurteilten Eigenschaften. Dazu gehört auch die Veränderung der mechanischen Eigenschaften der Blöße in der Gerbung. Griff, Fülle, Weichheit, Narbenfeinheit und Festnarbigkeit sind beschreibende Formulierungen für subjektive Sinneseindrücke beim Betrachten von Leder. Sie sind zwar als Wirkung eines Gerbvorganges bekannt, doch ist es stets Sache des Beurteilenden, was er als ideale Bezugsgröße kennt und nutzt. An objektiven Messgrößen steht die **Schrumpfungstemperatur** als Maß für die Festigkeit der vernetzenden Bindungen im Feinbau der Haut zur Verfügung. Die Schrumpfungstemperatur ist leicht zu messen. Je intensiver die Gerbung, um so höher die Schrumpfungstemperatur. Die stabile Vernetzung der Polypeptidketten ändert messbar die Dehnbarkeit der Leder. Je stärker wir gerben, umso stärker wird das Gitter der Fibrillen versteift und die Dehnbarkeit nimmt ab. Die Dehnbarkeit ist jedoch für viele Verwendungszwecke von Leder eine wichtige Anforderung. Die Auswahl von Gerbverfahren und Gerbintensität hat direkten Einfluss darauf.

Die farblichen Wirkungen der Gerbstoffe sind unter dem Einfluss von Licht und Wärme sehr unterschiedlich beständig. Sie können sich sogar so weit verändern, dass die Farbe der Leder der des Gerbstoffes überhaupt nicht mehr entspricht. Die Lichtechtheit ist wichtig für Entscheidungen bei Färbung und Zurichtung. Für diese Arbeitsgänge wäre es nötig, die Wirkung einer Gerbung auf den Isoelektrischen Punkt ermitteln zu können. Auf diese Wirkung wurde bereits hingewiesen. In der Gerbung will man keineswegs die Reaktionsfähigkeit vollständig ausschöpfen. Eine Gerbung soll ein gewisses Maß an **Reaktionsfähigkeit** im Leder für nachfolgende Prozesse erhalten. Die einfachste Messung zur Beurteilung der Reaktionsfähigkeit ist die Feststellung des pH-Wertes. Die Festigkeitseigenschaften werden durch Gerbungen verändert. Ihre Änderung kann durch Messung objektiv festgestellt werden. Eine Gerbung führt nicht grundsätzlich zu einer Zunahme der **Festigkeiten**, selbst wenn gitterartige Eiweißstrukturen dabei versteift werden. Eine Übergerbung kann sogar zu einer Verminderung von Festigkeiten führen. Auch hier sei darauf hingewiesen, dass erst das trockene Leder seine endgültige Festigkeit zeigt und dass sie durch mechanische und chemische Behandlung stark beeinflusst werden kann.

Bei einigen Gerbverfahren werden schließlich dem Leder noch **besondere subjektiv beurteilbare Eigenschaften** verliehen wie ein Knirscheffekt und ein besonderer Geruch. Beides kann die Einschätzung eines Leders stark beeinflussen, weil man nicht gewohnt ist, diese Wirkungen einer Gerbung zu messen und zu bedenken.

Im Leder sind die eingesetzten Reaktionspartner bei der Gerbung die Gerbstoffe, Hilfsstoffe und Wasser auf der einen Seite, auf der anderen Seite sind es die reaktiven Gruppen im Kollagen. Da die einzelnen Orte der Wechselwirkungen so schwer zu erreichen und in der unterschiedlich gewachsenen Haut nicht so genau bekannt sind, wird sicherheitshalber gerne mit Überschüssen im Angebot gearbeitet. Offenbar besteht noch nicht die Möglichkeit, einer Partie genau so viel Gerbstoff anzubieten, dass alle Blößen eine gleichmäßige Gerbintensität erreichen und die Flotte 100%ig ausgezehrt wird. Im Leder befinden sich also neben den wirklich gebundenen auch noch eingelagerte Stoffe, die alle Teilschritte von Diffusion und Bindung mitgemacht haben, aber keine Bindungspartner auf der Kollagenseite fanden. Durch die Maßnahmen zur Förderung der Bindung, etwa der Teilchenvergrößerung, kann ihre Fähigkeit zur Diffusion vermindert worden sein. Sie bleiben zwischen dem Fasergeflecht wie in einem Filter hängen, wenn das Wasser bei der Trocknung zur Oberfläche strömt. Solche eingelagerten Stoffe können unter bestimmten Bedingungen später wieder diffusionsfähig werden und dann über Wasser oder Lösungsmittel aus dem Leder freigesetzt werden. Sie belasten dann die dortige Restflotte oder bilden Flecken auf der Lederoberfläche. Andere Gerb- und Hilfsstoffe waren in der Gerbflotte enthalten, aber nicht in das Leder diffundiert, als die Gerbung beendet wurde. Im Verlauf der Gerbung wurde der pH-Wert geändert. Die dazu verwendeten Säuren und Alkalien haben sich teilweise unter Salzbildung neutralisiert. Salze und Überschüsse an Säuren oder Basen bleiben ebenfalls übrig. Sie stellen mit der freien Wassermenge im Reaktionsgefäß die Restflotte dar. Die Überlegungen, ob solche Restflotten wieder verwendet werden können, sind noch nicht abgeschlossen. Das Ziel dabei ist es, den Gerbstoffanteil in der nächsten Partie zu nutzen, die Auszehrung zu verbessern oder den Gerbstoffanteil aus der Rest-

Tab. 7 Bedarf an Gerbmitteln zum Gerben einer Rinderhaut = 40 kg

Chromgerbung	=	3,2 kg	Chromgerbstoff
Pflanzliche Gerbung	=	14,3 kg	Mimosa-Extrakt
	=	91 kg	Lohe (Holz/Rinde)
Sämischgerbung	=	10 kg	Tran
Synthetische Weißgerbung	=	8,5 kg	Syntan

flotte abzutrennen, damit er wieder aufbereitet und erneut zur Gerbung eingesetzt werden kann.

3.2.2 Gerbarten und Gerbverfahren

Die heute praktizierten Gerbarten haben sich aus den „klassischen" Gerbarten entwickelt, die sicher schon vor vielen tausend Jahren eingesetzt wurden und deren Gerbmittel so verwendet wurden, wie sie in der Natur vorkamen. Es sind dies die Gerbarten:

- Gerbung mit Alaun,
- Gerbung mit pflanzlichen Gerbstoffen,
- Gerbung mit tierischen Fetten,
- Gerbung mit Aldehyden (Rauchgerbung).

Aufbauend auf den Erfahrungen mit diesen Gerbarten wurden seit dem 19. Jahrhundert weitere Gerbarten systematisch entwickelt. Die dafür eingesetzten Gerbstoffe wurden nicht mehr unmittelbar aus den Gerbmitteln der Natur entnommen, sondern auf wissenschaftlicher Grundlage aus Erzen oder Erdöl in aufwändigen Verfahren hergestellt. So ist die obige Reihe zu ergänzen durch:

- Gerbung mit mineralischen Salzen von Chrom, Aluminium, Zirkon, Titan, Eisen,
- Gerbung mit synthetischen Gerbstoffen,
- Gerbung mit Polymergerbstoffen,
- Gerbung mit Fettgerbstoffen,
- Gerbung mit Reaktivgerbstoffen,
- „Gerbung" mit Harzgerbstoffen.

Diese Aufstellung gibt einen Überblick, wobei zu bedenken ist, dass unter der Bezeichnung Gerbung mit pflanzlichen Gerbstoffen etwa 40 Gerbstoffe von unterschiedlichen Pflanzen und Pflanzenteilen mit sehr verschiedenen Eigenschaften zusammengefasst sind. Aus verfahrenstechnischer Sicht sei dies gestattet, denn diese Gerbstoffe werden nach den gleichen technischen Regeln eingesetzt und haben gleichartige Wirkung auf das resultierende Leder. Obwohl alle Gerbarten Leder ergeben, ist die Fülle verschiedener Gerbarten erforderlich um die sehr verschiedenen Anforderungen an die Leder für bestimmte Einsetzbereiche zu erfüllen. Den universell besten Gerbstoff gibt es nicht, ganz gleich unter welchem Gesichtspunkt man Gerbstoffe vergleicht.

Der Vergleich der **ökologischen Wirkungen** spielt oft eine große Rolle. Leder wird gerne als Naturprodukt bezeichnet und die Gerbung mit **pflanzlichen Gerbstoffen** wird als „natürliche" Gerbung der Gerbung mit Chromgerbstoffen als einer „chemischen" Gerbung gegenübergestellt. Unbesehen ergibt sich dabei eine Bewertung, bei der die Gerbung mit pflanzlichen Gerbstoffen als umweltfreundlich dargestellt wird. Die Gerbung mit Chromgerbstoffen wird als umweltbelastend angesehen und Chromgerbstoffe als Gefahrstoffe bezeichnet. Einer sachlichen Betrachtung halten solche willkürlichen Einstufungen nicht stand.

Die pflanzlichen Gerbstoffe werden in Rinden, Hölzern, Wurzeln, Blättern oder Früchten von Pflanzen in geringer Menge gebildet. Sie sind zur Herstellung von wasserlöslichen Gerbextrakten erst dann interessant, wenn der Gerbstoffgehalt mehr als 10 % der Pflanzenmasse beträgt. Das ist nur bei wenigen Pflanzen der Fall und somit die Verfügbarkeit begrenzt. Die meisten gerbstoffliefernden Pflanzen müssen 7 bis 30 Jahre alt werden um dieser Anforderung zu genügen. Auf schnelle Zunahme des Bedarfs kann nicht kurzfristig reagiert werden.

Chromgerbstoffe werden aus Chromerzen gewonnen, deren Verfügbarkeit durch die großen Lagerstätten gewährleistet ist. Obwohl etwa 80 % der weltweit hergestellten Leder mit Chrom gegerbt werden, benötigt man dazu nur circa 350 000 t pro Jahr an Chromgerbstoffen. Allein aus diesen Zahlen wird die ökologische Bedeutung der Gerbung mit Chromsalzen deutlich. Zur Gerbung eignen sich nur die gesundheitlich unbedenklichen 3-wertigen Chromsalze, nicht die 6-wertigen Chromate, wie oft fälschlich behauptet.

Von der gesamten Lederproduktion auf der Welt werden etwa 10 bis 12 % über die pflanzliche Gerbung hergestellt. Dafür werden jährlich etwa 250 000 t Gerbextrakt mit 70% Reingerbstoffgehalt gebraucht, die aus etwa 1 Million Tonnen Biomasse gewonnen werden.

Beide Gerbarten ergänzen sich und haben ihre Berechtigung nebeneinander. Ein Ersatz der einen Gerbart durch eine andere Gerbart ist weder möglich noch wäre er sinnvoll. Das gilt auch für die anderen Gerbarten, die bei geringerer Bedeutung alle ihre wichtige Funktion haben und den gleichen Gesetzmäßigkeiten unterliegen. Diese Gesetzmäßigkeiten bestehen in einem Bedarf an konservierten tierischen Häuten, chemischen Hilfsmitteln und geeignetem Wasser in ausreichender Menge um die Haut in Leder umzuwandeln und marktfähig zu gestalten.

Aus 100 kg roher Haut werden etwa 25 kg fertiges Leder erzeugt.

Der Rest bildet mit den nicht genutzten Chemikalien einen Abfall, der nur in geringem Umfang für andere Aufgaben als Wertstoff genutzt werden kann. Auch aus dem genutzten Wasser wird ein Abwasser, das in Einklang mit gesetzlichen Vorgaben entsorgt werden muss. Die deutsche Lederindustrie hat im Umgang mit diesen Abfällen international beachtete Maßstäbe gesetzt und viele Verfahren entwickelt, die Lederherstellung und das entstehende Leder als ökologisch unbedenklich einstufen zu können. In einer derartigen Gesamtbetrachtung bietet die Gerbung mit Chromsalzen sogar Vorteile gegenüber der Gerbung mit pflanzlichen Gerbstoffen oder anderen organischen Gerbmitteln. Ökologisch unbedenklich heißt nicht, dass es nicht klare Regeln und Grenzwerte einzuhalten gilt. Es ist immer ein vielstufiger Verfahrensweg, der von der rohen Haut zum Leder führt.

3.2.3 Gerbung mit mineralischen Gerbstoffen

Die Gerbung mit **Alaun**, einem Aluminiumsalz, hatte früher eine sehr große wirtschaftliche Bedeutung. Das damit hergestellte Leder hat eine weiße Farbe, weshalb die mit Alaun arbeitenden Gerber die selbständige Zunft der Weißgerber bildeten. Mit Alaun konnten nahezu alle Lederarten gegerbt werden, doch war die geringe Wasserbeständigkeit ein einschränkender Mangel. Wurden die mit Alaun gegerbten Leder nass, dann löste sich etwas von diesem Salz auf und wanderte beim Trocknen zur Oberfläche. Diese wurde rau und das Leder wurde innerlich hart. Diesem Mangel entgegneten die Weißgerber mit einem technologischen Kunstgriff in der **Glacégerbung**. Sie wählten den Kalialaun $(K\,Al(SO_4)_2) \cdot 12H_2O$ als Gerbmittel aus und gaben ihm Salz zur Vermeidung einer möglichen Säurequellung zu. Kalialaunlösung reagiert durch die entstehende Schwefelsäure sauer. Dann wurde ein wassermischbares natürliches Fettungsmittel in Form von Eigelb zugesetzt. Damit wurde die Weichheit gesteuert und das harte Auftrocknen gemindert. Weil die Aluminiumsalze grundsätzlich ein flaches Leder ergeben, wurde Weizenmehl als helles Füllmittel zugesetzt. Alle diese Stoffe wurden miteinander in so wenig Wasser gemischt, dass ein dünnflüssiger Brei entstand, den die Weißgerber „Gare“ nannten. Dieser Brei wurde in die gut vorbereiteten Blößen mit mechanischer Hilfe eingewalkt. Dabei ergab sich für die Faserzwischenräume eine Wirkung, die bei jeder Gerbung eintritt:

Wasser raus – Gare rein.

Die Diffusion dieses Gemisches musste durch Walken unterstützt werden. Nach völliger Durchdringung der Blößen wurden diese Narben auf Narben zusammengefaltet, Wasser und überschüssige Gare sowie Luftblasen ausgestrichen und langsam hängegetrocknet. In der Trocknung erfolgte die eigentliche Gerbung, die Bindung der Aluminiumsalze an das Kollagen. Diese Reaktion sollte durch längeres Lagern verstärkt werden. Unter der Wirkung des Weizenmehls verklebten die Leder, wurden hart und erinnerten an trockene Rinde,

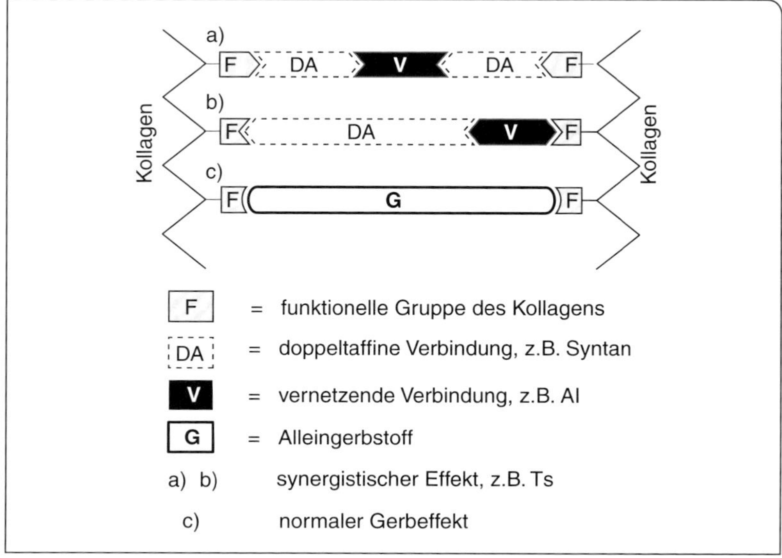

Abb. 34 Synergistische Effekte bei der Gerbung, nach G. REICH.

Tab. 8 Vorteile von AL-Salzen in Gerbungen

	AL-Vorgerbung	gleichzeitiger Einsatz	AL-Nachgerbung
Cr-Gerbung	Strukturfestigung flach, fest-feinnarbig evtl. temporär (wet-white) Cr-Einsparung	Cr-Einsparung weiß-lichtecht (mit Zr) Fülle (AL-Silikate) s. a. Nachgerbung	Strukturverdichtung verbesserte Farbtiefe, Brillianz und Schleifbarkeit
Vegetabil-Gerbung	Erhöhte Gerbstoffbindung s. a. Nachgerbung	nicht üblich, da ohne Sondermaßnahmen Fällung	Gerbstoff-Fixierung Erhöhung Ts verbesserte Schweißbeständigkeit sowie SO_2 und No_2-Resistenz
aromatische Syntane	ähnliche wie Vegetabil-Gerbung, abhängig vom Syntantyp weiße Leder möglich.		
Aldehyde	≙ Nachgerbung durch Aldehyde: höhere Ts, wasserecht	selten, Effekte wie bei Vor- und Nachgerbung	verbesserte Fülle und Weichheit
Polymerisat-Gerbstoffe	Aufwertung des fehlenden/ungenügenden Alleingerbvermögens beider Stoffklassen. Erhöhung der Ts, Fülle, Weichheit, oft weiße Leder, wasserecht.		

weshalb dieser Zustand als „Borke“ bezeichnet wurde. Den Begriff gibt es heute noch, er wurde auf andere Gerbverfahren übertragen und bezeichnet im internationalen Handel mit „crust“ die trockenen, noch nicht zugerichteten Leder. In lauwarmes Wasser getaucht löste sich der Stärke-Klebstoff und die jetzt weißen Leder konnten auf dem Stollpfahl oder im Schlichtrahmen weich gemacht werden.

Der Stollpfahl ist eine senkrecht stehende Metallscheibe mit scharfem Rand, über die das Leder gezogen wird um es zu dehnen und dadurch weich zu machen.
Der Schlichtrahmen ist eine einfache Klemmvorrichtung für Leder um es von Hand auszudehnen.

Ein Schleifen der Fleischseite mit Bimsstein oder Schleifwalzen verbesserte den weichen Griff, die Dehnbarkeit und die samtige Rückseite der Leder. Die Glacèleder aus dünnen, sehr reißfesten Zickel-, Ziegen- und Rehfellen werden bevorzugt zu Handschuhen, Bekleidung und Lederwaren verarbeitet, haben aber auch im Musikinstrumentenbau einen festen Platz.

Selbst wenn die Glacègerbung gegenüber der Gerbung in Lösungen aus Aluminiumsalzen schon Vorteile brachte, die Empfindlichkeit gegenüber Wasser bestand weiter. Das war bei den weißen Ledern Grund für viele Versuche, die Waschbarkeit zu erreichen und so den Gebrauchswert zu steigern. Es wurde angestrebt, das Aluminium mit Hilfe von Borax, Soda, Natriumbicarbonat, Wasserglas, Formaldehyd und sogar mit Seife in eine unlösliche Verbindung zu überführen. Einen allgemein anerkannten Erfolg hatte erst ein Verfahren, das eine Gerberei im kalifornischen Napa-Tal bekannt machte. Dort wurde das Glacèleder mit einer Lösung des pflanzlichen Gambir-Gerbstoffes nachbehandelt und als **„Nappa“**, das waschbare Handschuhleder, vermarktet.

Heute hat die Gerbung mit Alaun nur noch eine sehr geringe Bedeutung. Auch die übrigen Aluminiumsalze werden nur noch in Kombination mit anderen Gerbstoffen eingesetzt. Sie können dort ganz Erstaunliches bewirken, wenn sie als vernetzende Brückenglieder zusätzliche Bindungen ermöglichen oder kleinteilige hydrophile Hilfsmittel entladen und zu großteiligen hydrophoben Substanzen werden lassen.

Um nun diese Forderungen zu erfüllen, erfolgt die Chromgerbung in drei Teilschritten:
1. Pickel (Vorbereitung)
2. Chromierung (Diffusion)
3. Abstumpfen (Bindung).

Gerbstoffe sollen zur Diffusion in die Fibrillen möglichst kleinteilig sein. **Chromgerbstoffe** sind dies, sie lösen sich molekulardispers in Wasser. Zur dann folgenden Bindung sollen sie mindestens so groß sein, dass sie zwischen den reaktionsfähigen Gruppen verschiedener Kollagenketten vernetzend wirken können. Chromgerbstoffe können auch dies, denn sie bilden mehrkernige Komplexe, deren Größe der Gerber steuern kann und die groß genug werden, sowohl intra- als auch intermolekulare Brücken zu bilden. Diese Bindungen sind ganz besonders stabil, wenn sie auf die richtige Weise und an den richtigen Stellen entstehen. Ein gut chromgegerbtes Leder ist „kochgar“, seine Gerbstoffbrücken werden selbst bei 100 °C durch Wasser nicht gesprengt.

3.2.3.1 Pickel

Die zur Gerbung vorbereiteten Blößen sind in ihren pH-Werten neutral bis alkalisch und in ihrer Ladung anionisch. Die Chromgerbstoffe sind kationisch und würden schon deshalb sofort an der Oberfläche der Blößen gebunden. Weil man die Ladung der Gerbstoffe nicht ändern kann, ohne deren gerbende Wirkung zu beeinträchtigen, ändert man die Ladung der Blößen. Man macht sie ebenfalls kationisch und vermindert so die Bindungsneigung, die Adstringenz der Chromgerbstoffe zur Hautsubstanz. Als einfaches und sehr wirksames Mittel zur **Änderung der Ladung** bieten sich die Säuren an, die als Kationen die anionischen endständigen Aminogruppen im Kollagen positiv aufladen. Die Carboxylgruppen werden entladen und somit überwiegt die Anzahl der positiven Ladungen, das Kollagen der Blöße wird kationisch. Eine einseitige Aufladung hat den Nachteil, dass die Gruppen mit gleicher Ladung sich abstoßen und damit die Blöße quillt. Quellung ist nachteilig für jede Diffusion, wie schon beim Äscher gezeigt wurde. Weil aber der Chromgerbstoff rasch und gleichmäßig diffundieren soll, muss die Quellung durch eine ausreichende Menge an Kochsalz vermieden werden.

Ein Pickel zum quellungsfreien Sauerstellen der Blöße besteht somit aus Wasser + Salz + Säure = Pickel.

Die Wassermenge richtet sich nach der Art der Blößen und dem Gefäß, in dem gepickelt und gegerbt werden soll. Es ist üblich, in der Pickelflotte zu gerben. Für die Chromgerbung sind Flottenlängen von 50 bis 150 % vom Blößengewicht üblich, doch können auch wesentlich längere Flotten vorkommen. Bei der Betrachtung der Quellungserscheinungen wurde darauf hingewiesen, dass die Salzmenge eine bestimmte **Konzentration** sicherstellen soll, also auf die Wassermenge abgestimmt werden muss. Eine 4 %ige Salzlösung könnte eine

Säurequellung verhindern. Weil die Wassermenge in und an den Blößen nicht bekannt ist und die eingestellte Salzkonzentration verdünnen wird, hat sich als sicherer Richtwert für die Salzkonzentration im Pickel die 6 %ige Lösung eingeführt, die 60 g/l Salz entspricht und eine Dichte von rund 6 °Bé hat. Die **Temperatur** der Pickelflotte soll so niedrig sein, etwa 20–25 °C, dass später bei Zugabe der Säure deren Verdünnungswärme nicht zu einer Schädigung des empfindlichen Hautmaterials führen kann und die hydrotrope Wirkung der Cl-Ionen die Festnarbigkeit nicht gefährdet. Weil Kochsalz ein leicht lösliches Salz ist, wird nach 15-20 Minuten intensiver Bewegung im Fass von einer gleichmäßigen Auflösung und Verteilung des Salzes ausgegangen. Eine Prüfung mit der Bé-Spindel zeigt dies an. Jetzt wird die verdünnte Säure zugegeben. Die erforderliche Zeit zur Änderung der Ladung im Kollagen hängt von dem Hautmaterial und seiner Vorbereitung ab, aber auch von den verwendeten Säuren. Die starken Mineralsäuren benötigen zur vollständigen Durchpickelung mehr Zeit als die organischen Säuren, zum Beispiel die Ameisensäure. Deshalb werden oft Schwefelsäure und Ameisensäure miteinander kombiniert eingesetzt. Der Pickel hat seine Aufgabe erfüllt, wenn alle Blößen in ihrem ganzen Querschnitt sauer gestellt sind, was mit Indikatorlösungen nachgeprüft wird. Der End-pH richtet sich nach dem Chromgerbstoff und liegt für 33 % basisches Chromsulfat bei etwa 3, für höher basische und maskierte Chromgerbstoffe bei 3,3–3,5 und für hochauszehrende Spezialchromgerbstoffe bei 3,5–3,7. Hat der Pickel durch den angestrebten pH-Wert ohne Säurequellung sichergestellt, dass die Chromgerbstoffe ungehindert diffundieren können, dann werden diese als der zweite Teilschritt der Chromgerbung zugegeben.

Der Pickel bietet die Möglichkeit, vor der vernetzenden Gerbung noch solche **Hilfsmittel** in das Hautfasergefüge einzubringen, die den Ablauf der Gerbung steuern, die Bindung der Gerbstoffe fördern, die Ledereigenschaften beeinflussen oder Schimmelwachstum auf den gegerbten Ledern verhindern sollen. Diese Hilfsmittel müssen sich mit der Salz- und Säurekonzentration im Pickel vertragen. Den Ablauf der Gerbung steuern heißt meistens, ihn zu beschleunigen. Weil die Menge von 60 g/l Kochsalz die Chromaufnahme nachteilig beeinflussen kann, versucht man das Salz teilweise oder ganz zu ersetzen. Dazu werden aromatische Sulfonsäuren, so genannte nichtschwellende Säuren anteilig zugegeben oder alleine eingesetzt. Die Bindung der Gerbstoffe zu fördern ist der Grund für den Einsatz von modifizierten Aldehyden und Dicarbonsäuren, die neben einer maskierenden Wirkung eine zusätzlich vernetzende Wirkung haben. Auch der Zusatz von Aluminiumsalzen, insbesondere der alkalischen Aluminiumsilikate, verbessert die Bindung der Chromgerbstoffe und die Fülle der Leder, was auch Polyphosphate bewirken. Bei empfindlicher Rohware in großen Partien soll die Zugabe von elektrolytbeständigem Fettlicker die Gefahr des Wundscheuerns vermindern und gleichzeitig die innere Weichheit der Leder verbessern. Die Aufhellung durch eine

Natriumchloritbleiche ist nur im Pickel möglich. Füllende Hilfsmittel, wie beispielsweise Phtalsäure oder kationische Polymere (Harzgerbstoffe) nehmen Einfluss auf Ledereigenschaften und schließlich dringen die schon im Pickel eingesetzten Biozide tief in das Fasergefüge ein und tragen zur längeren Lagerfähigkeit der gepickelten Blößen und des späteren wet-blue bei.

So kann der Pickel als erster Teilschritt der Chromgerbung für viele zusätzliche Maßnahmen genutzt werde.

Die Basizität der Chromgerbstoffe wird in Prozent angegeben und bezeichnet den Anteil der bei der vorliegenden Chromverbindung durch OH-Gruppen ersetzten Valenzen an der Gesamtmenge der Ligandenplätze. Bei Chromsulfat sind dies 6 Plätze. Sind zwei davon durch OH-Gruppen abgesättigt, liegt eine Chromverbindung von 33 % Basizität vor mit der vereinfachten Formel $Cr(OH)(SO4)_2$, was den meisten Chromgerbstoffen entspricht. Je höher die Basizität, umso ausgeprägter die Gerbwirkung, doch liegt die Obergrenze in der Praxis bei 66 % Basizität ($Cr(OH)_2(SO4)_{1/2}$).

3.2.3.2 Chromierung

Hat der Pickel die Blöße vor einer zu schnellen Bindung des Chromgerbstoffes an die Oberfläche geschützt, kann dieser zugegeben werden. Chromgerbstoffe werden in vielen Einstellungen als feines grüngraues Pulver oder als pumpfähige stabile Lösung angeboten. Welche Handelsform bevorzugt wird, hängt von den betrieblichen Möglichkeiten zur Lagerung, Dosierung und Zugabe ab. Die Grundlage aller Chromgerbstoffe ist das Chromerz, aus dem über das Natriumdichromat die 3-wertigen Chromgerbstoffe als Chromsulfat gewonnen werden. Das reine Chromsulfat $Cr_2(SO_4)_3 \cdot 18H_2O$ hat nur eine schwache Gerbwirkung. Die wird besser, wenn ein Teil der Aquogruppen durch Hydroxylgruppen ausgetauscht wird, was durch die Einstellung einer definierten „Basizität" geschieht.

Oberhalb dieser Grenze werden die Chromkomplexe als Chromhydoxid $Cr(OH)_3$ unlöslich, sind für die Diffusion zu groß und bilden dunkelgrüne, harte Flecken auf dem Narben. Im Handel sind deshalb Einstellungen bis etwa 50 % Basizität üblich. Die benötigte Menge an Chromgerbstoff richtet sich nach den angestrebten Ledereigenschaften und berücksichtigt auch eventuell andere Gerbstoffangebote an das gleiche Leder.

Weil die Chromgerbstoffe auch **nichtgerbende Anteile** wie die Salze enthalten, berechnet man den Bedarf nach dem Chromoxid Cr_2O_3, der als reiner Gerbstoff anzusehen ist. Ein 33 % basischer Chromsulfat-Gerbstoff als Pulver enthält 25 % Cr_2O_3. Um 1 % gerbendes Cr_2O_3 den Blößen anzubieten, muss man 4 % des Handelsproduktes einsetzen.

Mit einem Angebot von 1 % Cr_2O_3 kann man unter sehr günstigen Bedingungen ein gerade befriedigend gegerbtes Chromleder erhalten.

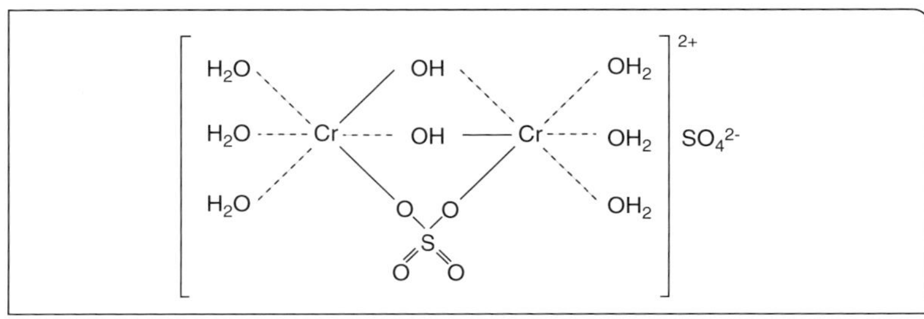

Abb. 35 Basisches Chromsulfat als gerbfähiger Komplex.

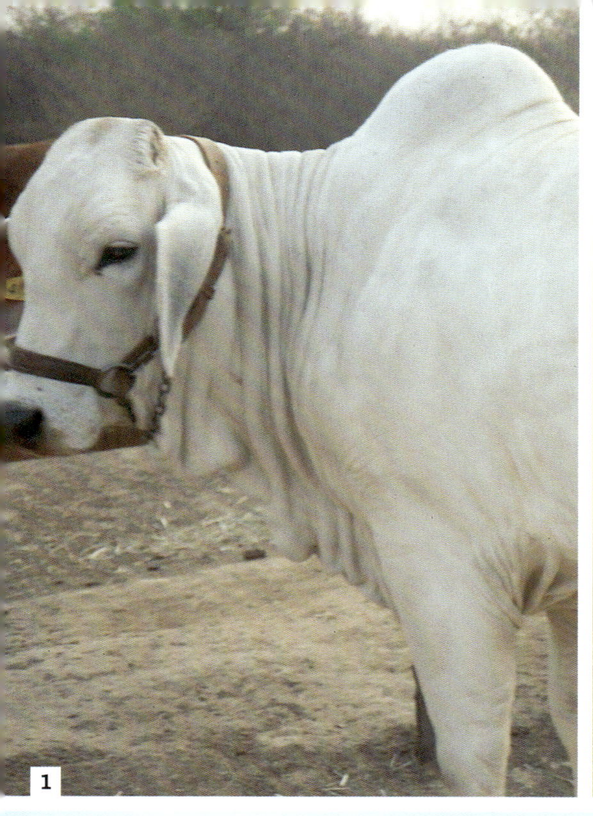

1 Zebu aus Südamerika **2** Fleckvieh, Höhenvieh **3** Schwarzbuntes Niederungsvieh

4 Gerbfass

Tab. 9 Basizität von Chromsulfaten und ihre Gerbwirkung

Basizität in %	Summenformel	Gerbwirkung
0	$Cr_2 (SO_4)_3$	gering
33,3	$Cr (OH) SO_4$	gut
66,6	$Cr (OH)_2 (SO_4)_{1/2}$	sehr adstringent
100	$Cr (OH)_3$	keine, weil unlöslich

Ohne besondere Maßnahmen erreichen nur etwa zwei Drittel der eingesetzten Chromgerbstoffe den richtigen Platz im Kollagen, und bilden eine vernetzende, gerbende Brücke zwischen Peptidketten. Der Rest bleibt unbeteiligt im Fasergefüge verteilt und in der Restflotte gelöst. Man spricht dann von einer **Auszehrung** des Gerbstoffangebotes von 66 %, was nicht gut ist. Zum Ausgleich setzt man entsprechend mehr Chromgerbstoffe ein. Bei einer Auszehrung von 66 % kommt dann so viel Cr_2O_3 zur Wirkung, dass es für eine kochgare Gerbung ausreicht. Durch die ungenutzten Überschüsse entstehen aufwändige Entsorgungsaufgaben für das chromhaltige Abwasser und die festen Abfälle.

Die Verbesserung der Auszehrung sollte eine Verringerung der Einsatzmenge an Chromgerbstoff bringen, ohne die typischen Chromledereigenschaften zu verändern. Durch Anpassung des Pickel-End-pH-Wertes an die verschiedenen Chromgerbstoffe, durch deren Kombination und durch den Einsatz ausgewählter Hilfsmittel im Pickel (Dicarbonsäuren) oder nach der Gerbung (Acrylate) können am Ende der Gerbung bei erhöhten pH-Werten und Temperaturen Auszehrungen von 85-95 % erreicht werden. Die Einsatzmenge an Chromgerbstoffen wird sich auch an der für alle Gerbungen gültigen Regel orientieren: „Je mehr Gerbstoff eingesetzt wird, umso fester wird das Leder". Für weiche, dehnbare Lederarten wird deshalb das Angebot an der unteren Grenze nahe 1 % Cr_2O_3 auf Blößengewicht liegen. Für formstabile Lederarten wird das Angebot an der oberen Grenze von 2,5 % Cr_2O_3 auf Blößengewicht liegen.

Das Blößengewicht, nach dem Spalten ermittelt, ist die Bezugsgröße für die Chemikalienmenge in der Gerbung.

Die Zugabe der Chromgerbstoffe erfolgt direkt in das Fass mit den gepickelten Blößen. Es ist nicht erforderlich, die Pulver-Produkte vorher zu lösen. Auch bietet die Zugabe in Raten keinen Vorteil. Eine hohe Gerbstoffkonzentration fördert die Diffusion. Weil die Chromgerbstoffe eine eigene Farbe haben, die sich deutlich von der der Blößen unterscheidet, kann man durch Anschneiden das Eindringen optisch verfolgen. Hat der Chromgerbstoff den Querschnitt in der gewünschten Weise durchdrungen, wird der dritte Teilabschnitt der Gerbung eingeleitet.

3.2.3.3 Abstumpfung – Bindung

Der Pickel sollte die Diffusion fördern, indem er die Bindung der Chromgerbstoffe verhindert. Wird die dazu eingesetzte Säure neutralisiert, gewinnt der Chromgerbstoff seine Bindungsfähigkeit, seine Ad-

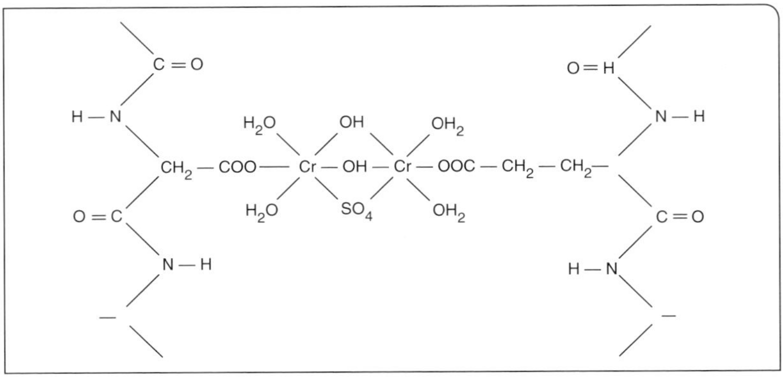

Abb. 36 Vernetzung der Polypeptidketten durch Chromgerbstoff.

stringenz zurück. Er bildet die gerbende Vernetzung zwischen den Kollagenmolekülen durch Ausbildung unterschiedlich großer Komplexe. Je größer ein Komplex, umso zahlreicher seine Verankerungen an den Carboxyl-Gruppen verschiedener Aminosäuren-Seitenketten. Eine sehr schnelle Neutralisation der Pickelsäuren wird zuerst die sauren Gruppen der Chromgerbstoffe erreichen, die noch in der Flotte außerhalb der Blößen herumschwimmen oder in den Kapillarräumen der Hautstruktur verteilt sind und keine Bindungsstelle gefunden haben. Die OH-Ionen des zur Neutralisation der Säure eingesetzten Alkali würden spontan die Basizität bis auf 100% erhöhen, das gebildete Chromhydroxid würde unlöslich ausfallen und Flecken bilden. Das muss unbedingt vermieden werden. Nach Möglichkeit sollen alle Chromgerbstoffe gleichmäßig ihren scharfen sauren Charakter vermindern. Sie sollen gleichmäßig abgestumpft werden. **Abstumpfen** bedeutet somit eine Erhöhung der Basizität, die an einer Erhöhung des pH-Wertes erkennbar wird. Gelingt es, die Basizität langsam und gleichmäßig bis in den Feinbau der Hautstruktur zu erhöhen, dann werden die größer werdenden Chromkomplexe weitere Bindungsstellen erreichen. Dadurch wird die Gerbwirkung gesteigert, die Auszehrung der Gerbstoffe verbessert, die Ledereigenschaften werden einheitlicher.

Die Auswahl und die Dosierung der Abstumpfungsmittel entscheiden darüber, ob dies gelingt.

Hat man früher mit **Soda oder Natriumbicarbonat** abgestumpft, dann wurden diese Salze gelöst und in mehreren Raten zugegeben. Bei jeder Zugabe schnellten der pH-Wert und die Basizität in die Höhe um sich dann auf jeweils höherem Niveau auszugleichen. Es ergab sich ein Kurvenverlauf für den pH-Wert und die Basizität, in dessen Spitzen es oft zu den gefürchteten Chromflecken auf dem Leder kam (Abbildung 37).

Eine Möglichkeit, das Risiko der Chromflecken durch zu schnelles Abstumpfen zu vermindern, besteht in der **Steigerung der Alkalibeständigkeit** der Chromgerbstoffe. Bringt man anionische Säurereste in den kationischen Chromkomplex als Liganden ein, dann wird

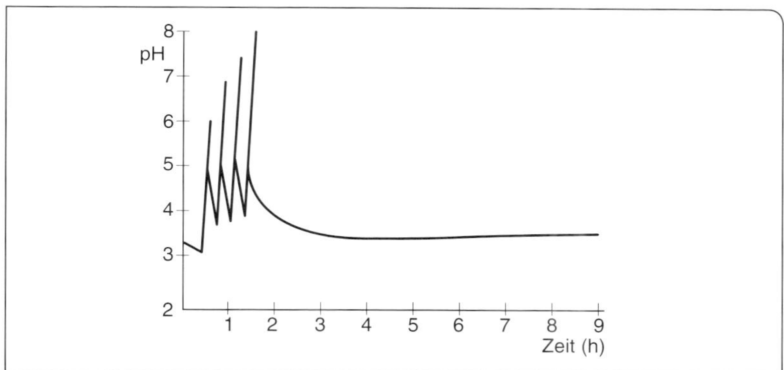

Abb. 37 pH-Verlauf beim klassischen Abstumpfen eines 33 % basischen Chromgerbstoffes. Zugabe in 4 Raten.

dessen kationische Ladung abgeschwächt. Je nach Komplexaffinität der Säurereste bedarf es dann höherer Konzentrationen an Abstumpfungsmittel, bis das unlösliche, 100 % basische Chromhydroxid entsteht. Man nennt diese Veränderung an den Chromkomplexen „Maskierung“. Die **Maskierungsmittel** können vor, mit oder nach dem Chromgerbstoff zugegeben werden. Sie wirken nur, wenn sie vor dem alkalischen Abstumpfungsmittel in die Chromkomplexe gelangen. Das OH-Ion ist das am stärksten komplexaffine Maskierungsmittel und verdrängt alle anderen, wie zum Beispiel Formiate, Acetate, Sulfit, Salze von Dicarbonsäuren oder Salze von Kondensationsprodukten aromatischer Sulfonsäuren. Dann erst kann es die Basizität anheben und die Bindung bewirken.

In der Praxis sehr gut bewährt hat sich der Einsatz solcher Abstumpfungsmittel, die als **schwerlösliche Salze** zugegeben werden. Sie lösen sich langsam auf, setzen ihre Alkalität langsam frei und steigern damit die Basizität langsam. Das bekannteste Abstumpfungsmittel dieser Gruppe ist das Magnesiumoxid. Andere Magnesium- und Calziumsalze und auch Alkali-Aluminiumsilikate gehören dazu. Sie alle werden ungelöst zugegeben, was bei Soda nicht möglich wäre. Die Löse- und damit auch Abstumpfungsdauer hängt von der Temperatur ab. Je höher die Temperatur der Flotte im Gerbfass, umso schneller lösen sich diese Salze auf, umso rascher steigen Basizität und pH-Wert an.

Um sicher zu sein, dass die Abstumpfungsmittel auch wirklich die richtigen Chromkomplexe erreichen, hat man von diesen langsam löslichen einige ausgewählt und schon dem Chromgerbstoff bei der Herstellung zugemischt. Der Chromgerbstoff ist leichter löslich und damit schneller an dem Kollagenmolekül als das Abstumpfungsmittel. Wurden in dem Chromgerbstoff auch noch einige Aquogruppen durch Maskierungsmittel ersetzt, dann entstand ein Gerbstoff für eine „selbstabstumpfende Chromgerbung“. Dabei wird kein weiteres Abstumpfungsmittel zugegeben. Um die vollständige Wirkung auf die Bindung dieser selbstabstumpfenden Chromgerbstoffe zu sichern,

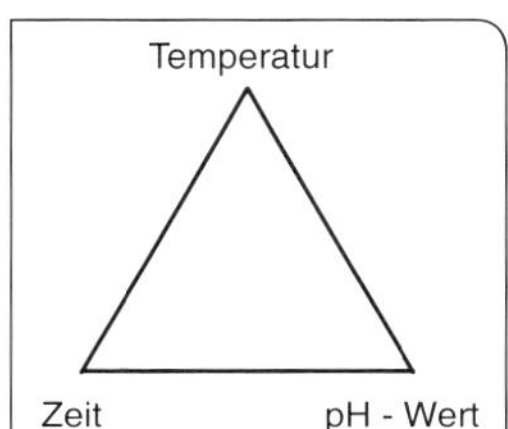

Abb. 38 Wichtige Kriterien für eine optimale Chromauszehrung.

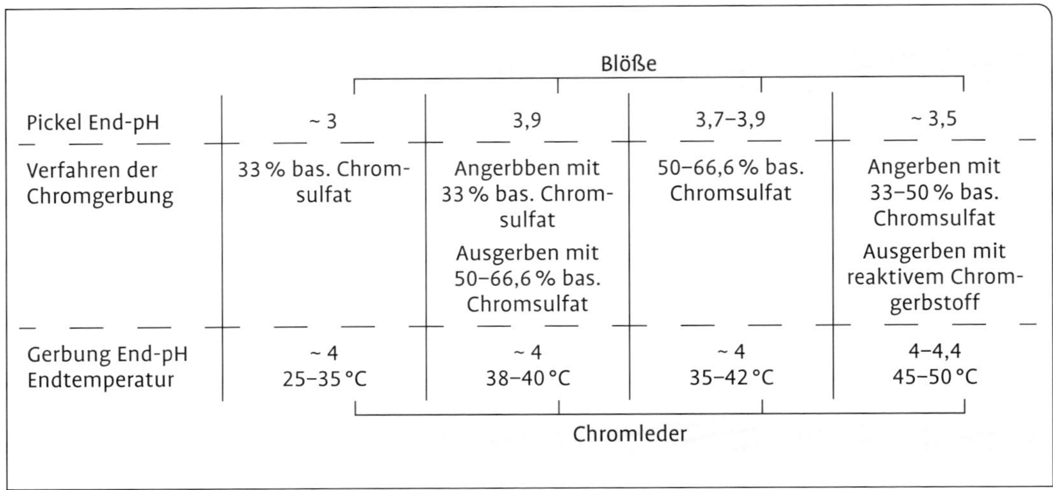

	Blöße			
Pickel End-pH	~ 3	3,9	3,7–3,9	~ 3,5
Verfahren der Chromgerbung	33 % bas. Chromsulfat	Angerbben mit 33 % bas. Chromsulfat Ausgerben mit 50–66,6 % bas. Chromsulfat	50–66,6 % bas. Chromsulfat	Angerben mit 33–50 % bas. Chromsulfat Ausgerben mit reaktivem Chromgerbstoff
Gerbung End-pH Endtemperatur	~ 4 25–35 °C	~ 4 38–40 °C	~ 4 35–42 °C	4–4,4 45–50 °C
	Chromleder			

Abb. 39 Systeme zur Chromgerbung.

muss die Temperatur am Ende der Gerbung über 40 °C betragen. Man braucht Gerbgefäße mit einer Heizung.

Es wurden viele Variationen der Chromgerbung entwickelt. Dabei waren es die Ledereigenschaften, die Durchführung der drei Schritte der Chromgerbung und ihre Vereinfachung, aber auch die Verbesserung der Chromauszehrung unter Kosten- und Umweltschutzgesichtspunkten, die den Anstoß dazu gaben. Gerade die hochauszehrenden Verfahren gehen an die Grenzen der grundlegenden Teilschritte von Diffusion und Bindung. Die sicher reproduzierbaren Ledereigenschaften entscheiden über den Bestand all dieser Entwicklungen. Diese geforderten Ledereigenschaften verändern sich mit den Einsatz-Anforderungen an das Leder. So verändert sich für spezielle Lederarten auch die Chromgerbung, doch bleibt sie vorläufig die bedeutendste Gerbart und in ihren Grundregeln erhalten.

3.2.4 Gerbung mit anderen Mineralsalzen

Außer dem bereits erwähnten Alaun und den Chromgerbstoffen können grundsätzlich als mineralische Gerbstoffe wirken: die Salze von Aluminium, Zirkon, Titan und Eisen(III).

Bei den **Aluminiumsalzen** erschwert ihre Neigung zur Bildung unlöslicher hochbasischer Komplexe oder gar Al-Hydoxid die sichere Diffusion. Durch Maskierung mit organischen Säuren, bevorzugt Hydroxicarbonsäuren, erhält man stabile Komplexe, die bis zur gerbenden Basizität von 70-80 % abgestumpft werden können. Diese meist aus Aluminiumchloriden gebildeten kationischen Komplexe haben kettenförmige Struktur mit mehreren Al-Atomen je Komplex. Dadurch werden die Leder flach und müssen durch andere Hilfsmittel zusätzliche Fülle erhalten. Die kettenförmige Struktur der Al-Komplexe führt zu

Tab. 10 Auswirkungen der Kombination von Gerbstoffen mit Aluminiumsalzen

Schrumpfungstemperatur		
Pflanzliche Gerbstoffe/Al-Salze:	+ 20 bis 40 K	
Synthetische Gerbstoffe/Al-Salze:	+ 10 bis 25 K	
pH-Stabilität der Bindung		
Pflanzliche Gerbstoffe/Al-Salze:	+ 35 bis 55 %	(alkalibeständiger)
Synthetische Gerbstoffe/Al-Salze:	+ 10 bis 30 %	
Mögliche Gerbstoffeinsparung		
Pflanzliche Gerbstoffe/Al-Salze:	– 10 bis 40 %	
Synthetische Gerbstoffe/Al-Salze:	– 5 bis 15 %	

einer für die Lederherstellung wichtigen Nebenwirkung. Sie können als Brückenglieder auch zur festen Bindung kleiner Gerb- und Farbstoffteilchen an das Kollagen dienen. Aber auch mit den polyphenolischen Gerbstoffen bilden sie stärker gebundene, besser vernetzte Brücken. Das erkennt man an der deutlich höheren Schrumpfungstemperatur und Alkalibeständigkeit der Leder. Weil diese höher liegen als es durch den Einsatz von Alumiumsalzen und zum Beispiel pflanzlichen Gerbstoffen vorauszusehen war, spricht Prof. G. Reich von „synergistischen Effekten" durch die Aluminiumsalze, die früher in der so genannten Dongola-Gerbung genutzt wurden.

Die Gerbung mit Aluminiumsalzen hat dauernde Bedeutung zur Herstellung weißer Leder, auch wenn deren Einzeleigenschaften nicht das Niveau der grau-blauen Chromleder (wet-blue) erreichen.

Die **Zirkonsalze** als Gerbstoffe lassen dem Gerber wenig Einflussmöglichkeiten auf Diffusion und Bindung. Deshalb haben sie sich auch nur für wenige, meist für technische Einsatzbereiche vorgesehene Leder eingeführt. Auch sie ergeben ein weißes Leder, doch ist es kompakter, härter und mit geringer Dehnbarkeit. In Kombination mit Chrom wird versucht, die besonderen Eigenschaften des Zirkongerbstoffes zu nutzen.

Titansalze können ebenfalls Komplexe bilden, die als vernetzende Brücken zwischen Kollagenmolekülen eine echte Gerbung bewirken können. Aber auch hier ist eigentlich nur das Ammoniumtitanylsulfat zu kontrollierter Diffusion und Bindung geeignet, was durch eine starke Maskierung und einen sehr sauren Pickel gefördert wird. Titansalze ergeben eine helle, gelbliche Lederfarbe und einen festen, flachen Ledercharakter. In begrenztem Umfang wird die Gerbung mit Titansalzen zur Herstellung von Ledern für Schuhe eingesetzt.

Die Gerbung mit **Eisensalzen** ist oft probiert und wissenschaftlich untersucht worden. Wegen der Verfügbarkeit preiswerter Eisen-III-Salze wäre es interessant, doch hat das so hergestellte Leder nicht annähernd die Eigenschaften der Leder aus den anderen mineralischen Gerbverfahren, insbesondere der mit gleichen Kosten durchzuführenden Chromgerbung.

3.2.5 Gerbung mit pflanzlichen Gerbstoffen

Goldene Gerberregel
kleinteilig, wenig adstringent angerben *(Diffusion)*

großteilig, adstringent ausgerben *(Bindung)*

Die Goldene Gerberregel lautet: „Mit niedrigadstringenten, kleinteiligen Gerbstoffen angerben, mit hochadstringenten, großteiligen Gerbstoffen ausgerben".

Im Sprachgebrauch der Gerber versteht man unter der **Adstringenz** eines Gerbstoffes seine Neigung zur Bindung an die Hautsubstanz.

Die Gerbung mit pflanzlichen Gerbstoffen wird auch vereinfacht als pflanzliche Gerbung oder Vegetabilgerbung bezeichnet. Es ist eine der klassischen Gerbarten und archäologische Funde von Mumien oder Ötzi, dem Mann vom Hauslabjoch, haben gezeigt, dass die Gerbung mit pflanzlichen Gerbstoffen schon vor circa 5000 Jahren hervorragend beherrscht wurde. Bei einer so langen Entwicklung konnte das Gerbverfahren in jeder Hinsicht perfektioniert werden. Die wichtigsten Erfahrungen wurden in der „Goldenen Gerberregel" zusammengefasst.

Darin liegen die Grundlagen für eine gute Diffusion zu Beginn der Gerbung und eine gute Bindung zum Ende der Gerbung. Dieses Prinzip gilt für alle Gerbungen.

Die pflanzlichen Gerbstoffe sind eine vielgestaltige Gruppe komplizierter Verbindungen, die auch als **Tannine** bezeichnet werden. Sie werden in nahezu allen Pflanzen gebildet und haben dort Funktionen, die mit der Gerbung wenig zu tun haben. Den Gerber interessieren die Fähigkeiten der Gerbstoffe, die Pflanze vor Fäulnis und Schimmelbefall und vor Wildverbiss zu schützen. Die Gerbstoffe sind in den Pflanzen ungleichmäßig verteilt. Sie finden sich in Rinden, Hölzern, Wurzeln, Blättern, Früchten und krankhaften Auswüchsen. Diese Teile werden als Gerbmittel gesammelt, getrocknet, zerkleinert und mit Wasser ausgelaugt zur **Gerbbrühe**. Die Gerbstoffe lösen sich dabei vom Gerbmittel, der Lohe. Die Gerbbrühen sind leicht sauer mit pH-Werten zwischen 3 und 4,5 und haben einen adstringenten = zusammenziehenden Geschmack. In geringen Konzentrationen wirkt diese Adstringenz der Tannine gesundheitsfördernd, etwa im Rotwein und in bewährten pharmazeutischen Anwendungen.

Diese Adstringenz ist für jeden pflanzlichen Gerbstoff verschieden und hängt mit der Größe der gelösten Gerbstoffteilchen und ihrem chemischen Aufbau zusammen. Nichtgerbstoffe sind kleinteilig, Gerbstoffe kolloiddispers und Unlösliches großteilig. Die pflanzlichen Gerbstoffe werden in

- die hydrolysierbaren Pyrogallolgerbstoffe und in
- die kondensierten Pyrokatechingerbstoffe unterteilt.

Tab. 11 Gerbstoffe aus verschiedenen Pflanzenteilen

Rinden	Hölzer	Früchte
Eichenrinde	Eichenholz	Valonea
Fichtenrinde	Quebrachoholz	Trillo
Mimosarinde	Kastanienholz	Myrobalanen
Weidenrinde		Tara
Blätter	**Wurzeln**	**Auswüchse**
Sumach	Badan	Gallen
Gambir	Canaigre	Knoppern

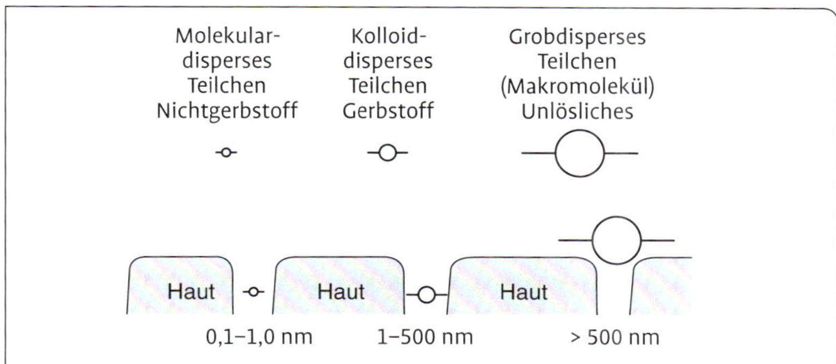

Abb. 41 Zur Größe der Gerbstoffteilchen.

Die **Pyrogallolgerbstoffe** enthalten Zuckerstoffe, die über Gärungsprozesse zur Säurebildung in den Brühen führen. Die **Pyrokatechingerbstoffe** enthalten schwerlösliche große Gerbstoffteilchen, so genannte Phlobaphene, die sich in ruhenden Brühen als Schlamm absetzen und dann nicht mehr gerbend wirksam werden können.

Für die Praxis wäre eine Einteilung nach dem Verhalten in der Gerbung oder nach den Ledereigenschaften hilfreich, doch da gibt es nichts einzuteilen. Jeder Gerbstoff verhält sich in der Löslichkeit, der Teilchengröße, der Diffusion und Bindung, der Farbe, Fülle, Festigkeit, dem Geruch und all den besonderen Eigenschaften des damit hergestellten Leders etwas anders. Deshalb muss der Gerber die Eigenschaften der von ihm eingesetzten Gerbstoffe sehr genau kennen. Einen großen Vorteil bieten die pflanzlichen Gerbstoffe in ihrer **Verträglichkeit**. Sie können für besondere Wirkungen miteinander gemischt oder nacheinander auf die gleiche Blöße eingesetzt werde. So kommt man zu Gerbungen in mehreren Schritten mit unterschiedlichen pflanzlichen Gerbstoffen.

Diese Schritte werden gemäß ihrer Reihenfolge bezeichnet als :

- Vorgerbung (Angerbung)
- Hauptgerbung
- Nachgerbung (Ausgerbung).

Nach den grundlegenden Regeln über Diffusion und Bindung wird die **Vorgerbung** mit kleinteiligen, wenig adstringenten Gerbstoffen durchgeführt. Zur **Nachgerbung** dagegen werden die großteiligen, adstringenten Gerbstoffe eingesetzt.

Hier könnte der Eindruck entstehen, dies sei eine leichte Wahl. Das ist es nicht. Die pflanzlichen Gerbstoffe sind in wässrigen Lösungen, also in Gerbbrühen, alle polydispers. Im Gegensatz zu den molekulardispersen Mineralgerbstoffen mit ihrer definierten Basizität liegen bei den pflanzlichen Gerbstoffen gleichzeitig kleine, gut lösliche, größere, gut gerbende und große, schlecht lösliche Teilchen vor. Ihr Mengenverhältnis zueinander ist für jeden Gerbstoff typisch und wird noch zusätzlich beeinflusst von variablen äußeren Einflüssen wie Konzentration, pH-Wert, Temperatur, Alter der Lösung, Einwirkung von Salzen, oxidierenden (Luftsauerstoff) oder reduzierenden (SO_2) Stoffen und Durchmischung (Bewegung).

Die über viele Jahrhunderte bewährte Arbeitsweise bei der pflanzlichen Gerbung erfüllt die Forderungen der Goldenen Gerberregel in genialer Weise durch die **Gerbung im Gegenstromprinzip** in mehreren Gruben. Das Gerbmittel, die Lohe, wurde am Ende des Gerbvorganges eingesetzt und mit kaltem Wasser langsam extrahiert. Von den löslichen Gerbstoffteilchen haben sich die größten mit den meisten Bindungsstellen an das Leder gebunden, die kleineren bleiben in der Brühe. Diese Brühe wurde für das nächste Leder eine Stufe früher eingesetzt. Wieder wurden die großteiligen Gerbstoffe bevorzugt gebunden und in der Brühe verblieben anteilig mehr kleinteilige. Wenn man auf diese Weise über viele Schritte die gleiche Brühe nutzte, der Gerber sprach von „Abarbeiten", waren schließlich nur noch die kleinteiligen, wenig adstringenten Gerbstoffe vorhanden. Eine solche Brühe wurde zur **Angerbung** der vorbereiteten Blößen genutzt. Dass noch Gerbstoffe vorhanden waren, zeigt die braune Anfärbung der Blößen. Deshalb wurden die ersten Stufen der Grubengerbung als „Farbengang" bezeichnet. Die Gerbstoffmenge und die Verweilzeit in diesen ersten Gruben oder Brühen ergab noch keine vollständige Durchdringung des ganzen Querschnittes der Blößen. Aber der fein strukturierte Narben wurde so gegerbt, ohne von zu großen Gerbstoffteilchen verstopft zu werden. Die Diffusionswege blieben offen. In den dann folgenden Schritten der Grubengerbung, die Versenk und Versatz genannt wurden, konnte frischer Gerbstoff in Form der zwischen die angegerbten Leder gestreuten Lohe zugegeben werden. Jetzt waren auch die großteiligen, adstringenten Gerbstoffteilchen in ausreichender Menge vorhanden um die Ausgerbung zu bewirken. Die verbleibende Brühe wurde über den Farbengang abgearbeitet und dann als Abwasser kanalisiert.

Die Blöße wurde in immer großteiligere, gerbstoffreichere Brühen gebracht, die Brühen wurden dabei abgearbeitet und immer dünner und gerbstoffärmer. Das Gegenstromprinzip hat so eine Totgerbung durch Verstopfung der Diffusionswege verhindert und eine gleichmäßige Lederqualität gesichert. Für dicke Leder ergaben sich dabei Gerbzeiten von 12 bis 18 Monaten. Heute werden nur wenige Lederarten wie beispielsweise hochwertige Sohlenleder nach diesem „Altgruben-Gerbverfahren" hergestellt.

Diese lange Gerbzeit war notwendig um den Gerbstoff aus der Lohe herauszulösen und in die Blöße diffundieren zu lassen. Eine ganz entscheidende Entwicklung war es dann, als man die Gerbmittel am Ursprungsort mit Wasser ausgelaugt, also extrahiert hat, und die so gewonnene Brühe durch Verdunstung des Wassers zu einem sirupartigen „Extrakt" aufkonzentrierte, später dann durch Sprühtrocknung in ein gut dosierbares, leichtlösliches Pulver. Damit war es nicht mehr notwendig, die Lohe in langwierigen Grubengerbungen einzusetzen. Die pflanzliche Gerbung war eine **Brühengerbung** geworden und folgte der technischen Entwicklung auf diesem Gebiet. Diese technische Entwicklung war auf eine Beschleunigung der Gerbung und eine noch größere Vielfalt an Lederarten ausgerichtet. Es gelang, die Teilchengröße der Gerbstoffe durch Verringerung des Unlöslichen während der Extraktion günstiger zu gestalten und auch die Lederfarbe gleichmäßiger zu halten. Durch die erheblich höhere Konzentration der Gerbstoffe in den Extrakten konnte die Diffusion so beschleunigt werden, dass Gerbzeiten von wenigen Wochen oder Monaten möglich wurden.

Eine noch weiter gehende Abkürzung der Gerbzeiten in die Nähe der für die Chromgerbung üblichen Dauer war erst möglich durch die Entwicklung synthetischer Gerbstoffe. Die Wissenschaftler haben die pflanzlichen Gerbstoffe untersucht und konnten die Molekülstruktur nachbauen. Es entstanden synthetische Gerbstoffe, die **Syntane**. Sie hatten einheitliche Teilchengröße mit gleich bleibenden definierten Eigenschaften. Jetzt war es nicht mehr notwendig, im Gerbsystem durch Abarbeitung zu den Brühen zu kommen, die für eine milde Angerbung und schnelle Diffusion erforderlich sind. Man konnte direkt kleinteilige, wenig adstringente Syntane auswählen und damit die Blöße vorgerben und dann die hochkonzentrierten Extrakte für die Gerbung nutzen. So wurden Gerbzeiten zwischen 8 und 48 Stunden möglich. Bei so kurzer Zeit für Diffusion und Bindung gewann die spezielle Vorbereitung der Haut überragende Bedeutung und die moderne Gerbung mit pflanzlichen Gerbstoffen ist gekennzeichnet durch neue Verfahrensschritte:

- Vorbereitung der Haut durch erhöhten Hautaufschluss,
- Einstellung des optimalen Säuregehaltes (pH-Wert),
- Vorgerbung mit diffusionsfördernden Hilfsmitteln (Syntanen),
- Gerbung mit hochkonzentrierten Gerbstoffextrakten,
- Bindungsfestigung – Fixierung der Gerbstoffe,
- Entfernen ungebundener Gerbstoffe und entstandener Salze.

Das sind mehr Einzelschritte als früher und jeder Schritt muss sorgfältig überwacht und seine Wirkung kontrolliert werden um die gewünschten Ledereigenschaften zu erhalten. Weil alle Einzelschritte in Fässern durchgeführt werden, kommt die beschleunigende Wirkung der Bewegung voll zur Geltung. Aber auch dabei muss man die möglichen Risiken kennen. Durch die Bewegung werden die Leder grundsätzlich flexibler als in ruhenden Prozessen und die Bewegung bewirkt auch Reibung an der Fasswand. Das kann zu Scheuerstellen führen und erhöht die Temperatur im Fass, die nicht über 40 °C ansteigen darf, weil sonst die Qualität der Leder leidet. Gerade am Beispiel der pflanzlichen Gerbung kann man erkennen, wie sich eine Änderung im Verfahren auf die anderen Teilschritte und die Ledereigenschaften auswirkt. Änderungen im Verfahren sind ja nur in jenen Faktoren möglich, die wir messend verfolgen und steuernd korrigieren können (→ Abbildung 42).

Aus vielerlei Gründen wurde die **Flottenlänge** immer wieder verringert. Bei gleicher Einsatzmenge an Hilfsmitteln ergibt sich so eine höhere Konzentration, die für Diffusion und Bindung Vorteile bringt. Die Flottenlänge richtet sich aber auch nach dem Hautmaterial und dem Arbeitsgefäß. In Gruben und Haspeln wird mehr Flotte benötigt

Abb. 42 Faktoren zur Steuerung der Nassprozesse.

Die Faktoren zu Steuerung aller Nassprozesse in der Lederherstellung sind:
- Flottenlänge (Wassermenge),
- Temperatur,
- pH-Wert,
- Art, Menge und Art der Zugabe von chemischen Hilfsmitteln,
- Zeit,
- Bewegung.

als in Fässern. Die Flotte dient aber auch als Löse- und Transportmittel für die Hilfsmittel. Bei zu geringer Flotte kommen diese Funktionen zum Stillstand. Ungleichmäßige Verteilung der Chemikalien, unkontrollierte Reaktionen bis zur Totgerbung, Flecken am fertigen Leder oder gezogener Narben können die Folge sein. Deshalb funktioniert die abwasserfreie Trockengerbung nicht.

Die **Temperatur** wird nicht nur kontrolliert, sie wird reguliert und gesteuert. Moderne Arbeitsgefäße bieten die Möglichkeit zum Aufheizen der Flotte während des Prozesses. Das ist ein ganz wichtiges Instrument zur richtigen Führung der Teilschritte in der Lederherstellung. Die Arbeitstemperatur wird bestimmt durch die Temperaturbeständigkeit des Hautmaterials im jeweiligen Zustand.

Über die Bedeutung des **pH-Wertes** für Diffusion und Bindung, aber auch für die Quellung/Entquellung des Hautmaterials wurde bereits gesprochen. Bei der pflanzlichen Gerbung werden starke Änderungen des pH-Wertes vermieden, ebenso der Einsatz oder die Bildung von Salzen. Salze stören die Diffusion. Die Einstellung des pH-Wertes erfolgt meist durch organische Verbindungen.

Die Art der **chemischen Hilfsmittel** unterliegt einem ständigen Wechsel. Da sind neue Entwicklungen der Technologie, die angepasste Hilfsmittel erfordern. Dann sind Entwicklungen in der chemischen Industrie, die neue Hilfsmittel zur Verfügung stellt. Auch ändern sich die gesetzlichen Vorschriften für Herstellung, Vertrieb und Anwendung von Chemikalien oder für deren Einstufung in Abfall und Abwasser. Entscheidend ist die Wirkung der Hilfsmittel im jeweiligen Arbeitsgang, auf die nachfolgenden Produktionsschritte und auf das fertige Leder. Zusammen mit der Flottenlänge ergibt sich die Konzentration, wenn die gesamte Menge gelöst ist. Bei Zugabe in mehreren Raten in zeitlichen Abständen kann die Wirkung gesteuert werden.

Bei einem zu bearbeitenden Material wie es die tierische Haut mit ihrer besonderen Struktur ist, wird es immer eine relativ lange **Zeit** dauern, bis eine gleichmäßige Verteilung und ein Transport zur richtigen Bindungsstelle erfolgt ist. **Bewegung** und Temperatur werden ausgenutzt, diese Zeit abzukürzen. In Tabelle 12 wird die Änderung der Gerbdauer durch die Anpassung der variablen Faktoren in ihrer Abhängigkeit voneinander deutlich.

Tab. 12 Gerbdauer in verschiedenen Systemen zur Gerbung mit pflanzlichen Gerbstoffen

Äscher	Äscher	Äscher Entkälkung	Äscher Entkälkung	Äscher Entkälkung Beize	Äscher Entkälkung Beize Konditionierung
|	|	|	| Vorgerbung	| Vorgerbung	Vorgerbung
Farbengang	Farbengang hot pit	Farbengang	*(Farbengang)*		
|		|	|	|	|
Versenk Versatz max 5 °Bé 9–18 Mon.	Versenk Versatz max 5 °Bé 6–12 Mon.	Faß (kalt) 8–10 °Bé 2 Mon.	hot pit (warm) 10–12 °Bé 1 Mon.	Faß (warm) 10–15 °Bé 1 Woche	Faß (flottenarm) 15–18 °Bé 2–3 Tage

Mit der Optimierung der vorbereitenden Arbeiten vor der eigentlichen Gerbung und dem Einsatz des gesamten Gerbstoffangebotes in Form von leicht löslichen, pulverisierten Extrakten wurden bei der pflanzlichen Gerbung auch die Grenzen solcher „Rapidgerbungen“ erkennbar. In die Auswahl der Gerbstoffe wurde deren spezielle Durchgerbgeschwindigkeit in solchen Systemen mit einbezogen. Weil hochkonzentrierte Gerbstofflösungen einen entwässernden Effekt auf die Blößen haben, um sich dem osmotischen Druck folgend mit dem der Haut entzogenen Wasser zu verdünnen, entsteht das Risiko der Totgerbung. Dabei kommt die Diffusion der Gerbstoffe zum Stillstand, weil die Kapillaren durch den Wassermangel zu eng werden. Gibt man von außen Wasser zu, kommt die Gerbung wieder in Gang. Dieser Entwässe-

Tab. 13 Entwässerungseffekt und Durchgerbegeschwindigkeit einiger pflanzlicher Gerbstoffe

Extrakte	Entwässerungseffekt	Durchgerbe-geschwindigkeit beim C-RFP-Verfahren	Durchgerbe-geschwindigkeit in Farbengangsystemen
Quebracho sulf. Plv.		↑	am schnellsten
Kastanie gesüßt Plv.			langsamer als Quebracho sulf.
Mangrove Plv.			
Myrtan Plv.			
Kastanie normal Plv.	zunehmend	zunehmend	
Mimosa Plv.			ähnlich wie Quebracho sulf.
Myrobalanen Plv.			langsamer als Quebracho sulf.
Valex Plv.			
Eiche Plv.			
Quebracho ord.	↓		

rungseffekt ist nicht nur eine Funktion der Konzentration, sondern ist auch gerbstoffspezifisch. Die Gerbstoffe mit der größten **Durchgerbgeschwindingkeit** in den Schnellgerbsystemen haben erfreulicherweise den geringsten Entwässerungseffekt (Tabelle 13).

Die synthetischen Gerbstoffe der Vorgerbung sollen diese Wirkungen fördern.

Der **Vorgerbung** kommt dabei nicht nur die Aufgabe zu, eine Totgerbung zu verhindern durch die Stabilisierung der gesamten Faserstruktur und Bildung von Hydrathüllen um die polaren Gruppen.

Die **Vorgerbung** bestimmt ganz wesentlich die Ledereigenschaften wie Farbe, Narbenelastizität, Fülle und Festigkeiten nach der alten, noch immer gültigen Regel: „Der zuerst auf die Blöße einwirkende Gerbstoff hat die nachhaltigste Wirkung auf die Ledereigenschaften".

Waren es früher die abgearbeiteten, kleinteiligen, wenig adstringenten Brühen im Farbengang der Grubengerbung, so steht heute eine breite Auswahl von Vorgerbstoffen zur Verfügung, mit deren Hilfe fast weiße Leder, nappaartig weiche Leder oder harte Sohlenleder im Schnellgerbverfahren mit pflanzlichen Gerbstoffen hergestellt werden können. Die Abarbeitung der noch gerbstoffreichen Restbrühen durch nachfolgende Partien war lange eine wirtschaftliche und technologische Notwendigkeit. In den neuen Verfahren fallen keine Restbrühen mehr an, die abgearbeitet oder sonst zur Gerbung genutzt werden müssten.

Zwar wird noch immer ein Gerbstoffüberschuss, bezogen auf die Bindungsmöglichkeiten im Kollagen, eingesetzt, doch ist die Auszehrung sehr gut. Sie wird noch weiter gesichert, wenn die gegerbten Leder für 1–2 Tage auf einem Stapel ruhen können. In dieser Zeit wird die Bindung vieler Gerbstoffteilchen dadurch verstärkt, dass das Wasser aus den Faserzwischenräumen abläuft und die Abstände zwischen Gerbstoffmolekül und Kollagen so klein werden, dass sich die Wasserstoffbrücken bilden können. Dennoch verbleiben Gerbstoffe, die keinen Bindungspartner gefunden haben, in dem Fasergefüge. Sie müssen sorgfältig ausgewaschen werden, denn bei einer Trocknung würden sie mit der Feuchtigkeit zur Oberfläche wandern, sich dort ansammeln und hart auftrocknen. Der Narben würde rau, dunkel und brüchig. Deshalb ist das **Auswaschen** der nicht an der Gerbung beteiligten Überschüsse wichtig für die späteren Ledereigenschaften. Diese Ledereigenschaften sollen nur von den gebundenen, nicht von den eingelagerten Gerbstoffen bestimmt werden um auch bei wechselnden Beanspruchungen die gleichen Eigenschaften zu gewährleisten.

3.2.6 Gerbung mit synthetischen Gerbstoffen

Diese wechselnden Beanspruchungen aus dem Gebrauch der Leder ergeben oft ganz neue Schwerpunkte in den Anforderungen an das Leder. So waren die mit pflanzlichen Gerbstoffen gegerbten Leder am Ende des 19. Jahrhunderts kaum mehr in der Lage, den Wünschen nach weichen, leichten, modisch zu färbenden und zu gestaltenden Ledern zu entsprechen. Eine wachsende Kenntnis der Molekülstruktur ermöglichte es der chemischen Industrie, aus bekannten und vorhandenen Bausteinen durch Kondensation zu organischen, wasserlöslichen großen Molekülen mit gerbenden Eigenschaften zu kommen. Der erste Gerbstoff aus dieser noch immer wachsenden Familie von synthetischen Gerbstoffen wurde 1911 von E. Stiasny entwickelt. Heute werden für die Lederherstellung so viele synthetische Gerbstoffe (Syntane) hergestellt, dass damit alleine oder in Kombination mit anderen Gerbstoffen nahezu alle technologischen, wirtschaftlichen und modischen Anforderungen erfüllt werden können. Nach technologischen Gesichtspunkten, also nach ihrem Einsatz und ihrer Wirkung teilt man die synthetischen Gerbstoffe ein in:

- Vorgerbstoffe,
- Austauschgerbstoffe,
- Weißgerbstoffe,
- Bleichgerbstoffe,
- Nachgerbstoffe,
- Hilfsgerbstoffe,
- Schrumpf- und Spezialgerbstoffe.

Nach ihrem chemischen Aufbau sind neben den aromatischen anionischen Syntanen die Harzgerbstoffe, Reaktiv- und Polymergerbstoffe zu nennen. Sie können jeweils in mehreren Anwendungsbereichen vertreten sein.

Die **Vorgerbstoffe** sind die Voraussetzung für die Entwicklung der pflanzlichen Schnellgerbungen gewesen. Ihre Aufgabe ist die vorübergehende Stabilisierung einer bestimmten Faserstruktur, bis der pflanzliche Gerbstoff in den Feinbau diffundiert ist und die dauerhafte Vernetzung übernehmen kann. Vorgerbstoffe sind sehr gut und kleinteilig löslich und diffundieren schnell. Mit ihrer ausgeprägten Wasserhülle verhindern sie die Totgerbung bei Einsatz hochkonzentrierter Gerbstoffextrakte.

Die **Austauschgerbstoffe** haben ihren Namen aus ihrem Vergleich mit pflanzlichen Gerbstoffen. Sie ergeben bei alleinigem Einsatz ein Leder mit den wesentlichen Merkmalen eines pflanzlich gegerbten Leders. Ihr besonderer Vorteil liegt in der konstanten Zusammensetzung, Teilchengröße und vorhersehbaren Wirkung, was ja bei den pflanzlichen Gerbstoffen nicht immer gewährleistet ist. In der Praxis werden sie oft gemeinsam mit pflanzlichen Gerbstoffen eingesetzt. Dabei bewirken sie eine hellere und egalere Lederfarbe.

Als eine eigene Gruppe werden diejenigen synthetischen Austauschgerbstoffe betrachtet, die in Alleingerbung ein weißes Leder ergeben und deshalb **Weißgerbstoffe** genannt werden. Ihr spezieller chemischer Aufbau gewährleistet eine höhere Lichtechtheit als sie mit pflanzlichen Gerbstoffen erreicht werden kann. Die weißen Leder lassen sich mit guter Egalität in Pastelltönen färben und erweitern so ganz erheblich die modischen Einsatzbereiche für Leder dieser Art, die zuvor den aluminiumgegerbten Ledern vorbehalten waren. Weiße Nubuk-Oberleder sind nur mit den Weißgerbstoffen zu realisieren. Wegen der hellen Lederfarbe werden Weißgerbstoffe auch zur Nachgerbung von Chromledern eingesetzt und auch bei den Schrumpfgerbstoffen sind sie vertreten. Bei der Gerbung mit Weißgerbstoffen ist neben der Sauberkeit aller Betriebsmittel zu beachten, dass auch die anderen Hilfsmittel wie Fettungsmittel, Säuren oder Gerbstoffe in ihrer Eigenfarbe, Lichtechtheit und Wärmebeständigkeit den Weißgerbstoffen entsprechen.

Der Wunsch nach einer hellen Lederfarbe war bei den pflanzlich gegerbten Ledern schon immer sehr ausgeprägt. Die Oxidation der Gerbstoffe führte zu einem Nachdunkeln und so wurde es als große Hilfe empfunden, unter den synthetisch hergestellten Gerbstoffen solche zu finden, die als **Bleichgerbstoffe** eingesetzt werden konnten. Dabei handelt es sich meist um kleinteilige Gerbstoffe mit so geringer Gerbwirkung, dass im alleinigen Einsatz kein vollwertiges Leder entsteht. Zusammen mit pflanzlichen Gerbstoffen oder am Ende der Gerbung eingesetzt, hellen sie die Lederfarbe auf und egalisieren sie zugleich. Der niedrige pH-Wert der Bleichgerbstoffe fördert die Bindung und verhindert das Wandern ungebundener Gerbstoffe zur Oberfläche bei der Trocknung. Gerade diese ungebundenen Gerbstoffe waren für das Nachdunkeln und eine Fleckenbildung verantwortlich. Aber auch bei Chromledern können die Bleichgerbstoffe eine aufhellende und egalisierende Wirkung zeigen. Dabei treten ihre organischen Säurereste als Liganden in den Chromkomplex. Der typische Chromledercharakter bleibt erhalten.

In vielen Fällen ist es nicht möglich, alle Anforderungen an eine Lederart mit einer einzigen Gerbung zu erfüllen. Deshalb werden mehrere Gerbarten auf dem gleichen Leder eingesetzt. Weil jedoch durch die verschiedenen Ladungen und Bindungsmechanismen der gleichzeitige Einsatz nicht möglich ist, werden die Gerbungen nacheinander durchgeführt. Dabei muss die erste Gerbung keineswegs nach Gerbstoffangebot und Intensität als Hauptgerbung gelten. Aber nach der gültigen Regel bestimmt der erste Gerbstoff den Ledercharakter am nachhaltigsten. Die danach eingesetzten Gerbungen werden als Nachgerbung in diesem System bezeichnet. Die Leder sind früher als „kombiniert gegerbte" Leder gehandelt worden. Inzwischen hat die größte Gruppe synthetischer Gerbstoffe als **Nachgerbstoffe** für chromgegerbte Leder so weite Anwendung gefunden, dass die nicht nachgegerbten Chromleder zur Rarität wurden. Mit den modernen synthetischen Nachgerbstoffen können aus einem pflanzlich gegerbten Leder oder einem bis wet-blue gearbeiteten Chromleder die verschiedensten Fertiglederarten vom formstabilen Schuhoberleder über Sport- und Täschnerleder bis hin zu weichen Nappa-Ledern für Möbel oder Autoausstattungen hergestellt und damit nahezu alle Kundenwünsche erfüllt werden. Wie bei den pflanzlichen Gerbstoffen werden auch bei den Nachgerbstoffen oft mehrere Typen miteinander eingesetzt, um besondere Wirkungen zu erzielen. Durch die einheitlichen und konstanten Eigenschaften der Syntane, wie synthetische Gerbstoffe auch genannt werden, helfen sie zur Sicherung der Sortiments- und Qualitätsanforderungen.

In diesen Bemühungen werden sie unterstützt von den **Hilfsgerbstoffen**. Das sind eigentlich keine Gerbstoffe, denn die gerbende Wirkung ist gering aufgrund der fehlenden gerbaktiven Gruppen. Ihre besonderen Wirkungen bestehen im Dispergieren und im Regulieren der Aciditätsverhältnisse. Somit verbessern sie die Diffusion von Nachgerbstoffen, Farb- und Fettstoffen. Weil sie häufig gemeinsam mit den Neutralisationsmitteln eingesetzt werden, haben einige auch die Bezeichnung „Neutralisationsgerbstoffe" erhalten. Der Übergang zu den Färbereihilfsmitteln ist fließend, der chemische Aufbau als Kondensationsprodukte der Naphtalinsulfonsäure ist oft gleich.

Die **Schrumpf- und Spezialgerbstoffe** sind Syntane, die besondere gerberische Effekte ermöglichen. Bei der Schrumpfgerbung spielt eine extrem starke Adstringenz bei niedrigem pH-Wert eine Rolle. Die synthetischen Schrumpfgerbstoffe haben gegenüber beispielsweise Mimosa und Sumach den Vorteil der hellen Lederfarbe mit besserer Lichtechtheit und der gleichmäßigen Ausbildung des Schrumpfkornes. Als Spezialgerbstoffe können die Polyphosphate und die Aldehyd-Gerbstoffe genannt werden. Die **Polyphosphate** haben im sauren Bereich bei pH 2,3 ihr Bindungsmaximum. Dieser pH-Wert kann ohne Zugabe von Salzen eingestellt werden, da die Polyphosphate die Säurequellung verhindern. Die resultierenden Leder sind flach, weshalb die Bedeutung der Polyphosphate als Dispergier-, Maskierungs- und Komplexiermittel größer ist als die zur Gerbung.

Die **Aldehydgerbstoffe** werden zu den Reaktivgerbstoffen gezählt, zu denen auch die Alkylsulfochloride (Fettgerbstoffe) und die mehrfunktionellen Isocyanate gehören. Die Bindung an die NH_2-Gruppen ist sehr fest. Die Reaktivgerbstoffe unterliegen in Herstellung und Anwendung besonderen gesetzlichen Regelungen. Für die Herstellung von Automobilledern und chromfreien Polsterledern über so genannte wet-white-Leder haben Glutardialdehyd und seine Derivate große Bedeutung, jedoch stets in Kombination mit anderen Gerbstoffen. Bei der Rauchgerbung der Frühzeit wurde die vernetzende Wirkung der Aldehyde im Rauch frischer Blätter und Hölzer genutzt. Im wet-green Verfahren sind es heute Aldehyde aus Olivenblättern. Dabei hat Glutardialdehyd mit seiner festen Bindung an die Amino-Gruppen in den Seitenketten des Lysins die gleichen Ledereigenschaften bewirkt, die ihn noch immer auszeichnen. Das sind gute Festigkeiten, Schweißbeständigkeit und eine gewisse Waschbarkeit. Die allein mit Aldehyden gegerbten Leder sind flach und fest. Die Kombinationen mit Fetten und anderen Gerbstoffen sind deshalb erforderlich.

Ebenfalls große Bedeutung haben innerhalb der synthetischen Spezialgerbstoffe die **Harzgerbstoffe**. Das sind keine Gerbstoffe im eigentlichen Sinn einer vernetzenden Wirkung. Es sind Kondensationsprodukte mit hohem Molekulargewicht und damit guter füllender Wirkung. Sie werden durch Ladungsänderung unlöslich, ohne echte Bindung an das Kollagen. Deshalb lagern sie sich in stärkerem Maße in den Faserzwischenräumen der abfälligen Teile der Haut ein und

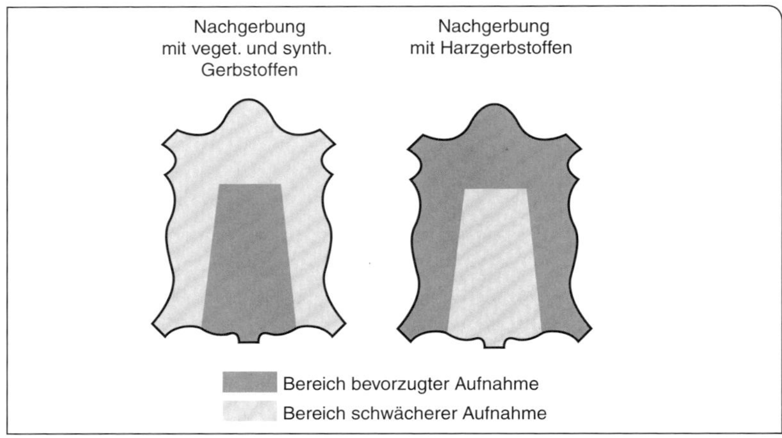

Abb. 43 Schema der selektiven Füllwirkung von Harz- und Vegetabilgerbstoffen.

füllen diese auf, das heißt, sie haben eine selektive Füllwirkung über die Fläche der Haut. Der von den Gerbstoffen bestimmte Ledercharakter bleibt erhalten. Die anionischen Harzgerbstoffe sind fester Bestandteil vieler Nachgerbsysteme für Chromleder, aber auch für pflanzlich gegerbte Leder. Die kationischen Harzgerbstoffe dienen mehr als Fixierungsmittel für Gerb- und Farbstoffe.

Die **Polymergerbstoffe** sind die jüngste Gruppe synthetischer Gerbstoffe. Auch hierbei handelt es sich vorwiegend um eingelagerte Stoffe ohne echte Gerbwirkung. Es sind feinteilige Dispersionen auf der Basis von Acrylsäure, Methacrylsäure, Polycarbonaten oder Polyurethan. Sie werden flüssig oder als Pulver angeboten und haben als Nachgerbstoffe ausgeprägte füllende und narbenverfestigende Eigenschaften. Mit Chromgerbstoffen gehen sie so feste Bindungen ein, dass sie, in der Gerbung eingesetzt, die Chromauszehrung deutlich verbessern. Die dispergierende Wirkung auf Farbstoffe und die gute Lichtechtheit sind für alle Bekleidungs- und Polsterleder von Vorteil. Kationische Einstellungen vertiefen und fixieren die anionischen Färbungen. Durch ihren Aufbau zeigen die Polymergerbstoffe keine Neigung, das Leder zu verhärten. Im Gegenteil, bei vielen Polymertypen kann sogar von einer weichmachenden Wirkung gesprochen werden, die einer Fettung entspricht. Als „Syntan nach Maß“ können die Polymergerbstoffe bezeichnet werden, die eine ausgeprägte hydrophobierende Wirkung mit narbenverfestigenden und weichmachenden Eigenschaften verbinden. Sie bilden bereits den Übergang von Nachgerbstoffen zu Fettungsmitteln, erlauben eine Reduzierung des Fettungsmittelangebotes und verhelfen so zu weichen Ledern mit geringerem Gewicht bei guten Festigkeiten und Echtheiten. Für geschliffene Leder und zugerichtete Spaltleder können die Polymergerbstoffe zu einem besonders feinen und gleichmäßigen Schliff führen, was man sonst mit einer tiefziehenden Imprägnierung im Rahmen der Zurichtung anstrebt. So fügen sich die vielseitigen Polymergerbstoffe in

5 Im Spannrahmen

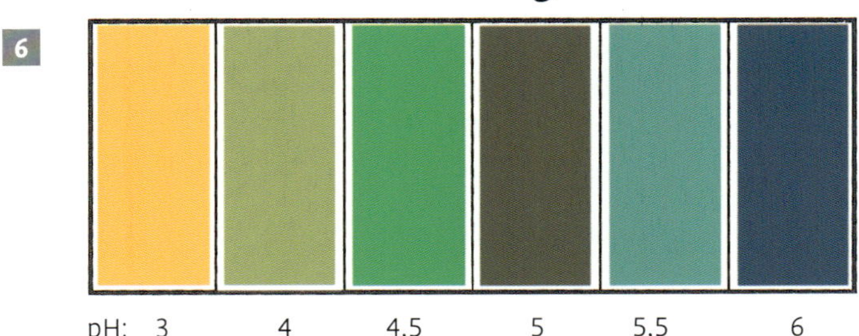

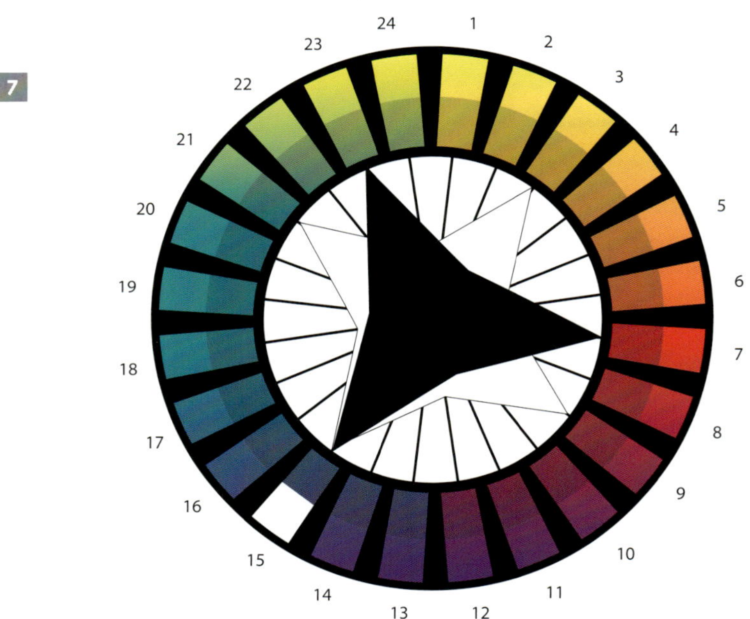

6 Bromgresolgrün als pH-Indikator

7 Farbmischkreis nach Ostwald

8 Beispiel für additive Farbmischung

9 Beispiel für subtraktive Farbmischung

die modernen Anforderungen an die Vorgerbstoffe, Gerbstoffe, Nachgerbstoffe und andere Hilfsmittel für das wet-end der Lederherstellung ein. Sie sind in ihrer Anwendung sicher, gut zu kontrollieren und belasten die Umwelt nicht mit problematischen Reststoffen.

3.2.7 Sämischgerbung

Eine technologische Sonderstellung nimmt die Sämischgerbung ein, die auch Trangerbung genannt wird. Als Gerbstoffe dienen **ungesättigte tierische Öle** von Fischen oder Robben. Diese Öle sind wasserabweisend, ja nicht einmal mit Wasser emulgierbar. Bei allen bisher genannten Gerbverfahren ist das Wasser das entscheidende Transportmittel. Bei der Sämischgerbung dagegen stört das Wasser in der Blöße das Eindringen des hydrophoben Gerbmittels. Es muss vor dem Einbringen des Tranes weit gehend entfernt werden, jedoch nicht so weit, dass die Faserstruktur zusammenfällt. Die Faserzwischenräume sollen sogar – verglichen mit den anderen Gerbarten – besonders weit sein und so das Eindringen erleichtern. Die Gerber haben diese Aufgabe dadurch gelöst, dass sie für die Sämischgerbung solche Felle ausgewählt haben, die in ihrer Faserstruktur besonders locker sind, dabei aber hohe Festigkeiten aufweisen. Das sind Felle von Reh, Gämse, Hirsch und nur für spezielle Leder von Schafen und Ziegen. Der Äscher mit Weißkalk wird weit über die zur Haarlockerung erforderliche Zeitspanne ausgedehnt und so das Hautgefüge weiter aufgeschlossen. Weil bei den Wildtieren die Hautoberfläche durch Wunden, Vernarbungen, Insekten- und Parasitenschäden stark geschädigt ist, wird sie mechanisch entfernt. So bekommt das Sämischleder seine typische samtartig raue Oberfläche. Eine intensive Beize mit Enzymen reinigt diese Oberfläche und schafft offene Faserzwischenräume. In der modernen Variante, der „Neu-Sämischgerbung“, werden diese Faserzwischenräume durch Aldehyde stabilisiert, was das Eindringen des Tranes wesentlich erleichtert. Bei der „Alt-Sämischgerbung“ werden die Blößen vorsichtig ausgedrückt um das anhaftende Wasser zu entfernen und dann wird ein Teil der erforderlichen Tranmenge in der Kurbelwalke oder Hammerwalke zugegeben und kräftig eingewalkt. Bei diesem intensiven Durchkneten verdrängt der Tran das Wasser aus den Faserzwischenräumen (Kapillarwasser) und später auch das gebundene Wasser (Strukturwasser) aus den Fibrillen. Zwischen den einzelnen Zugaben von Tran werden die Felle aus der Walke entnommen und zum Ablüften aufgehängt. So wird das Wasser allmählich durch Tran ersetzt, auch wenn die Diffusion nicht durch Ladungen, Teilchengröße oder osmotischen Druck gefördert wird, sondern nur durch das mechanische Einwalken. Dabei entsteht Wärme, die genau kontrolliert werden muss. Solange das Kollagen noch nicht gegerbt ist und noch Wasser enthält, darf die Temperatur von 40 °C nicht überschritten werden, sonst verleimt es und wird hart und brüchig. Das Einwalken von Tran ist beendet, wenn die Felle richtig voll gesogen sind und kein Wasser mehr abgeben. In einer Kammer aufgehängt werden die Felle nun auf 35–40 °C erwärmt und dabei erfolgt die eigentliche Gerbung, die **Brut**. Die Doppelbindungen in den ungesättigten Fettsäuren reagieren dabei miteinander und mit dem Kollagen über Peroxidbrücken und Aldehyde, wie zum Beispiel dem stechend riechenden Acrolein. Diese Bindungen sind so stabil, dass das fertige Leder als Fensterleder auch bei sehr häufigem Aufweichen in Wasser stets wieder flexibel auftrocknet und seine enorme Saugfähigkeit behält. Der oxidierte Tran wird dann mit einem Alkali, meist Soda, ausgewaschen und bildet dabei eine feinteilige anionische Emulsion, die zur Fettung pflanzlich gegerbter Leder sehr gut geeignet ist und als Degras bezeichnet wird. Bei diesem **Auswaschen** wird etwa 90 % der eingesetzten Tranmenge wieder aus dem Leder herausgelöst, und doch reicht die verbleibende geringe Menge für die Weichheit und Dehnbarkeit und die ausgezeichnete wärme- und kälteisolierende Wirkung dieser Leder, die als Trachten-Bekleidungsleder eine lange Tradition haben. Das ausgewaschene, getrocknete, weich gemachte und eventuell geschliffene Leder zeigt eine einheitliche gelbe Farbe. Diese typische Farbe soll auf der Rückseite und im Inneren selbst dann noch erhalten bleiben, wenn die Oberfläche grau, grün, braun oder schwarz gefärbt wird. Das ist eine Besonderheit dieser Lederart, die nur durch

Mineralgerbung Chrom, Aluminium, Zirkon …

Gerbmittel:	basische Salze von CrIII, Al, Zr, Ti, Fe
Gerbverfahren:	bewegt in Flotten bis 45 °C in Fässern Pickel–Gerbung–Abstumpfen–Fixieren
Ledereigenschaften:	Lichtecht, weiß-blaugrau, dehnbar, hitzebeständig

Pflanzliche Gerbung – Vegetabilgerbung

Gerbmittel:	Hölzer, Rinden, Früchte, Blätter; Lohe, Extrakt
Gerbverfahren:	ruhend in Gruben; Farbengang, Versenk, Versatz
Ledereigenschaften:	nicht lichtecht, braun, formstabil, nicht hitzebeständig

Synthetische Gerbung

Gerbmittel:	synth. Gerbstoffe mit definierten Eigenschaften
Gerbverfahren:	bewegt in Fässern, Flotte bis 45 °C häufig in Kombinationsgerbungen
Ledereigenschaften:	lichtecht, weiß-braun, formstabil z. T. hitzebeständig

Fettgerbung – Sämischgerbung

Gerbmittel:	Tran, gerbende Fettstoffe
Gerbverfahren:	stark bewegt n Fässern/Walken; ohne Flotte
Ledereigenschaften:	nicht lichtecht, gelb, sehr weich, saugfähig, schweißbeständig

Abb. 44 Gerbarten im Vergleich.

ganz besondere Färbetechniken erreicht werden kann. In den Verfahren der Neusämischgerbung werden die vernetzenden Aldehygerbstoffe so gezielt und kontrolliert eingesetzt, dass die Menge an Tran drastisch reduziert werden kann. Auch können die gerbend wirkenden Paraffinsulfochloride eingesetzt werden, wenn dabei die geltenden Umweltschutzgesetze beachtet werden. Sämischleder ist nicht zu vergleichen oder gar zu verwechseln mit „Fettgarleder", einem chrom- oder pflanzlich gegerbten Rindnarbenleder, das eine Ausrüstung mit großen Mengen (ca. 30 %) solcher Fette erhält, die erst erwärmt oder erhitzt werden müssen um flüssig zu werden. Nur so können sie in der Warmfettung oder beim Einbrennen in das Leder eindringen.

3.2.8 Wet-white

Es wurde bereits darauf hingewiesen, dass oftmals erst die Kombination verschiedener Gerbungen am gleichen Leder die Ledereigenschaften den Anforderungen anzupassen erlaubt. Die ständige Ausweitung der Anforderungen führt zu einer Weiterentwicklung von Kombinationen, an denen alle Arten von Gerbstoffen und Hilfsstoffen beteiligt werden. Eine solche Kombination hat sich unter dem Sammelbegriff „wet-white" eingeführt und gilt in Abgrenzung zu den chromgegerbten „wet-blue" als Verfahren zur Herstellung chromfreier Leder. Die pflanzlich, synthetisch oder mit Aluminiumgerstoffen gegerbten Leder sind auch „chromfrei". Die Leder auf der Grundlage von „wet-white" zielen in ihren Eigenschaften auf den Einsatz als **Spezial-Polsterleder** für Autos und Flugzeuge. Dabei handelt es sich nicht um weiße Leder. An der Entwicklungsgeschichte dieser Leder werden die Einflüsse auf Verfahren der Lederherstellung deutlich. Deshalb sei hier kurz darauf eingegangen.

Nach der Gerbung werden die Leder in ihrer Dicke gemäß den Kundenwünschen egalisiert. Dabei fallen Lederspäne und -stücke als Abfall an, der nach den gesetzlichen Regelungen entsorgt werden muss. Als diese gesetzlichen Regelungen den Abfall von chromgegerbten Ledern mit besonderen Auflagen und Abgaben belasteten, wurde erneut geprüft, ob man diese Dickenregulierung nicht schon vor der Gerbung befriedigend genau durchführen könnte. Dann wäre der ungegerbte Abfall leichter zu entsorgen.

Für die verfügbaren Maschinen war es erforderlich, die Blöße in ihrem Quellungsgrad dem gegerbten Leder anzunähern und so zu stabilisieren, dass die Transport- und Trennverfahren in den Maschinen reproduzierbar funktionieren. In umfangreichen Versuchen wurde die Stabilisierung der Blößen mit Mitteln geprüft, die keine Gerbstoffe im Sinne des Abfallrechtes sein durften. Silikate, Aldehyde und organische Kondensationsprodukte waren die Favoriten. Als sich Erfolge abzeichneten, änderte der Gesetzgeber seine Haltung. Sofort wurden die vertrauten Gerbstoffe in diese Stabilisierungssysteme wieder einbezogen, doch unter peinlicher Vermeidung von Chrom (chromfreie wet-white) und anderen Mineralgerbstoffen (metallsalzfreie wet-white). Aldehydgerbstoffe und synthetische Weißgerbstoffe ergaben ein Material, das sich wie Leder bearbeiten ließ. Es war ja auch bereits Leder und nicht mehr nur stabilisierte Blöße. Korrekt müsste man von vorgegerbtem Leder sprechen, aber der Begriff wet-white hat sich eingebürgert und wird sogar für zwischengetrocknete Leder dieser Art genutzt. Die gewonnenen Erkenntnisse gingen nicht verloren. Unter den Silikaten hatte man das früher häufig eingesetzte Wasserglas wieder entdeckt und mit anderer Zielsetzung als sehr interessantes Hilfsmittel in ganz verschiedenen Arbeitsgängen eingesetzt. Dabei ergaben sich Vorteile für den Verfahrensablauf, Vorteile für die Ledereigenschaften und erhebliche Vorteile für die Entsorgung der Abfälle. Welche dieser Vorteile hervorgehoben werden, hängt von der Lage am Ledermarkt und den gesetzlichen Vorgaben zur Abfallentsorgung ab. Unter dem Begriff „wet-white“ verstehen wir somit Leder, die durch Kombinationen ganz verschiedener Gerbarten hergestellt wurden, denn alle wet-white erhalten ja noch eine der Lederart angepasste Nachgerbung.

3.3 Spalten oder Falzen

In der Definition des Leders war bereits auf die chemische Behandlung und die mechanische Bearbeitung hingewiesen worden. Da alle Gerbungen in wässrigen Lösungen enden, sind die aus der Gerbung kommenden Leder nass und schlecht mechanisch bearbeitbar. Die Struktur der Haut führt trotz aller Vorarbeiten zu einer ungleichmäßigen Gerbstoffbindung und das Leder ist nach der Gerbung uneinheitlich in der Dicke. In den dicht strukturierten Teilen im Kern der Haut waren mehr Bindungsstellen, dort konnte sich mehr Gerbstoff binden, das Leder ist dicker. In den lockereren, weniger dicht strukturierten Teilen im Hals und in den Flanken sind an weniger Bindungsstellen auch weniger Gerbstoffe gebunden worden, das Leder ist dünner. Für die spätere Fertigstellung in der Zurichtung und insbesondere für die Verarbeitung des Leders ist eine **gleichmäßige Dicke** ganz wesentlich. Nun könnte man ja am Ende der Lederherstellung das fertige, trockene Leder mit hoher Genauigkeit auf einheitliche Dicke bearbeiten, doch sinken dabei durch das Zertrennen der Fasern die Festigkeitseigenschaften drastisch ab. In feuchtem Zustand sind die Fasern noch beweglich und versuchen, dem Schneidevorgang auszuweichen. Eingebunden in das dreidimensionale Geflecht strecken sie sich und entgehen zu einem größeren Teil der Durchtrennung, was sich an den erheblich höheren Festigkeitswerten erkennen lässt. Deshalb ist es üblich, nach der Gerbung das Leder durch Spalten oder Falzen auf einheitliche Dicke zu bringen. Damit durch die Restflotte oder wassergefüllte Faserzwischenräume nicht eine Dicke vorgetäuscht wird, die nach der Trocknung keinen Bestand mehr hat, werden die gegerbten Leder durch Abpressen des Kapillarwassers teilentwässert. Dazu werden Walzenmaschinen im Durchlauf bevorzugt, bei denen faltenfreier

Transport gewährleistet sein muss. Der Arbeitsgang wird „Abwelken" genannt, und macht damit deutlich, dass die so behandelten Leder trotz eines Wassergehaltes von 40-50 % entspannt und nicht mehr nass vorliegen. In diesem ausgebreiteten Zustand lassen sich die Leder sehr gut sortieren. Man versteht darunter das Erkennen von Fehlern und deren Zuordnung zur Gesamtfläche und Einstufen in das Sortiment des Fertigleders. Die **Sortierung** vor der auftragsbezogenen Dickenregulierung ermöglicht die beste Ausnutzung der eingearbeiteten Rohware und ist deshalb ein wichtiger Faktor für den wirtschaftlichen Erfolg einer Lederproduktion. Sie bedeutet aber auch, dass die Bearbeitungspartien neu zusammengestellt werden und dennoch die Rückverfolgbarkeit jeder Haut dabei gesichert bleiben soll.

Muss ein erheblicher Teil der Lederdicke entfernt werden, bietet sich das **Spalten** an, denn dabei entsteht ein zusammenhängendes und eventuell noch verwertbares Stück der Retikularschicht, der Spalt. Wird er weiterverarbeitet, ergibt er das Spaltleder. Der egalisierte, obere Teil der Leder wird als Narbenleder, selten als Narbenspalt bezeichnet. Als solche könnte er mit den „Skivers" genannten Schaf- und Ziegennarbenspalten verwechselt werden. Die modernen **Bandmesser-Spaltmaschinen** erlauben sehr genaue Einhaltung der eingestellten Lederdicken mit Toleranzen von wenigen 1/10 mm. Auch ganze Rindhäute können bei Arbeitsbreiten bis 3300 mm gespalten werden.

Sind die auszugleichenden Dickenunterschiede so gering, dass kein verwertbarer Spalt zu erwarten ist, dann wird der Ausgleich direkt auf der **Falzmaschine** vorgenommen. Diese spanabhebende Bearbeitung erlaubt eine noch genauere Einstellung der Lederdicke, liefert dafür aber nur noch kleine Falzspäne. Aus diesen Falzspänen kann **LEFA**, das Lederfasermaterial für viele Einsatzbereiche, hergestellt werden. Anderenfalls sind Falzspäne zu entsorgender Abfall.

Das Falzen bietet gegenüber dem Spalten den Vorteil von besseren Festigkeitseigenschaften der Leder, ist aber nicht so rationell im Durchlauf zu bewerkstelligen. Fast alle Leder werden gefalzt.

Dabei wird nicht immer genau auf die Dicke der Fertigleder gefalzt. Die weiteren Arbeitsgänge sind zu berücksichtigen, soweit sie die Lederdicke verändern. Das gilt für die Intensität der Nachgerbung und die Trocknungsmethode.

Ist die Dicke gemäß den Anforderungen der Kunden eingestellt und eine der Auftragsmenge entsprechende Partie im richtigen Sortiment zusammengestellt, wird diese gewogen. Das ermittelte **„Falzgewicht"** dient als **Berechnungsgrundlage** für alle weiteren chemischen Prozesse. Dort werden auch Mengen von weniger als 0,5 % hochwirksamer Hilfsmittel eingesetzt. Weil das Falzgewicht als Bezugsgröße weder den schwankenden Wassergehalt noch die mit der Lederdicke schwankende Fläche je Kilogramm Hautmaterial berücksichtigt, liegen hier die Ursachen für Ungenauigkeiten und Fehler. Die steigenden Anforderungen an die messbare Reproduzierbarkeit von Färbungen werden eine höhere Genauigkeit der Bezugsgröße erwirken.

Folgende Erfahrungswerte gelten für:

Hängetrocknung
Falzstärke 0,1 bis 0,2 mm dünner als Fertigdicke

Vakuumtrocknung mit Hängetrocknung
Falzstärke = Fertigdicke

Pastingverfahren
Falzstärke 0,2 mm dicker als Fertigdicke

Nass aufspannen (Spannrahmentrocknung)
Falzstärke 0,2 mm dicker als Fertigdicke.

Die **Dicke** verschiedener Lederarten beträgt bei

- Handschuhleder 0,5 bis 0,6 mm
- Bekleidungsnappa 0,6 bis 0,9 mm
- Möbelnappa 0,9 bis 1,2 mm
- Schuhnappa 1,0 bis 1,4 mm
- Rindoberleder – Softy 1,5 bis 2,4 mm
- Rindbox und Schleifbox 1,8 bis 2,3 mm
- schwere Sportoberleder und Waterproof 2,3 bis 2,8 mm

4 Wet-end, die Nassarbeiten nach der Gerbung

Die chemischen Arbeiten am gegerbten Leder sollen die für die jeweilige Lederart typischen Eigenschaften vermitteln. Da auch hier wie bei der Gerbung die erforderlichen Chemikalien in Wasser gelöst eingesetzt werden, können diese verschiedenen Nassarbeiten als ein Block von Arbeitsgängen verstanden werden, innerhalb dessen die Reihenfolge im Interesse besonderer Effekte verändert werden kann. Als Aufgabenbereiche lassen sich diese Arbeiten für die meisten Lederarten unterschiedlichster Gerbung ordnen:

1. Beseitigung ungebundener Stoffe,
2. Neutralisation oder Entsäuerung,
3. Färbung mit löslichen Farbstoffen,
4. Erhöhung von Dehnung, Weichheit und Hydrophobie durch Fettung,
5. Betonung besonderer Merkmale einer Lederart durch Nachgerbung,
6. Fixierung eingebrachter Stoffe.

4.1 Beseitigung ungebundener Stoffe

Die Notwendigkeit der Beseitigung ungebundener Stoffe wurde bereits angesprochen, doch ist dies ein so wichtiger Vorgang, dass er genau erklärt werden sollte. Alle Hilfsmittel werden in der Flotte, also in Wasser verteilt, eingesetzt. Sie füllen als Brühe die Zwischenräume in der Faserstruktur aus und transportieren so die notwendigen Chemikalien an die Stellen in der Haut, wo sie ihre Wirkung entfalten sollen. Diese Reaktionsstellen in der Haut sind aber sehr ungleichmäßig verteilt und man muss in der Regel einen Überschuss an Hilfsmitteln anbieten um sicher zu sein, alle Bindungsmöglichkeiten erreicht zu haben. Der ungebundene Anteil, ebenso im Leder wie in der Flotte verteilt, würde nachfolgende chemische Behandlungen stören und in vielen Fällen durch gegenseitige Ausfällung unterschiedlich geladener Stoffe unmöglich machen. Bei einer Trocknung der Leder würden die gelösten ungebundenen Stoffe mit dem Flüssigkeitsstrom zur Oberfläche wandern und dort als Salze zurückbleiben, wenn der Wasseranteil verdunstet. Die Anhäufung von Salzen mindert die Qualität des Leders und kann im Gebrauch als Salzrand oder durch Verfärbung stören. Bei Schuhen und Lederbekleidung ist die Farbwirkung insbesondere ungebundener Gerb- und Farbstoffe sehr lästig.

Zu den im Wasser verteilten Stoffen, die die weitere Bearbeitung stören, kommen häufig noch Falzspäne an der Lederoberfläche, die ebenfalls entfernt werden müssen. Dazu werden die nur gegerbten oder auch entwässerten und in der Dicke regulierten Leder gewaschen. Das früher übliche Spülen im Fass hat sich nicht so bewährt. Zum Waschen werden die Leder in einer bestimmten Wassermenge einer bestimmten Temperatur eine bestimmte Zeit lang bewegt und dann die Flotte abgelassen. Dieser Vorgang kann bei Bedarf wiederholt werden. Schwere, pflanzlich gegerbte Leder will man nicht so stark bewegen; deshalb hängt man sie einige Zeit in eine Grube mit Wasser.

4.2 Neutralisation oder Entsäuerung

Sind die ungebundenen Stoffe ausgewaschen, haben wir für das Einbringen weiterer Hilfsmittel wie Farbstoffe, Fettungsmittel oder Nachgerbstoffe gute Voraussetzungen geschaffen. Im Falle der Chromleder besteht jedoch ein besonderes Problem durch die Ladung dieser Leder. Die kationische Ladung der meisten mineralgegerbten Leder bewirkt, dass anionische Farb-, Fett- und Nachgerbstoffe sehr schnell und ungleichmäßig auf der Oberfläche der Leder gebunden werden, noch ehe sie in das Innere eindringen können. Im Interesse der Gleichmäßigkeit muss deshalb diese Ladung abgebaut und der pH-Wert dem IP angenähert werden. Der Gerber spricht hier von Neutralisation oder Entsäuerung der Chromleder und bringt damit zum Ausdruck, dass er den kationischen Ladungszustand des Leders vermindert oder sogar beseitigt. Dazu werden die Leder in angemessener Flottenlänge (100–200 % auf Falzgewicht) von 35-40 °C mit milden Alkalien, Salzen organischer Säuren oder speziellen synthetischen Neutralisationshilfsmitteln behandelt. Einsatzmenge und Einwirkungsdauer richten sich bereits nach der angestrebten Lederart und der Lederdicke. Das **Ende der Entsäuerung** wird durch eine **Farbreaktion** mit dem Indikator Bromkresolgrün im Lederquerschnitt geprüft, wobei sich die Farbe von gelb über grün nach blau verändert und so jeweils über die erreichte Tiefenwirkung und Intensität Auskunft gibt (→ Farbabbildung 6).

Bei dieser Entsäuerung entstehen wiederum Salze, weshalb sich ein Waschen nach der Entsäuerung empfiehlt.

4.3 Färbung

Nur in wenigen Fällen wird die Farbe für das fertige Leder akzeptiert, die es durch die Gerbung erhält. Die braune Farbe der pflanzlich gegerbten Leder wird durch die Werbung als „Naturfarbe" des Leders dargestellt, doch vermittelt jede Gerbung eine typische Farbe.

Sollen die Leder gefärbt werden, so kann sich diese Eigenfarbe der Leder durchaus erschwerend auswirken. Zur Färbung der ver-

pflanzliche Gerbung – braunes Leder
Alaun, synthetische Weißgerbung – weißes Leder
Chromgerbung – grau-blaues Leder
Sämischgerbung – gelbes Leder

schiedenen Leder müssen Kenntnisse in mindestens vier Bereichen vorliegen:

1. Kenntnisse über das zu färbende Leder,
2. Kenntnisse über die Anforderungen,
3. Kenntnisse über die Eigenschaften der Farbstoffe,
4. Kenntnisse über die Grundlagen der Optik.

4.3.1 Kenntnisse über das zu färbende Leder

Selbst in großen Produktionspartien ist jedes Leder als Einzelstück mit den Merkmalen und Eigenschaften der rohen Haut behaftet. Strukturunterschiede, Fehler und die Wirkungen der durchgeführten Bearbeitungsprozesse haben großen Einfluss auf die Färbbarkeit. Die wichtigste Kenntnis betrifft die **Ladung** des zu färbenden Leders. In einem anionisch (negativ) geladenen Leder finden anionische Farbstoffe kaum einen Bindungsplatz. Sie dringen tief ein, sie durchdrin-

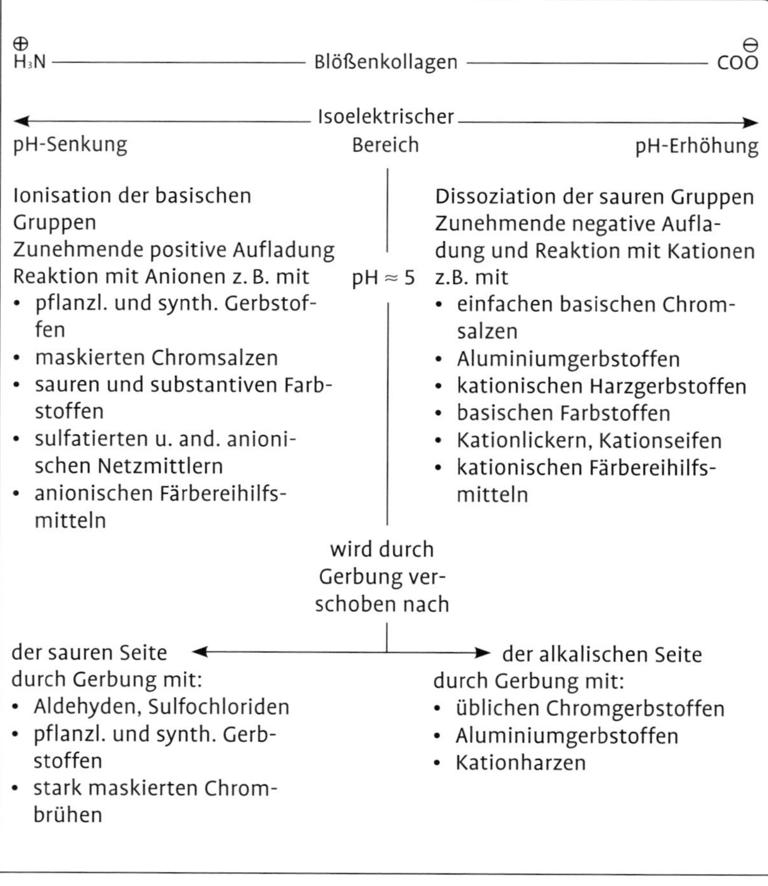

Abb. 45 Ladungsverhältnisse in der Lederfaser.

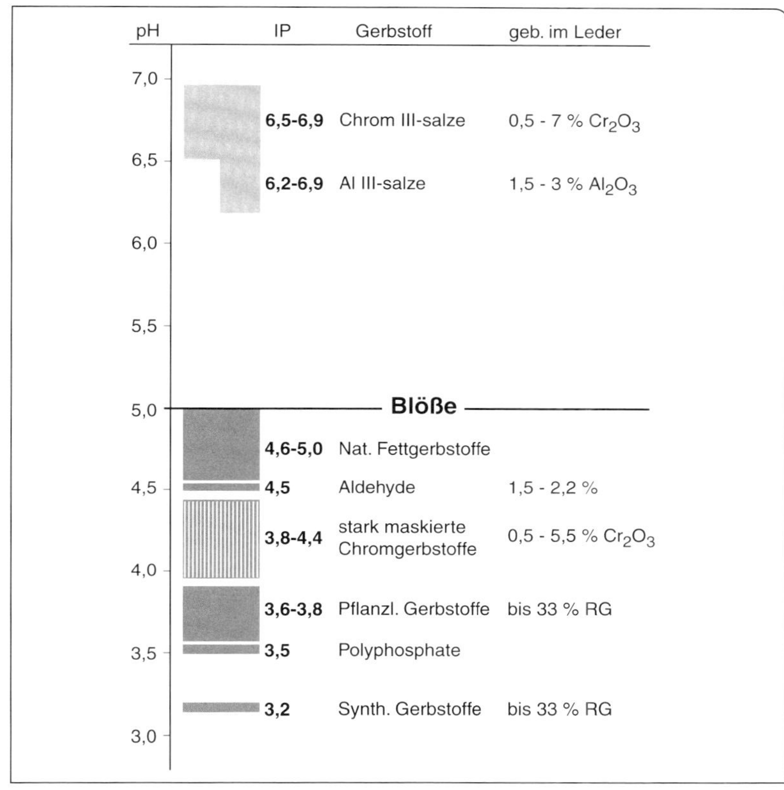

Abb. 46 Verschiebung des IP durch Gerbungen.

gen den ganzen Lederquerschnitt, aber sie werden nicht gebunden und können wieder ausgewaschen werden. In einem kationisch (positiv) geladenen Leder finden kationische Farbstoffe keine Bindung. Anionische Farbstoffe dagegen werden sofort und fest gebunden, hier fällt eine Durchfärbung schwer. Die Ladung kann durch Hilfsmittel beeinflusst werden, die sich an die reaktionsfreudigen Gruppen im Leder anlagern, diese gegen die Farbstoffe abschirmen und so deren Affinität vermindern. Der Farbstoff muss dann tiefer in die Faserstruktur eindringen um einen Bindungsplatz zu finden. Die Stärke der Ladung wird durch den „Isoelektrischen Punkt" gekennzeichnet. Das ist der pH-Wert in dem die Summe der anionischen und kationischen Ladungen ausgeglichen ist. Im **Isoelektrischen Punkt** besteht für jede Art von Farbstoffen die geringste Neigung zur Bindung. Nach dem IP bestimmt man den günstigsten pH-Bereich für die Diffusion, für die Durchfärbung oder für die rasche Bindung einer Oberflächenfärbung.

Eine schnelle Bindung führt zwar zu einer intensiven Färbung der Oberfläche, doch ist die Egalität in der Fläche und die Anfärbung von Lederfehlern und Vernarbungen oft ungenügend. Die **Verminderung**

Tab. 14 pH-Werte am Ende der Neutralisation für verschiedene Chromlederarten

Lederart	pH-Wert	Bemerkung zur Innenzone
Boxkalf klassisch	4,5–5,0	Innenzone pH 3,5–4,0
Kalboberleder Softy	5,5–6,0	durchgehend einheitlich
Schleifbox	4,33–4,8	Innenzone pH 4,3–4,5
Rindbox vollnarbig	4,3–5,0	durchgehend einheitlich
Rindbox Softy	4,2–6,0	durchgehend einheitlich
Rindbox weiß	4,4–4,8	Innenzone manchmal sauer
Sportbox, stark nachgegerbt	5,0–5,8	durchgehend einheitlich
Rindnappa (Schuhe)	4,3–6,0	einheitlich
Rindnappa (Bekleidung)	5,5–6,5	einheitlich
Rindnappa (Möbel)	4,5–6,5	einheitlich
Spaltvelour	6,0–6,5	
Ziegen-Oberleder	4,3–4,8	
Schaf-Nappa	4,22–5,2	
Schaf-Schuhvelour	4,8–5,3	
Schwein-Bekleidungsnappa	5,0–6,5	
Schwein-Schuhvelour	5,8–6,9	

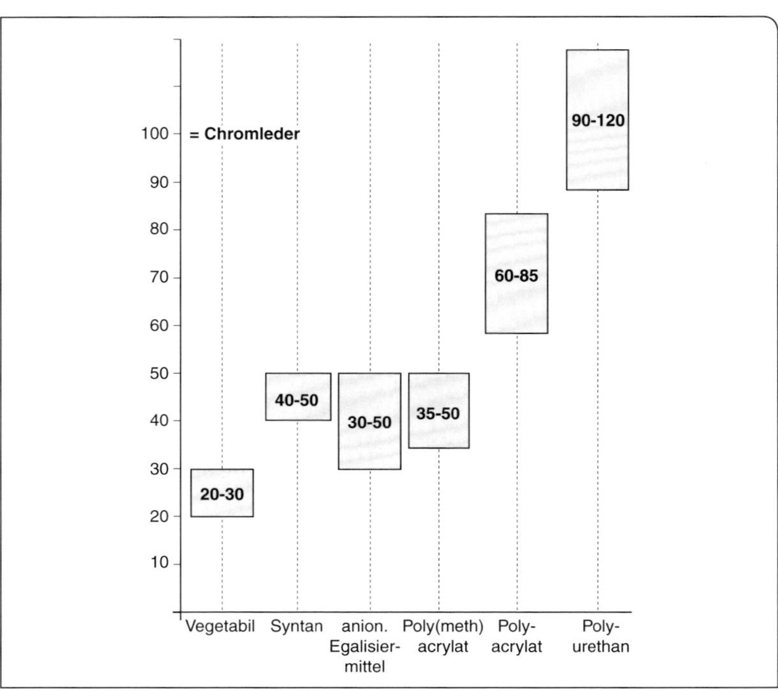

Abb. 47 Farbstärken verschiedener Nachgerbemittel.

der Affinität hilft und wird heute in vielen Variationen praktiziert. Sie führt immer zu einer geringeren Farbtiefe. Als Vergleich wird die Färbung eines reinen, frisch gegerbten Chromleders mit anionischen Farbstoffen herangezogen. Hier ist die Affinität des kationischen Leders zu dem anionischen Farbstoff besonders groß. Durch Neutralisation des Chromleders auf einen pH-Wert nahe dem Isoelektrischen Punkt, durch Nachgerbungen mit anionischen Gerbstoffen wie pflanzlichen oder synthetischen Gerbstoffen und auch durch eine „Zwischentrocknung" des Chromleders wird die Affinität deutlich vermindert. Das hilft zu egalen Färbungen. Auch die Lederfettungsmittel, die in der Gerbung oder vor der Färbung eingesetzt wurden, können mit ihrer dispergierenden Wirkung und ihrer Ladung das Ergebnis beeinflussen.

Der Färber muss deshalb sehr genaue Kenntnisse über das zu färbende Leder haben oder sie sich in Probefärbungen verschaffen.

4.3.2 Die Anforderungen an die Färbung

Es reicht nicht aus, dass das Leder eine neue Farbe erhält. Der spätere Verwendungszweck entscheidet über viele Eigenschaften, welche die Färbung erfüllen muss. Da ist festgelegt, welche Oberfläche entsprechend gefärbt werden soll. Zwischen der Narben- und der Fleischseite bestehen grundlegende Unterschiede in der Affinität und der optischen Wirkung der Farbstoffe. Wird die Fleischseite dunkler und intensiver angefärbt als die Narbenseite, so können anionische Nachgerbstoffe oder Färbereihilfsmittel die Narbenseite reserviert haben oder die Neutralisation führte zu pH-Unterschieden. Dann wirken puffernde Neutralisationsmittel ausgleichend. Eine optische Wirkung ist neben dem Farbton in der richtigen Farbintensität die **Egalität**. Dabei bedeutet dies eine gute Egalität

- innerhalb der Fläche einer Haut,
- von Haut zu Haut innerhalb einer Partie,
- von Partie zu Partie.

Für die Auswahl der Farbstoffe und des Färbeverfahrens muss man wissen, ob eine Oberflächenfärbung oder eine Durchfärbung erforderlich ist, ob eine Zurichtung noch farbliche Korrekturen zulässt oder ob der Farbton genau der Vorlage entsprechen muss. Das gilt für die Raulederarten. Auch die Verbesserung des Sortiments durch Anfärben von Narbenfehlern kann Aufgabe der Färbung sein und den Einsatz besonderer Hilfsmittel erfordern.

Wesentliche Eigenschaften der Lederfärbungen werden als **Echtheiten** bezeichnet und durch Prüfverfahren in Zahlenwerten beurteilt. Die Anforderungen an die Beständigkeit der Färbungen gegenüber Licht, Wärme, Feuchtigkeit, chemischen und mechanischen Einflüssen können von Lederart zu Lederart sehr unterschiedlich sein. Innerhalb einer gefärbten Partie erwartet man aber einheitliche

Werte. Die Kenntnis der Anforderungen muss ergänzt werden durch die Kenntnis der technischen Möglichkeiten, diese Anforderungen gezielt und reproduzierbar zu erfüllen.

4.3.3 Die Eigenschaften der Farbstoffe

Die wichtigste Eigenschaft der Farbstoffe ist der Farbton, den sie dem Leder vermitteln. Dabei gilt es, die Eigenfarbe des Leders zu berücksichtigen, die zu einer Farbverschiebung führen kann.

Für die Färbung von Leder werden wasserlösliche Farbstoffe bevorzugt, wenn in Flotten gefärbt werden soll. Für andere Verfahren können auch Farbstoffe eingesetzt werden, die in organischen Lösungsmitteln oder Alkohol löslich sind.

Bei den **wasserlöslichen Farbstoffen** sind viele Eigenschaften in der Ladung begründet.

Nur wenige Färbungen gelingen mit einem einzigen Farbstoff.

Es gibt die drei Gruppen:
- anionische Farbstoffe, auch saure Farbstoffe genannt
- amphotere Farbstoffe, z.B. Metallkomplexfarbstoffe
- kationische Farbstoffe, auch basische Farbstoffe genannt

Die Farbstoffe jeder Gruppe können untereinander gemischt werden. Bei Mischungen mit Farbstoffen einer anderen Gruppe sind Ausfällungen möglich.

Zu den anionischen Farbstoffen zählen auch die Farbholzextrakte, wovon nur das Blauholz für die Färbung von Sämischledern noch einige Bedeutung hat. Mit kationischen Metallsalzlösungen bilden die Farbholzextrakte – ähnlich den pflanzlichen Gerbstoffen – farbstarke Verlackungen mit verbesserten Eigenschaften.

Die Eigenschaften der Farbstoffe und die auf einem Standardsubstrat erreichbaren Echtheiten werden vom Hersteller ermittelt und in den **Farbkarten** mitgeteilt. Bei dem großen Einfluss des jeweiligen Leders auf das Ergebnis der Färbung sind diese Informationen nur eine Orientierung. Gleiche Färbungen lassen sich nur bei genauer Einhaltung aller variabler Faktoren erreichen. Deshalb ist eine sorgfältig dokumentierte Kontrolle des Färbevorganges wichtige Voraussetzung für die Nutzung aller positiven Farbstoffeigenschaften. Auch die Kenntnis der **negativen Farbstoffeigenschaften** ist wichtig. Dazu gehört bei einigen Farbstoffen eine pH-Empfindlichkeit, die bei verändertem pH-Wert einen veränderten Farbton bewirkt. Auch eine gewisse Gerb- oder Füllwirkung großmolekularer Farbstoffe, meist in dunklen Farbtönen, kann Ledereigenschaften verändern. Bei basischen Farbstoffen ist das Bronzieren bei höheren Konzentrationen eine negative Eigenschaft, weil damit auch andere Echtheiten wie die Reibechtheit verschlechtert werden.

Die wässrigen Farbstofflösungen können mit Wasser weiter auf die gewünschte Dosierungs- oder Anwendungskonzentration verdünnt werden. Dabei verhalten sich die Farbstoffe nicht einheitlich. Sie sind unterschiedlich empfindlich gegenüber den Härtebildnern im Wasser. Auch hier muss der Färber Kenntnisse über die **Härteempfindlichkeit der Farbstoffe** haben um geeignete Hilfsmittel auszuwählen. Für einen Säurefarbstoff kann die Zugabe eines Komplexbildners zur Wasserenthärtung geeignet sein. Für einen Metallkomplexfarbstoff kann der gleiche Komplexbildner eine Aufhellung oder gar Farbtonverschiebung bewirken, wäre also ungeeignet als Hilfsmittel gegen die Härtebildner im Wasser.

Die meisten Farbstoffe ziehen innerhalb von etwa 15 Minuten auf das Leder auf. In dieser Zeit ist die gleichmäßige Verteilung kaum zu bewerkstelligen, eine unegale Färbung wäre die Folge. Die Angaben und Darstellungen der **Aufziehgeschwindigkeit** helfen bei Auswahl und Einsatz diffusionsfördernder, die Bindung verzögernder Hilfsmittel und Verfahrensparameter. Die Farbstoffeigenschaften werden neben den rein technischen Gesichtspunkten auch auf ihre Übereinstimmung mit den gesetzlichen Vorgaben überprüft. Für den Lederfärber kann das zu Änderungen bei den verfügbaren Farbstoffen führen. Am Beispiel der großen Gruppe von Lederfarbstoffen, den Azofarbstoffen, soll dies aufgezeigt werden. Die **Azofarbstoffe**, zu denen auch die Metallkomplexfarbstoffe gehören, wurden mit gutem Erfolg auf fast allen Lederarten eingesetzt. Sie werden auch zum Färben von Textilien verwendet, und dort entdeckte man, dass einige dieser Azofarbstoffe unter ungünstigen Bedingungen hydrolytisch gespalten werden können und dabei Amine als Bruchstücke freigeben, die als kanzerogen eingestuft werden. Durch gesetzliche Regelung wurden diese Azofarbstoffe vom Markt genommen. Kurze Zeit später waren chromfreie Leder ein Verkaufsargument und die chromhaltigen Metallkomplexfarbstoffe aus den verbliebenen Azofarbstoffen sollten für diese Leder nicht mehr eingesetzt werden. Die Palette wurde kleiner. So sind es die vielfältigen Eigenschaften der verfügbaren Farbstoffe, die bei der Färbung von Leder genutzt werden müssen.

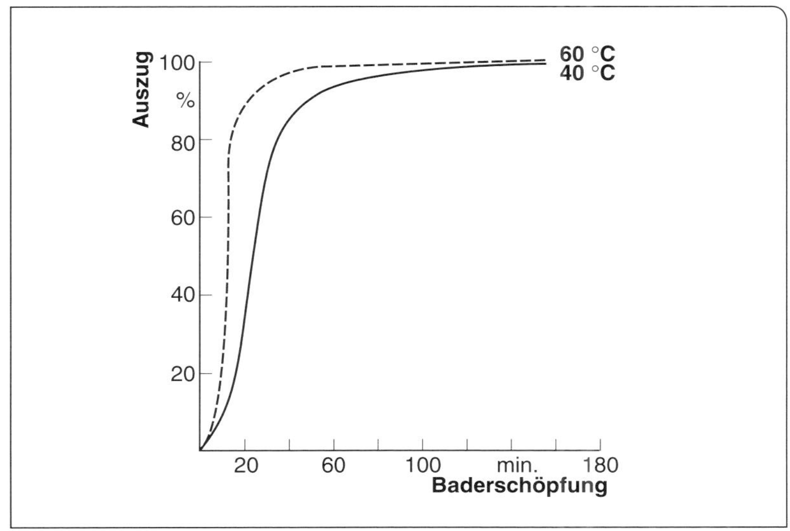

Abb. 48 Aufziehkurven von Farbstoffen.

4.3.4 Optische Grundregeln

Leder erhält seine Farbe durch das darauf fallende Licht. Das kann je nach Lichtquelle sehr verschieden sein. Ein im Sonnenlicht blau aussehendes Leder verschluckt aus dem Spektrum alle anderen Farben und reflektiert nur das Blau. Betrachtet man dieses Leder im rötlichen Abendlicht oder unter einer roten Lampe, so erscheint es dunkelgrau bis schwarz. Dem roten Licht fehlen die blauen Anteile, die von dem blauen Leder zurückgeworfen werden. Das Leder hat eine „schlechte Abendfarbe". Die Abhängigkeit von dem auffallenden Licht nennt man **Metamerie**. Zur Beurteilung einer Färbung muss man diese im rechten Licht betrachten, einem genormten Licht einer speziellen Lampe. Das Sonnenlicht erscheint uns weiß, weil sich die darin enthaltenen farbigen Anteile in **additiver Farbmischung** gegenseitig zu weiß ergänzen.

Ordnet man die Farben im Farbkreis oder Farbdreieck an, dann liegen sich Komplementärfarben gegenüber. Bei der **subtraktiven Farbmischung** überlagern sich Komplementärfarben zu schwarz (→ Farbabbildungen 7, 8 und 9).

Von den in das Leder eingebrachten Farbstoffen wird nur der Spektralbereich des auffallenden Lichts reflektiert, der dem Farbstoff entspricht. Färbt man ein Leder orange-gelb, dann reflektiert es nur noch diese farbigen Anteile. Überfärbt man es mit der richtigen Menge von schieferblauem Farbstoff, dann erhält man schwarzes Leder. Es kann praktisch nichts mehr reflektieren, denn der schieferblaue Farbstoff verschluckt gerade das Orange-Gelb der Grundfärbung und sein Schieferblau wurde von der Grundfärbung schon absorbiert. So können sich Komplementärfarben auch zu schwarz ergänzen, wenn sie sich in subtraktiver Farbmischung gegenseitig die Möglichkeit zur Reflexion nehmen = subtrahieren. Deshalb spricht man hier von der subtraktiven Farbmischung. Für die Färbung dunkler Farbtöne muss man diese Gesetzmäßigkeiten beachten.

Es gibt praktisch keine Lederfarbstoffe, die in ihrer Reinheit den Spektralfarben des Sonnenlichtes entsprechen. Sie bringen alle etwas Trübung, einen Grauanteil, mit. Für leuchtende Farben soll deshalb das Leder durch eine dunkle Eigenfarbe nicht zusätzlich für Trübung sorgen. Weiße oder gelbliche Leder sind hier im Vorteil. Es gibt keinen weißen Farbstoff, mit dem man wie bei den Pigmenten der Helligkeit und Brillanz nachhelfen könnte. Gut durchfärbende Farbstoffe wirken oft etwas stumpf und leer auf der Lederoberfläche. Hier wird durch eine zweite Färbung mit den gleichen oder mit affineren Farbstoffen die farbige Wirkung auf der Oberfläche verstärkt. Man spricht dann von einer **Sandwich-Färbung** oder einer **Topfärbung**. Die höhere Konzentration von Farbstoffen auf der Oberfläche bringt zusätzlich eine höhere Lichtechtheit. Deshalb werden die meisten Leder, die nicht zugerichtet werden, mit einer Topfärbung versehen. Diese Topfärbung muss sich nicht direkt an die Durchfärbung anschließen.

Es ist sogar von Vorteil, erst die Fettung und Nachgerbung auf das gefärbte Leder einwirken zu lassen und dann mit der Topfärbung den Farbton endgültig festzulegen. Mit ihren anionischen Ladungen und der dispergierenden Wirkung können Fettungsmittel und Nachgerbstoffe die Lederfarbe verändern. Dabei kann die Farbe intensiver und dunkler werden durch den „Fettfleck-Effekt" oder sie kann heller werden durch tieferes Einziehen der Farbstoffe ins Lederinnere. Die **Fettung** wird unter ähnlichen Bedingungen durchgeführt wie die Färbung und die Nachgerbung. So können diese Arbeitsschritte in der gleichen Flotte bei gleicher Temperatur und im gleichen pH-Bereich ablaufen. Eine feste Reihenfolge gibt es nicht. Sie richtet sich nach der gewünschten Wirkung und unterliegt der für alle chemischen Prozesse gültigen Regel:

„Das Hilfsmittel, das vor anderen auf das Leder einwirkt, hat die nachhaltigste Wirkung auf die Ledereigenschaften".

Ist die Farbe eine wichtige Eigenschaft, wird zuerst gefärbt, dann nachgegerbt und gefettet. Ist die Weichheit wichtigste Eigenschaft, wird zuerst gefettet, dann gefärbt und nachgegerbt. Sind Fülle und Formbeständigkeit wichtigste Eigenschaften, wird zuerst nachgegerbt, dann gefärbt und gefettet.

In der Fülle der Variationen liegen die Möglichkeiten, dem Kunden ein Leder nach Maß zu färben, das seinen besonderen Anforderungen angepasst ist.

Die Färbung in der Flotte ist die übliche **Färbetechnik**. Für eine gleichmäßige Verteilung der Farbstoffe sorgt die Bewegung. Deshalb laufen Färbefässer mit höheren Drehzahlen als die Fässer für Äscher oder Gerbung. Über die Temperatur können Diffusion und Bindung beeinflusst werden. Erhöhte Temperatur in der Flotte führt zu intensiverer Bindung. Möglichkeiten zum Aufheizen der Flotte sind in modernen Färbefässern gegeben. Soll crust vor der Zurichtung gefärbt werden, kann ein Durchlauf-Färbeverfahren zum Einsatz kommen. Dabei werden die Farbstoffe in einer Flotte gelöst, die zu einem erheblichen Anteil aus Alkohol besteht. So wird ein Benetzen und Eindringen in der extrem kurzen Zeit ermöglicht, in der das Leder durch die Flotte gezogen wird. Für einseitige Färbungen können die Farbstoffe aufgespritzt, gebürstet, geplüscht, durch Gießen oder Drucken aufgebracht werden. Hierbei spielt die Auswahl der Farbstoffe und ihre Anwendungskonzentration eine entscheidende Rolle für die Echtheiten der Färbung. Eine ergänzende Färbetechnik für Rauleder ist die Zugabe geringer Farbstoffmengen als Lüster zum Millen bei gleichzeitiger Zufuhr von Dampf ins Millfass.

Weichmachen einer größeren Anzahl von Ledern durch Walken in einem rotierenden Fass ohne Wasser (Flotte); siehe auch Kap. 7.

4.4 Fettung

Die Weichheit der Haut ist am lebenden Tier durch einen hohen Wassergehalt bedingt. Nach der Lederherstellung soll aber ein trockenes Material an den Verarbeiter weitergegeben werden. Mit dem Verlust des natürlichen Wassergehaltes bei der Trocknung ginge die Weichheit stark zurück. Die Fasern würden bei Bewegung aneinander reiben und scheuern, das Leder wäre hart.

In der Fettung versucht der Gerber die weichmachende und schmierende Wirkung des Wassers mit solchen Hilfsmitteln zu erhalten, die auch nach der Trocknung das leichte Gleiten der Fasern gewährleitsten. Das können bekanntlich die Fette. Die tierischen oder pflanzlichen Fette können in ihrer natürlichen Form als Öle oder Fette eingesetzt werden, oder sie werden zuvor chemisch so verändert, dass sie mit Wasser zu Emulsionen gemischt werden können. Dann spricht man von **Fettungsmitteln** und **„Lickern"** und bezieht all die vielen synthetisch hergestellten Fettungsmittel mit ein. Je nach Art und Einsatzmenge des Fettungsmittels entsteht ein dünner Fettfilm auf der Faseroberfläche, der die weichmachende Funktion übernimmt. Die kann sehr verschieden sein. Der Gerber spricht von oberflächenfettenden und tief ziehenden Fetten, von trockenen und schmalzigen Fettungseffekten.

Nicht alle der ursprünglich flüssigen (Öle), salbenartigen (Wollfett) oder festen (Paraffin) Fette werden als „Licker" in das Leder eingebracht, doch ist dies für die meisten Lederarten das einfachste Verfahren. Wird keine Emulsion gebildet, spielt die Temperatur bei der Anwendung die entscheidende Rolle. Zur **Warmfettung** werden Öle, salbenartige und anteilig auch feste Fette verwendet, deren Schmelzpunkt bei 60 °C liegt. Das aufgeschmolzene Gemisch wird im Warmluftfass ohne Flotte in die abgewelkten Leder eingewalkt. Die Warmfettung führt zu geschmeidigen Gürtel-, Täschner- und Oberledern.

Liegt der Schmelzpunkt der Fette und Wachse über der Schrumpfungstemperatur der Leder, werden diese gut ausgetrocknet in die heiße Fettschmelze getaucht, bis keine Luftbläschen mehr aufsteigen. Dann ist das Leder vollgesogen mit Fett und wird bei 60 bis 80 °C getrocknet. Dies Fettungsverfahren nennt man **Einbrennen**. Es wird für Riemen- und Geschirrleder eingesetzt und für die „Fettgarleder".

Wie bei den Gerbstoffen und Farbstoffen finden sich bei den Fettungsmitteln nur selten alle gewünschten Wirkungen in einem Produkt vereint. Deshalb werden ausgewählte Fettungsmittel miteinander gemischt, bevor sie durch langsame Zugabe von heißem Wasser unter ständigem Umrühren die gebrauchsfertige Lickermischung ergeben.

Einige natürliche Fette wie der Fischtran haben ganz ausgezeichnete weichmachende Eigenschaften und verbessern sogar die Reißfestigkeit. Sie haben aber auch Nachteile in einer sehr geringen Lichtechtheit und einem starken Geruch. Die Auswahl der Fettungsmittel setzt die Kenntnis aller ihrer Eigenschaften und der Anforderungen an die jeweilige Lederart voraus. Ein „stinkendes" Leder mag noch so gut sein, es wird keine Freunde finden.

Sollen ganz besonders weiche Leder hergestellt werden, so besteht bei Einsatz großer Fettungsmittelmengen (bis zu 18 % Reinfett auf Falzgewicht) das Risiko einer verschmierten Oberfläche. Dagegen hilft, die Fettungsmittelmenge in mehreren Raten zu geben, als Vorfettung vor der Färbung, als Zwischenfettung nach der Färbung und als Topfettung vor der Fixierung am Ende der Nassarbeiten.

Die natürlichen Fette sind, von Milchfett, Eieröl und den Fettanteilen des Gehirns abgesehen, nicht mit Wasser mischbar, denn sie sind wasserabweisend. Sie sind „hydrophob". Diese hydrophobe Wirkung wird bei vielen Lederarten gewünscht. Die als Licker einsetzbaren Fettungsmittel haben ihre hydrophoben Eigenschaften verloren. Die unbehandelten Fette lassen sich nur schwer handhaben und deshalb hat man neben den Fettungsmitteln eine große Gruppe **synthetischer Hydrophobierungsmittel** entwickelt. Sie haben auch weichmachende Eigenschaften und können somit die Lickerfettung teilweise oder ganz ersetzen.

Es sind großmolekulare Fettstoffe oder Polymere, die in der „geschlossenen hydrophilen Hydrophobierung" etwas Wasser aufnehmen, quellen und so die Kapillaren verstopfen. Die Leder werden voll im Griff und schwer, wie es die klassischen Waterproof-Leder waren. Oder es sind die tensidartigen Hydrophobierungsmittel auf Silikon- oder Fluorcarbonharz-Basis, die sich als kleine Moleküle so an der Oberfläche anordnen, dass kein Wassertropfen eindringen kann. Diese „offene hydrophobe Hydrophobierung" ist für Rauleder und leichte Leder wie Bekleidungs- und Handschuhleder geeignet. Der geeignete Zeitpunkt zum Einsatz dieser Produkte ist am Ende aller Nassarbeiten, zweckmäßig in neuer Flotte, um Beeinträchtigungen durch Salze oder hydrophile Reste von Hilfsmitteln, Farb-, Fettungs- oder Nachgerbstoffen zu vermeiden. Eine Oberflächenhydrophobierung ist auch noch am fertigen Leder durch Aufspritzen solcher Mittel möglich, doch spricht man dann von einer „Ausrüstung" und muss besondere Regeln beachten.

4.5 Nachgerbung

So wie die Gerbung nicht ausreicht, die farblichen Wünsche zu erfüllen, so reicht die Gerbung auch nur selten aus, all die äußeren und inneren Merkmale einer ganz bestimmten Lederart zu vermitteln. Die Farbstoffe und die Fettungsmittel leisten schon einen erheblichen Teil, doch bleiben einige typische Forderungen offen, die durch eine Nachgerbung erfüllt werden müssen. Dabei können für die Nachgerbung die gleichen Gerbstoffe eingesetzt werden, die auch zur eigentlichen Gerbung dienten. Aber sie werden ergänzt durch eine große Menge spezieller synthetischer Nachgerbstoffe mit besonderen Einzeleigenschaften.

Die besonderen Merkmale der Lederarten ergeben die Anforderungen an die Nachgerbstoffe, mit denen sehr unterschiedliche Ledereigenschaften verbessert oder gesteuert werden sollen.

Alle diese Aufgaben könnten nur durch ein Wunderprodukt auf

Nachgerbungen
Durch Nachgerbungen sollen die Ledereigenschaften je nach Lederart besonders gefördert werden:

- Weichheit
- Fülle
- Färbbarkeit, Farbe
- Narbenfeinheit
- Festnarbigkeit
- Zurichtbarkeit
- Verarbeitungsbezogene Eigenschaften (z. B. Formhaltevermögen)
- Gebrauchsbezogene Eigenschaften (z. B. Schweißechtheit)

Abb. 49 Aufgaben der Nachgerbungen.

einmal erfüllt werden, denn sie widersprechen sich gelegentlich. Für ein schwarzes Leder ist keine aufhellende Nachgerbung gewünscht. Deshalb wird man in der Praxis für jede Lederart die wichtigsten Anforderungen auswählen und bemüht sein, diese zu erfüllen ohne dabei andere wichtige Eigenschaften zu verschlechtern.

Für die optimale Wirkung jedes Nachgerbstoffes müssen auch die optimalen Bedingungen geschaffen werden. Das sind

- Konzentration,
- Ladung,
- pH-Wert,
- Temperatur,
- Zeitpunkt des Einsatzes und
- Laufzeit.

Mineralische Nachgerbstoffe wie zum Beispiel Chrom, Aluminium, Zirkon sind Kationen und müssen im kationischen Bereich eingesetzt werden, also bei Chromledern direkt auf das saure wet-blue noch vor der Neutralisation.

Pflanzliche und synthetische Nachgerbstoffe sind meist Anionen und werden nach der Neutralisation von wet-blue oder einer pH-Einstellung bei wet-white eingesetzt. Dort finden wir sie in einem Arbeitsblock mit der Färbung und Fettung.

Fettungsmittelartige Nachgerbstoffe und Polymergerbstoffe werden meist mit der Fettung nach der Färbung eingesetzt.

Aldehyde, besonders Glutardialdehyd und seine Modifikationen sollen bei niedrigem pH-Wert eingesetzt werden, also vor einer Neutralisation.

Harzgerbstoffe werden meist nach der Färbung eingesetzt, weil sie dann die Bindung der Farbstoffe nicht beeinträchtigen, aber zu einer besseren Badauszehrung beitragen.

Tab. 15 Wirkung der Nachgerbungen auf Chromleder = wet-blue

Chrom	Al. Zr.	Aldehyd	Harz/Polymer	Synthan	Pflanzlich
Weichheit Dehnbarkeit	Stand Färbung Schliff	Weichheit Waschbarkeit Fülle	Fülle Schliff	Fülle Formstabilität Färbung	Fülle Formstabilität Stand, Schliff
grau-grün	hell-weiß			weiß-braun	braun
Bekleidungsleder Möbelleder	Oberleder Feinleder, Rauleder	Bekleidungsleder Möbelleder ASA-Leder	Oberledeer Bekleidungsleder Rauleder	Oberleder Bekleidungsleder Möbelleder Feinleder	Oberleder Feinleder Möbelleder Täschnerleder
Nappa Softy	weiße Box Nubuk Velour	Nappa Softy Futterleder	Rindbox Nappa Softy	Rindbox Chevreaux Nappa Semichrom	Schleifbox Vachetten Waterproof Semichrom

Tab. 16 Wirkung der Nachgerbungen auf pflanzlich gegerbte Leder

pflanzlich	Synthan	Harz/Polymer	Aldehyd	Al Zr.	Chrom
Fülle Gewicht Stand	Fülle Farbe Narbenfeinheit	Fülle Egalität	Schweißbest Dehnbarkeit Färbbarkeit	Lichtechtheit Schweißbest Hitzebeständigkeit	Elastizität Schweißbest Färbbarkeit
braun	braun-weiß		gelb-braun	hell	braun-grau
Sohlleder Feinleder Buchbinder-leder	Fahlleder Feinleder Rahmenleder	Feinleder Techn. Leder Futterleder	Sportleder Techn. Leder Orthopädie-leder	Sportleder Oberleder ASA-Leder	Oberleder Futterleder Brandsohlleder Bekleidungsleder
Vacheleder Saffian	Vachetten Ecrasé		Vachetten		Semichrom

Berücksichtigt man noch die Wechselwirkungen mit den verschiedenen Fettungsmitteln und Farbstoffen, ergeben sich für die Nachgerbung unzählige Möglichkeiten, die gewünschte Wirkung zu erreichen. Als Orientierungshilfe sollen hier die geeigneten Nachgerbstoffe den Aufgaben aus Abbildung 49, Seite 113 zugeordnet werden.

Die **Weichheit** eines Leders wird durch die meisten Nachgerbungen verschlechtert, wenn es sich um echte Gerbstoffe handelt. Jede Vernetzung der Faserstruktur versteift das Leder. Deshalb werden zum Erhalt der Weichheit solche Nachgerbstoffe gewählt, die fettähnliche Struktur, keine oder kaum gerbende Wirkung, aber verteilende, ausgleichende Eigenschaften haben. Dazu gehören Fettgerbstoffe, Glutardialdehyd, Polymergerbstoffe und kleinteilige Syntane.

Die **Färbbarkeit** wird verbessert durch Minaralgerbstoffe, ganz besonders durch Aluminiumgerbstoffe. Auch synthetische Gerbstoffe können die Färbung egalisieren, aufhellen oder vertiefen. Hier sind die kationischen Polymere auf PU-Basis zu nennen. Pflanzliche Nachgerbstoffe verbessern die Färbbarkeit nicht.

Die **Fülle** ist eine gefühlsmäßig beurteilte Ledereigenschaft und nicht gleichbedeutend mit der Dicke. Dennoch versucht man diese Eigenschaft durch die Einlagerung großteiliger Nachgerbstoffe zu verbessern. Dafür eignen sich pflanzliche, synthetische und ganz besonders die Harzgerbstoffe. Weil sich manche füllenden Nachgerbstoffe nicht fest genug an das Hautmaterial binden, ist der Auswaschverlust zu prüfen. Er kann bei Schuhoberledern und Futterleder für Verfärbungen an hellen Strümpfen verantwortlich sein.

Die **Narbenfeinheit** und die **Festnarbigkeit** sind Merkmale der Eleganz des Leders. Sie werden in der Nachgerbung durch Chrom, Chrom-Syntane und synthetische, insbesondere Polymergerbstoffe, verbessert. Für feine Handschuhleder wurde früher der kleinteilige, wenig adstringente pflanzliche Gerbstoff Gambir eingesetzt. An seiner Stelle steht heute der pflanzliche Gerbstoff Tara mit ähnlichen Eigenschaften.

Für Anilinleder mit guter **Lichtechtheit** dürfen nur solche Nachgerbstoffe eingesetzt werden, die gut lichtecht sind. Aluminium-, Chrom-, Polymer- und ausgewählte synthetische Gerbstoffe haben sich hier bewährt.
Soll das Leder heller sein als die Farbe der Hauptgerbung, dann muss die Nachgerbung **aufhellend und bleichend** wirken. Chromleder können dabei zu weißen Ledern werden. Pflanzlich gegerbte Leder behalten einen bräunlichen Farbton, auch wenn sie mit synthetischen Bleich- oder Weißgerbstoffen nachgegerbt werden.

Die Verbesserung der **Zurichtbarkeit** durch die Nachgerbung ist ein weit gefasster Begriff. Soll die Saugfähigkeit verbessert werden, eignen sich pflanzliche und synthetische Nachgerbstoffe. Soll die Schleifbarkeit verbessert werden, wird man Aluminium-, Zirkon- oder Harzgerbstoffe wählen. Die Prägbarkeit wir durch pflanzliche und synthetische Nachgerbungen verbessert, durch Chromnachgerbung verschlechtert. Das gilt auch für die Wasserabgabe bei der Trocknung.

Als **verarbeitungs- und gebrauchsbezogene Eigenschaft** bezeichnet man zum Beispiel das Formhaltevermögen von Schuhoberledern, die Verklebbarkeit von Waterproof und Autopolsterledern, das Gewicht von Bekleidungsledern, deren tragehygienischen Eigenschaften und die Möglichkeit zu Reinigung und Pflege der Leder. Je nach Lederart werden dafür ganz unterschiedliche Nachgerbungen erforderlich. Wichtig ist deren gute Bindung und Fixierung.

Die Abstimmung der Einzelschritte in den wet-end-Arbeiten ist aufwändig und verlangt viele Einzelprodukte, die gelagert, dosiert und kontrolliert werden müssen. Für einige Lederarten hat man **Kompaktverfahren** entwickelt; dabei müssen einer Fertigmischung von Neutralisations-, Nachgerbungs-, Fettungs- und Füllmitteln nur noch die richtigen Farbstoffe zugesetzt werden. Damit will man Zeit und Kosten sparen. Bei Bearbeitung großer Mengen gleichartiger Rohware zum gleichen Fertigleder kann dies gelingen.

Wird die Nachgerbung richtig ausgewählt und im Ablauf der Arbeitsgänge zwischen Gerbung und Trocknung an der richtigen Stelle durchgeführt, dann ermöglicht sie dem Gerber, ein Leder ganz nach den Vorstellungen des Kunden herzustellen. Dabei kann er Unterschiede innerhalb einer Haut und von Haut zu Haut innerhalb einer Partie vermindern und zu einer größeren Gleichmäßigkeit der produzierten Leder kommen. Deshalb werden fast alle Leder nachgegerbt.

4.6 Fixierung

Sind Farbstoffe, Fettungsmittel und Nachgerbstoffe in der richtigen Menge zum richtigen Zeitpunkt an den richtigen Platz im Fasergefüge des Leders gelangt, sollen sie sich dort binden und somit dauerhaft wirksam bleiben. Die chemische Struktur sichert diesen Vorgang nicht immer im gewünschten Umfang, selbst wenn durch Zugabe von Ameisensäure der pH-Wert auf etwa 3,5 gesenkt wird. Damit liegt er für Chromleder ganz deutlich unter dem Isoelektrischen Punkt, für pflanzlich-synthetisch gegerbte oder stark nachgegerbte Leder jedoch nicht tief genug um die Hilfsmittel fest genug zu binden. Mehr Säure sollte jedoch nicht eingesetzt werden um die Festigkeitseigenschaften nicht zu verschlechtern und um Schäden durch freie Säure zu verhindern. Hier helfen **kationische Fixierungsmittel**, die meistens zu einer Vergrößerung der Moleküle und Hilfsmittelteilchen führen. Diese großen Verbindungen lassen sich dann nicht mehr so einfach auswaschen und wandern bei der Trocknung auch nicht mehr zur Lederoberfläche. Damit nur die in das Leder eingedrungenen Stoffe fixiert werden und nicht auch solche in der Restflotte, wird nach dem Absäuern in der Regel gewaschen oder mindestens die Flotte gewechselt. Das Entfernen der überschüssigen oder ungebundenen Hilfsmittel ist ein ganz wichtiger Arbeitsschritt am Ende der chemischen Verfahren. Nur die gebundenen und fixierten Anteile gewährleisten die erreichten Ledereigenschaften.

Bei allen bisher beschriebenen Arbeiten diente Wasser als Transportmedium für gelöste Stoffe in das Innere des Leders. Jetzt ist alles drin und das Wasser kann entfernt werden, damit das trockene Leder dann weiter bearbeitet werden kann. Der Übergang von den chemischen Arbeitsgängen in Flotten zu den mechanischen Arbeitsgängen der Oberflächenbearbeitung in der Zurichtung besteht aus mehreren Arbeitsschritten und wird nur sehr ungenau als „Trocknung“ und „Vorzurichtung“ bezeichnet.

5 Vorbereitung zur Zurichtung

Der als Trocknung und Vorzurichtung genannte Bereich der Lederherstellung umfasst die Spanne zwischen dem letzten Waschvorgang im Nassbereich und der Zurichtung. Das Waschen sollte entstandene Salze und überschüssige Chemikalien entfernen. Die Zurichtung ist die Behandlung des trockenen Leders mit Hilfsmitteln von der Oberfläche her. Wir haben es hierbei mit drei Blöcken von Arbeiten zu tun:
1. Behandlung der nassen Leder,
2. Trocknung,
3. Behandlung der trockenen Leder.

5.1 Behandlung der nassen Leder

Die gewaschenen Leder liegen in völliger Unordnung in dem Gefäß, in dem die letzten chemischen Arbeiten durchgeführt wurden. Die Leder sind nass, oft liegen oder schwimmen sie in der letzten Waschflotte. Alle mechanischen Arbeiten, und darin unterscheiden sie sich ganz wesentlich von den chemischen, stellen die Behandlung jeweils eines einzelnen Stückes dar. Aus der Unordnung während der chemischen Prozesse muss eine Ordnung für die mechanischen Arbeiten geschaffen werden. Diese einfache Forderung liegt der Gewohnheit zugrunde, die Leder rasch aus dem Gefäß zu entleeren und dann geordnet auf ein Transportmittel wie Böcke, Paletten oder Wagen zu bringen. Dieses „Aufschlagen" oder „Aufbocken" ist ein rein mechanischer Arbeitsgang, der aber großen Einfluss auf chemische Reaktionen hat, die noch ablaufen, solange das Leder nass ist. **Liegefalten** sind gefürchtet, deshalb sollen die Leder glatt und faltenfrei geordnet werden. Bei den großen Partien in den modernen Gefäßen entsteht hier bereits ein Problem, weil die Leder aus wirtschaftlichen Gründen als große Masse und oft ohne Flotte ausgeladen werden und das Aufbocken erst an anderer Stelle und erst später erfolgt, wenn sich schon Falten tief eingepresst haben. Ein glatt ausgebreitetes Leder lässt sich leichter handhaben, es wird in allen Eigenschaften gleichmäßiger sein, weil die Restflotte abfließen kann.

In den letzten Jahren hat man versucht, den Arbeitsaufwand für ein Aufbocken zu umgehen, indem man die nassen, ungeordneten Leder direkt zum nächsten maschinellen Arbeitsgang leitete. Das ist ein mechanisches Entwässern, verbunden mit einer Streckwirkung auf die Fläche und ein Glätten der Oberfläche. Diese Arbeiten sind als **Abwelken und Ausrecken** (Aussetzen, Ausstoßen) bekannt. Hier geht aus den Aufgaben ganz klar hervor, dass die Leder geordnet werden müssen. Die Narbenseite wird bei einigen Lederarten den glättenden Werkzeugen der Reckzylinder ausgesetzt, während sie bei anderen Lederarten davor geschont wird. Diese Arbeitswalzen sind genau wie Entfleisch- und Falzzylinder dadurch entstanden, dass man die früher zur Handarbeit eingesetzten schmalen Werkzeuge verlängerte und um einen Walzenkern wickelte. Durch die hohe Drehzahl kann die unwirtschaftliche Hin- und Herbewegung des Armes in eine wirtschaftliche Bewegung in einer Arbeitsrichtung geändert werden, was als logische Folge eine „Durchlaufmaschine“ hat. Diese mechanische Entwässerung soll den Energieaufwand in der Trocknung vermindern und die Handhabung der einzelnen Leder erleichtern, denn mit abnehmendem Wassergehalt werden die Leder steifer. Darüber hinaus sollen die Arbeitswalzen die von Natur aus gewölbte Fläche des Leders glättend strecken und dabei die natürlichen Dehnungseigenschaften berücksichtigen.

Ein gewaschenes Leder hat einen Wassergehalt von circa 65 %, ein abgewelktes und ausgerecktes Leder einen Wassergehalt von rund 50 %. Es werden durch diesen mechanischen Arbeitsgang nur etwa ein Fünftel des im Leder vorhandenen Wassers entfernt. Das erstaunt nicht, wenn man sich klar macht, dass ein Teil des Wassergehaltes als Tröpfchen zwischen den Fasern und auf der Oberfläche sitzt, ein anderer Teil aber in den Fasern chemisch gebunden festsitzt. Beim Abwelken, Ausrecken oder Abpressen kann man nur das locker eingelagerte Kapillarwasser entfernen. Dabei darf man die Entwässerung niemals so stark betreiben, dass andere wichtige Ledereigenschaften darunter leiden, was als Quetschfalten, Narbenplatzer oder Losnarbigkeit am fertigen Leder noch festgestellt werden kann.

5.2 Trocknung

Weil der Werkstoff Leder viele seiner am fertigen Produkt auffälligsten Eigenschaften erst vermittelt bekommen kann, wenn er flach und trocken vorliegt, ist die Trocknung als notwendiger Arbeitsgang oft als notwendiges Übel betrachtet worden. „Übel“, weil es Zeit und Geld kostet und selten so gelingt, dass man direkt zur Oberflächenbehandlung übergehen kann. Die Trocknung soll den Wassergehalt der Leder so weit vermindern, dass die nachfolgenden Arbeiten mit dem gewünschten Erfolg durchgeführt werden können. Diese Aufgabe klingt so leicht, aber was ist denn der richtige Wassergehalt der Leder? Sicher ist es nicht das völlige Austrocknen der Leder auf 0 % Wassergehalt. Für einige Leder wäre der Bereich 7 % – 12 % , für andere der Bereich 12 % – 18 % Wassergehalt richtig. Wir sehen, dass die Trocknung an einem von uns bestimmten Punkt beendet werden soll. Das klingt vernünftig, doch zeigt die Praxis, dass mit keinem der uns heute zur Verfügung stehenden Trocknungsverfahren alleine eine **gleichmäßige Restfeuchte** über den Querschnitt und die Fläche eines Leders und über alle Leder einer Partie erreicht werden kann. Das liegt im Aufbau der tierischen Haut begründet und ist durch chemische Arbeiten in Äscher, Gerbung, Nachgerbung und Fettung sogar noch erschwert worden. Je stärker die natürliche Struktur verändert wurde und je mehr wasserlösliche oder in Wasser dispergierbare Stoffe in das Hautmaterial eingebracht wurden, umso deutlicher treten bei der Trocknung Unregelmäßigkeiten auf. Eine Nachgerbung von Chromledern mit synthetischen Gerbstoffen erleichtert das Abwelken und Ausrecken, eine Fettung erschwert aber die Trocknung auf gleichmäßige Restfeuchte. Hier ist wohl der Anteil an kapillar eingelagertem Wasser verringert, aber der Anteil an chemisch gebundenem Wasser größer geworden. Das chemisch gebundene Wasser erfordert aber mehr Energie bei der Trocknung und das ist ein Zusammenhang, den wir wegen der Kosten noch gründlich kennen lernen müssen.

Die Trocknung, ganz egal auf welche Weise, entfernt zunächst das eingelagerte Wasser. Die dazu notwendige Energiemenge lässt sich mithilfe von Tabellen berechnen. Mit dem Verdunsten des Kapillarwassers werden auch die Zwischenräume zwischen den Fasern enger, ebenso die Poren der Oberfläche. Zum Abtransport des verdampften chemisch gebundenen Wassers aus dem Inneren der Faser stehen jetzt kleinere Leitungsbahnen zur Verfügung, die Trocknung wird erschwert. Es ist viel einfacher, von 50 % auf 40 % Wassergehalt zu kommen, als von 30 % auf 20 %. Der Grenzbereich zwischen eingelagertem und gebundenem Wasser ist bei der Hängetrocknung sogar mit dem Auge zu erkennen. Hängt man nasse Leder so auf, dass sie glatt und frei hängen, dann wird der obere Rand zuerst trocken werden und damit farblich heller. Wenn die Oberfläche des Leders weit gehend heller geworden ist, rollen sich die Seitenteile mit dem Narben nach innen zur Rückenlinie hin ein. Das ist der Bereich, in dem das eingelagerte Wasser verdunstet ist und ein Teil der vom Leder

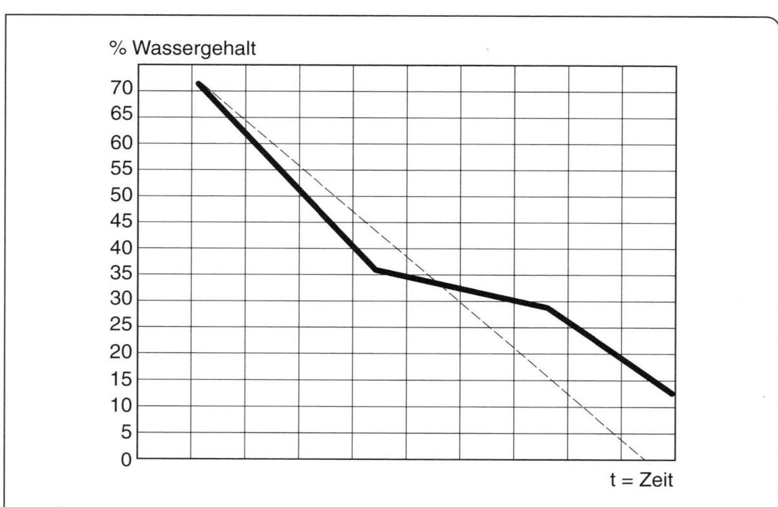

Abb. 50 Trocknungsverlauf bei konstanten Bedingungen.

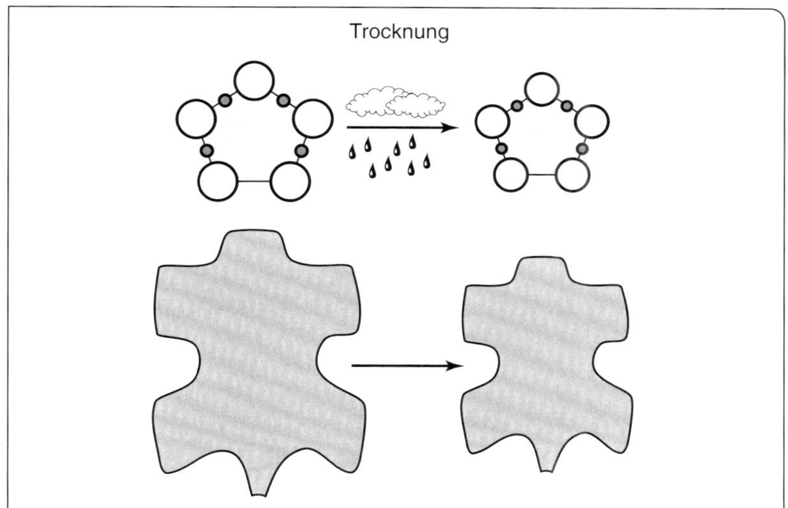

Abb. 51 Wirkung der Trocknung.

aufgenommenen Energie in einer Kontraktion der Narbenschicht verbraucht wird. Als mechanischer Arbeitsgang bewirkt die Trocknung eine Verminderung der Lederdicke und auch der Fläche. Die Faserzwischenräume werden kleiner, ein Teil der Fasern lagert sich als Faserbündel eng aneinander und gibt dem getrockneten Leder die „Wasserhärte", eine scheinbare Dichte, weil das „Schmiermittel" Wasser zwischen den Fasern fehlt. Je stärker man die Leder austrocknet, umso härter erscheinen sie.

Aber auch die Trocknung ist nicht nur ein mechanischer Arbeitsgang, es spielen sich auch ganz wichtige **chemische Reaktionen** ab, die zu einer Fixierung von Gerb-, Fett- und Farbstoffen führen und uns deshalb willkommen sind. Im Blick auf diese chemischen Reaktionen ist es zweckmäßig, so weit wie möglich auszutrocknen. Hier entsteht ein Interessenkonflikt – Bearbeitbarkeit gegen höhere Echtheit. Die Gerber haben diesen Konflikt bisher bewundernswert elegant gelöst, indem sie zunächst stärker ausgetrocknet haben, als es für die nachfolgenden Arbeiten erforderlich war und dann den Ledern wieder Wasser oder Feuchtigkeit zugeführt haben. Dieses Prinzip wird auch heute noch aufrechterhalten, weil es die größte Gleichmäßigkeit innerhalb eines Leders und über die ganze Partie hinweg gewährleistet.

Zur Durchführung der Trocknung stehen recht unterschiedliche Hilfseinrichtungen zur Verfügung. Die **Hängetrocknung** in gut durchlüfteten Räumen oder warmer, bewegter Luft wird für besonders weiche Lederarten oder schwere, pflanzlich gegerbte Leder eingesetzt. Um die notwendige Wärme noch besser ausnutzen und die Luftbewegung steuern zu können, wurden **Trockentunnel** gebaut. Die Trocknung in ausgespanntem Zustand soll das oben beschriebene

Einrollen der Leder verhindern, führt aber zwangsläufig zu Verspannungen. Das Aufnageln auf Lattenroste wurde von **Spannrahmen** mit zusätzlicher regelbarer Dehnung bis hin zu automatisch spannenden Systemen verdrängt. In solchen Trocknungsgeräten scheint ein Flächengewinn erreicht zu werden, doch traue man den Angaben über Prozentzahlen nicht so recht. Meist wird sofort nach der Trocknung gemessen und nicht genügend bedacht, dass die weiteren mechanischen Arbeiten diesen Flächengewinn aus der Trocknung doch zum größten Teil wieder ausgleichen. Die **Trocknung unter Vakuum** ist für Oberleder Stand der Technik. Hier wird in besonderer Weise das mechanische Ausbreiten und Glätten auf der heißen Platte und der physikalische Trick einer Siedepunktserniedrigung bei Unterdruck, kombiniert mit dem Absaugen des Wasserdampfes zu einem wirtschaftlichen Trocknungsverfahren umgesetzt. Man kennt aber gerade bei dieser Trocknungsart die Schwierigkeit, die sich aus der unterschiedlichen Hautstruktur ergibt und häufig nur über ein mehrmaliges Einlegen in den Trockner befriedigend gelöst werden kann. Die **Klebe- oder Pastingtrocknung** hat zwar eine Reihe von Vorteilen, konnte aber der modischen Entwicklung zu vollnarbigen Ledern nicht genügend angepasst werden und wird heute für große Stückzahlen gleichartiger Leder, insbesondere Spaltleder eingesetzt. Die Trocknung durch **Entfeuchten der Luft** in einem geschlossenen Raum scheint eine sehr interessante Entwicklung zu sein, weil hierbei weniger Wärme aufgebracht werden muss. Ob das aber auch für die bei der Trocknung erwünschten chemischen Reaktionen ausreicht, wird noch zu prüfen sein. Vom Verlauf der Entwässerung der Leder kommt es der alten, klassischen Hängetrocknung nahe.

Die Trocknung soll in den Ledern einen bestimmten Wassergehalt einstellen, deshalb gehört zur Trocknung auch die notwendige **Konditionierung oder Rückfeuchtung** der Leder. Ein Abbruch der Trocknung alleine hat bisher nicht befriedigt. Deshalb wurde den bewusst übertrockneten Ledern wieder Feuchtigkeit zugeführt. Das Ein-

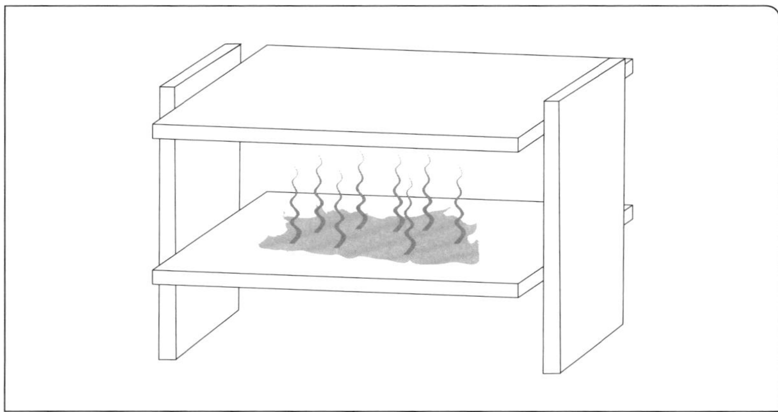

Abb. 52 Ledertrocknungsmethoden.

legen der Leder in feuchte Sägespäne war eine geniale Lösung. Je nach Saugfähigkeit nahmen die Leder unterschiedlich viel Wasser auf und glichen damit Strukturunterschiede aus. Dort, wo das Leder im Kern dicht war und viele Kapillaren hatte und viel innere Oberfläche der Fasern, nahm es mehr Wasser auf als in den losen Flanken. Natürlich ist das Einspänen arbeitsaufwendig und erfordert viel Erfahrung. So geht man häufig den einfacheren Weg und taucht die trockenen Leder in lauwarmes Wasser und stapelt sie in der Hoffnung, dass sich die Feuchtigkeit gleichmäßig verteilt. Oder man besprüht die Lederoberfläche mit Wasser. Diese Verfahren bergen viele Unsicherheitsfaktoren. Weil es offenbar nicht so recht klappt mit der Einstellung einer gleichmäßigen gewünschten Feuchtigkeit, werden dem Wasser dann **chemische Hilfsmittel** mit starker hydrophiler Wirkung, zum Beispiel Isopropanol, Netzmittel, Lösungsmittel, zugesetzt. Wer kann die spätere Wirkung dieser Chemikalien vorhersagen? Da scheint es der bessere Weg, verschiedene Trocknungsmethoden zu kombinieren, etwa wiederholte Vakuumtrocknung, Vakuumtrocknung und Hochfrequenz-Nachtrocknung oder Vakuumtrocknung und Hängetrocknung. Die Forderung nach der Gleichmäßigkeit in Sortiment und Qualität ist auch heute nur sehr schwer zu erfüllen. Man kann unterstellen, dass der Gerber auf einem der beschriebenen Wege sein Leder so trocknen konnte, dass die nachfolgenden Arbeiten ohne Risiko durchgeführt werden können.

5.3 Behandlung der trockenen Leder

Die Behandlung der trockenen Leder ist nach dem, was über die Trocknung und das Wiederbefeuchten gesagt wurde, nicht so ganz wörtlich zu nehmen. Die Gerber gehen von einer Feuchtigkeit zwischen 18 und 22 % aus und nennen es „Stollfeuchte". Das ist ein klarer Hinweis auf den nächsten mechanischen Arbeitsgang, das **Stollen**. Die Volumenänderung im Leder während der Trocknung führt zu Faserverspannungen, zu der „Wasserhärte". Je deutlicher die Fasern während der Trocknung orientiert und gestreckt wurden, umso größer ist die **innere Verspannung**. Auch die Trocknungsgeschwindigkeit verstärkt die Spannung. Diese Verspannung ist immer da, wenn durch die Trocknung ein Leder in der Fläche glatt ausgebreitet wird, wenn Leder zu einem Flächenwerkstoff wird. Stört diese Verspannung? Leider ja! Wenn man diese Verspannung nicht löst und dann im Rahmen der Zurichtung wässrige Ansätze auf die Lederoberfläche bringt, dann entspannen sich die benetzten Fasern, der Narben dehnt sich unregelmäßig bis hin zur Losnarbigkeit und die Leder rollen und wölben sich. Wie kommt es dazu? In ihrem natürlichen Zustand enthält die Haut circa 65 % Wasser, das zwischen den faserigen Bausteinen der Haut wie ein Schmiermittel wirkt und die Beweglichkeit und Dehnbarkeit der Haut als Anpassung an den Tierkörper gewährleistet. Nimmt man dieses Schmiermittel weg, lagern sich die Fasern zusammen und reiben aneinander. Die Weichheit und Beweglichkeit verschwindet und schließlich wird die Berührungsfläche so groß, dass der Reibungswiderstand größer wird als die innere Kraft der Fasern zur Lageänderung. Das ist der Zustand nach der Trocknung und ist von Leder zu Leder je nach Aufschluss, Gerbung und Fettung im Bereich unter 15 % Feuchtigkeit gegeben. Will man aber diesem flachen, blechigen Material wieder Weichheit und Fülle geben, dann muss man die Reibung zwischen den Fasern verkleinern, die Fasern voneinander trennen und mindestens ein kleines Luftpolster als Ersatz für das natürliche Schmiermittel Wasser einbringen. Man kann die Fasern voneinander trennen, indem man Kräfte als Zug oder Druck einwirken läßt, die größer sind als der Reibungswiderstand zwischen den Fasern. Dadurch werden die Fasern auseinander gezogen und es kann Luft in den Zwischenraum eintreten. Bei vielen Ledern liegen die notwendige Kraft und die Reißfestigkeit so dicht beieinander, dass es riskant wäre, die trockenen Leder sofort der mechanischen Kraft beim Stollen auszusetzen. Durch das **Wiederbefeuchten** auf „Stollfeuchte“ wird versucht, die notwendige Kraft beim Stollen deutlich kleiner zu halten als die Reißfestigkeit, indem man möglichst gleichmäßig durch den ganzen Querschnitt etwas Feuchtigkeit als „Schmiermittel“ einbringt. Das Stollen soll Verspannungen lösen ohne die Festigkeit und Narbenfestigkeit zu beeinträchtigen und dazu ist ein Wassergehalt im Bereich der Stollfeuchte ein ganz wichtiges Hilfsmittel.

Das Stollen muss sich der Struktur der Leder anpassen. Deshalb wurde früher grundsätzlich in verschiedenen Richtungen, meist von der Mitte der Rückenlinie strahlenförmig nach außen eine ziehende und stauchende Bewegung durch die Stollwerkzeuge ausgeführt. Bei der unregelmäßige Form der tierischen Haut und den schmalen Werkzeugen ist dies ein aufwändiger Arbeitsgang. Begünstigt durch das Bearbeiten der Oberleder in Hälften und in dem vernünftigen Streben nach kontinuierlichen Arbeitsabläufen wurden die **Vibrations-Durchlaufstollmaschinen** entwickelt. Auch hier bemüht man sich, durch Aufteilung der Arbeitsbreite in mehrere Segmente eine gewisse Anpassung an die Strukturunterschiede zu ermöglichen. Die Transporteinrichtung erlaubt jedoch nur noch sehr begrenzt ein flächenhaftes Ausarbeiten. Auch die „Universal-Stollmaschinen“ für Kleintierfelle mit dem senkrechten Hub des Leders an einer mit schräg gestellten Klingen besetzten Reckerwalze vorbei sucht den Kompromiss zwischen wirtschaftlichem Ablauf und Rücksicht auf das ungleichmäßige Material. Weil wir aus Kostengründen den gewünschten Stolleffekt in einem Arbeitsgang erreichen wollen, werden wir versuchen, die ganze Breite der Leder gleichzeitig zu bearbeiten. Ein Durchlaufstollen in mehreren Bahnen nacheinander kann an der Grenze zwischen gestollten und noch verspannten Ledern zu Losnarbigkeit führen. Dieses Risiko und ein gewünschter „körniger“

Narben haben bei Nappaledern und einigen Oberledern zu der von Schrumpfledern und Velour schon lange bekannten Technik des **Millens** (Trockenwalken) geführt. Hier wird die Stauch- und Streckbewegung nicht nur auf ein Leder ausgeübt sondern gleichzeitig auf eine ganze Partie. Der gewünschte Effekt wird durch die Art des Millfasses, die Feuchtigkeit der Leder, die entstehende Temperatur und die Milldauer gesteuert. Jeder Streckvorgang an stollfeuchten Ledern hat eine weichmachende Wirkung, weshalb besonders glatte Leder in diesem Zustand mit besonderer Vorsicht behandelt werden sollten!

Werden die stollfeuchten Leder nicht gestreckt, sondern im Querschnitt gestaucht, zusammengedrückt, so verschieben sich die frei beweglichen Fasern in die Zwischenräume, das Leder wird verdichtet. Dieses mechanische Verdichten ergänzt oft füllende Gerbungen und führt zu Ledern mit besonderen physikalischen Eigenschaften. Das Walzen, das Bügeln und das Glanzstoßen sind solche **verdichtenden Arbeitsgänge**. Bei schweren, pflanzlich gegerbten Ledern, bei den hochbeanspruchten technischen Ledern und bei glatten, festnarbigen Ledern kennt man diesen Arbeitsgang. Weil sich hier ähnlich wie bei der Trocknung die Fasern dichter aneinanderlegen und die Reibung größer wird, sind solche Leder härter und steifer, aber in der Oberfläche auch glatter als gestollte Leder. Gerade wegen der Narbenglätte ohne verhärtende Verdichtung hat das **Polieren** und das **Handbügeln** der noch leicht stollfeuchten, gestollten Leder als Verbesserung des Sortimentes einen festen Platz in den mechanischen Arbeiten vor der Oberflächenzurichtung.

Nicht nur damit die Kunden das Leder problemlos verarbeiten können, sondern auch weil es für viele moderne Zurichttechniken wichtige Voraussetzung ist, werden viele Leder im trockenen Zustand in ihrer Dicke ganz exakt eingestellt. Die **Dickenregulierung** zählt zur Bearbeitung der Oberfläche, denn nur von dort aus findet eine Wirkung statt. Es stehen dafür besonders ausgerüstete Maschinen zum Trockenspalten und Trockenfalzen zur Verfügung. In der Zukunft wird eine gleichmäßige Lederdicke noch eine viel größere Bedeutung als heute erreichen und die Walzenauftragstechnik ist ein solcher Anstoß, die Gleichmäßigkeit der Lederdicke zu überprüfen. Das **Trockenspalten** führt zu einer Oberfläche, deren Griff durch die quer geschnittenen Fasern sehr rau erscheint und gelegentlich durch das Schleifen verfeinert werden muss.

Das **Trockenfalzen** hat durch den Zug auf das Leder eine deutlich weichmachende Wirkung. Die Dickentoleranzen liegen bei 0,1 mm. Häufig wird versucht, durch Schleifen eine Dickenregulierung durchzuführen. Das ist ungeeignet. Voraussetzung für eine gleichmäßige Dicke wäre eine harte Andruckwalze und gerade die möchte man nicht in Schleifmaschinen. Als Oberflächenbearbeitung vor der Zurichtung und ganz besonders bei Rauledern (Spalt, Velour, Nubuk, Sämisch) kommt dem **Schleifen** aber ganz große Bedeutung zu.

Diese spanabhebende Bearbeitung durch ein vielkantiges Kristall aus Korund oder Silizium-Karbid ist ein mechanisch ganz komplizierter Vorgang. Die Körnung und die Umfangsgeschwindigkeit der Schleifwalze sind entscheidende Größen, den gewünschten Schleifeffekt zu erreichen. Wird das Leder hintereinander mit verschiedenen Körnungen geschliffen, so sollte dazwischen jeweils der Schleifstaub entfernt werden. Er beeinträchtigt den Schliff bei feinen Körnungen. Am Ende der Schleifarbeit steht in jedem Fall ein gründliches Entstauben. Der Schleifstaub kann dazu ausgebürstet, abgeklopft und abgeblasen oder abgeblasen und abgesaugt werden. Das Ausbürsten mit rotierenden Walzen ist oft unbefriedigend. **Lederstaub** kann sich elektrostatisch aufladen. Durch die Reibung der Bürstenwalzen entstehen elektrostatische Spannungen bis zu mehreren tausend Volt, die die Staubteilchen festhalten. Da diese Staubteilchen bei Velourledern ein „Abfärben“ bewirken können, sollte dem richtigen Entstauben große Sorgfalt gewidmet werden. Selbst bei Schleifbox ist das Entstauben wichtig.

Wurden die Leder durch diese verschiedenen Arbeitsgänge gebracht, dann haben sie unter der Wirkung des Transportes und der Bearbeitung von der glatten Fläche eingebüßt, die sie nach der Trocknung hatten. Die Zurichtung als Oberflächenbearbeitung und das Streben nach möglichst großer Fläche machen es notwendig, die mechanischen Arbeiten durch ein **Glätten** und ein bleibendes **Ausspannen** der Lederfläche abzuschließen. Dazu kann man die Leder aufspannen und für kurze Zeit bei erhöhter Temperatur (40 bis 60 °C) nachtrocknen oder man legt die Leder für kurze Zeit (30 bis 60 Sekunden) in einen Vakuumtrockner. Der Vakuumtrockner erbringt eine bessere Narbenglätte, das Spannen eine größere Flächenausbeute. Eine besondere Vorrichtung versucht beide Wirkungen gleichzeitig und noch wirtschaftlicher zu erreichen. Im „Dynavac“ wird die nach allen Richtungen gedehnte Fläche bei angelegtem Vakuum weit gehend fixiert.

Für alle mechanischen Arbeiten zwischen den Nassarbeiten und der Zurichtung gilt die Aufgabe, Wirkungen und Unterschiede aus der natürlichen Struktur und den chemischen Reaktionen auszugleichen und die Leder so vorzubereiten, dass die Zurichtung als wirkliche Oberflächenveredelung vom Sortiment und von der Qualität die Anforderungen erfüllen kann. Mechanische Arbeitsgänge als Wirkung von Kräften und Energie sind allein dadurch teuer. Solange dabei jedes Leder einzeln bearbeitet wird, sind sie auch zeitaufwändig.

6 Zurichtung – Veredlung der Oberfläche

Die „Zurichtung" ist ein sehr allgemeiner Begriff aus der handwerklichen Lederherstellung und wird heute oft durch „Finish" ersetzt. Er fasst die Arbeiten am trockenen Leder zusammen. Diese Arbeiten sind in starkem Maße von den Forderungen der Lederverarbeiter und der Endverbraucher geprägt. Diese wollen ohne langes Studium von Erklärungen oder Zertifikaten möglichst „auf den ersten Blick" und durch den „ersten Eindruck" zufrieden gestellt werden. Das Auge registriert Farbe, Glätte, Glanz, Faltenwurf, Egalität und Harmonie in Formgebung, Kombination mit anderen Materialien und Verarbeitungstechnik. Der erste Eindruck entsteht durch das Anfassen des jeweiligen Leders, durch das „Begreifen". Dabei werden subjektive Empfindungen mit Erfahrungen oder Erwartungen verglichen. Für diese subjektiven Empfindungen fehlen oft verbindliche Begriffe und Bewertungsmaßstäbe. Man versucht es mit Griff, Fülle, Weichheit, Stand, Sprung und ähnlichen Umschreibungen. Gelegentlich wird der erste Gesamteindruck durch die Prüfung des Geruchs abgerundet. Das ist zum Beispiel bei Bekleidungs- und Autopolsterledern zu beobachten.

Es ist die Oberfläche des Leders, die in besonderer Weise zum Gesamteindruck und damit zur Beurteilung bis hin zur Kaufentscheidung für dieses Leder führt. Die Zurichtung soll diese Entscheidung fördern. Damit möglichst viele Kunden diese positive Entscheidung treffen können, müssen größere Mengen Leder gleichartig und technisch reproduzierbar zugerichtet werden. Dazu helfen die modernen, stark mechanisierten und kontrollierten Zurichtverfahren. Der Kunde will und soll auch im Voraus wissen, dass die Leder seiner Wahl den Anforderungen im Gebrauch standhalten. Das sind technische Fragen, die durch gemessene Werte für ausgewählte Eigenschaften klar beantwortet werden müssen. In den Mindestanforderungen sind die Prüfverfahren und die zu prüfenden Eigenschaften für jede Lederart festgelegt. Im Rahmen dieser festgelegten Messwerte ist unter vielen technischen Möglichkeiten vom Zurichter die Wahl zu treffen nach Sachkenntnis, Erfahrung und kreativem Können um die Aufgaben der Zurichtung zu erfüllen:

- Gestaltung der Oberfläche mit hohem Gebrauchswert,
- Erhaltung der typischen Eigenschaften der Lederart,
- Verbesserung des Sortiments,
- Erfüllung der Qualitätsanforderungen im Einklang mit den Regeln zum Umweltschutz.

Die Verbesserung des Sortiments ist dabei wirtschaftlich so wichtig, weil doch viele Eigenheiten der Rohware bis zum trockenen Leder vor der Zurichtung, als „Borke" oder „crust" bezeichnet, sichtbar und fühlbar bleiben. Der hohe Wertanteil der rohen Haut, etwa 50 % der Fertigungskosten sind für Rohware aufzuwenden, rechtfertigt die besonderen Bemühungen zur Sortimentsverbesserung:

- Angleichung vieler verschiedner Leder an eine Mustervorlage,
- Verminderung von optisch auffälligen Fehlern und Unegalitäten,
- Steigerung der nutzbaren Fläche (Rendement) oder der Anzahl der fehlerfreien Zuschnitte je Haut.

Die Zurichtung ist eine **technologische Notwendigkeit** in der Lederherstellung. Sie soll dem Leder die Funktionen wieder vermitteln, die am Fell oder der Haut für das Tier so wichtig waren und die der Gerber zerstören musste. Er hat die mechanische und thermoregulierende Funktion des Haarkleides und die Schutzfunktion der Oberhaut (Epidermis) mit ihrer unvergleichlichen Wasserdampfdurchlässigkeit von innen nach außen aufgehoben. Die hydrophobierende Wirkung von Fettstoffen aus den Talgdrüsen wurde aufgehoben. Die Oberfläche des trockenen Leders vor der Zurichtung ist ein siebartiges, filigranes Gefüge zwischen offenen, trichterartigen Haarporen und ihrer schlauchförmigen Fortsetzung in die Tiefe der Papillarschicht (→ Abbildung 53).

Ein Großteil der Eigenschaften, die wir vom Leder erwarten, weil die Haut sie besaß, ging in der Lederherstellung verloren. Auch noch so ausgefeilte Gerbsysteme, Nachgerbungen, Färbungen oder Fettungs- und Hydophobierungsmethoden können der Lederoberfläche die Summe der Eigenschaften nicht wiederbringen, die der Haut schon in der Wasserwerkstatt genommen werden mussten. In der Zurichtung wird versucht, diese für den Gebrauchswert und den Marktwert so entscheidenden **Eigenschaften** der Haut wieder zu schaffen. Im Einzelnen heißt das, eine Zurichtung soll

- in dem Fasersystem der obersten Narbenschicht verankert sein und gut haften,
- die Oberfläche abschließen,
- mechanischen Schutz vermitteln, reib- und kratzfest sein,
- das Eindringen von Wasser und gelösten Chemikalien verhindern,
- so elastisch sein, dass sie beim Dehnen des Leders nicht reißt und beim Entlasten wieder auf das ursprüngliche Maß zurückgeht,
- die in den Nassarbeiten gezielt vermittelten Eigenschaften des Leders erhalten und steigern.

Zu den Chemikalien gehören auch Schmutz, Streusalz der Straßen, die Spuren von Fett und Schweiß und die Flecken von Milch, Bier, alkoholfreien und zuckerhaltigen Getränken, Kugelschreiber usw.

Eine weitere wichtige Aufgabe der Zurichtung ist die Erfüllung modischer, kreativer Wünsche an den **Werkstoff** Leder. Je nach den Vorarbeiten, insbesondere der Gerbung und Nachgerbung, lassen sich die Leder plastisch gestalten durch Prägungen oder mechanische Bearbeitungen wie Krispeln und Millen. Die plastische Verformung in Verbindung mit farblichen und Glanz-Matt Effekten und das Anschleifen der Oberfläche bringen unendlich viele Wirkungen auf das Leder. Und weil die Zurichtung am Ende der Arbeiten zur Lederherstellung steht, können wechselnde **modische Wünsche** durch kurze Lieferzeiten schnell erfüllt werden. Die bearbeitete Oberfläche ist in der Regel die Narbenseite. In der Gruppe der Rauleder wird auch mal die Fleischseite bearbeitet und später nach außen getragen. Das ist dann „Velour" und diese Lederart wird für Schuhe und Bekleidung eingesetzt. Bei „Nubuk" wird die Narbenseite angeschliffen und bleibt so fein samtartig, also auch ohne Zurichtung. Dafür werden diese Rauleder mit einer „Ausrüstung" veredelt und im Gebrauchswert verbessert.

Die Zurichtung kann die Fülle von Aufgaben nicht mit einem einzigen Mittel und auch nicht in einem einzigen Arbeitsgang erfüllen. Es ist aus technologischer Sicht kein Zufall, dass die Zurichtung mit Kasein so lange Zeit als Standardzurichtung gedient hat. In ihr ist der Versuch zu erkennen, die entfernten Eiweißstoffe wieder durch Eiweiße zu ersetzen. Eine logische Überlegung. Dieses Bemühen dauert noch an, auch wenn inzwischen vernetzbare oder geschäumte Polymerisate eingesetzt werden. Und gerade diese Entwicklung hat immer wieder gezeigt, wie sehr das zuzurichtende Leder bereit sein muss, die Zurichtung anzunehmen.

Man geht davon aus, dass das Leder trocken sein soll, wenn es zugerichtet werden soll. Das ergibt sich aus den Standard-Arbeitsweisen. Es gab aber auch recht erfolgreiche Versuche, die Zurichtung auf feuchtem Leder zu beginnen. Die Bereitschaft des Leders, die Zurichtung anzunehmen, wird weltweit auf die gleiche Weise geprüft: die Oberfläche wird mit Spucke oder Wassertropfen befeuchtet und das

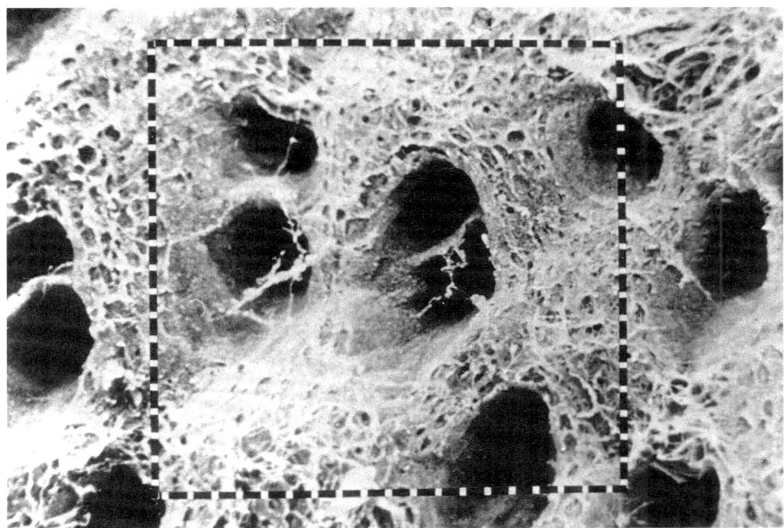

Abb. 53 Die Narbenoberfläche ist ein siebartiges Gebilde (Vergrößerung 100:1, Stereoscan).

Eindringen und Ausbreiten der Feuchtigkeit beobachtet. Daraus gewinnt man Erkenntnisse über die **Benetzbarkeit** und die **Saugfähigkeit** des vorliegenden Leders, beides ganz wesentliche Voraussetzungen guter Zurichtungen. Der Zurichter möchte erkennen, ob die bis dahin durchgeführten Arbeiten der Lederherstellung seinen Vorstellungen entsprechen oder besondere Entscheidungen notwendig machen.

Kann er das erkennen? Was sind denn seine Vorstellungen? Er möchte eine geschlossen aussehende aber doch poröse Oberfläche. In Abbildung 53 ist die siebartige Struktur der Narbenschicht zu sehen.

Auch intensive Nachgerbungen und starke Fettungen können diese Zwischenräume nicht verstopfen. Aber im Zuge der Trocknung können Ausrecken und Vakuumtrocknen die Zwischenräume verkleinern. Die einzelnen Fasern lagern sich dicht aneinander und erschweren die Benetzbarkeit. Durch Stollen bei richtigem Wassergehalt und richtiger Intensität sollen die Fasern wieder gegeneinander verschoben und so voneinander getrennt werden. Damit werden die tiefer liegenden Faserzwischenräume wieder zugänglich und die Saugfähigkeit wird als Maß für die Verteilung von Feuchtigkeit beurteilt. Ist die Benetzbarkeit der Lederoberfläche gut und die Saugfähigkeit gering, bleibt die Zurichtung oberflächlich und schwach verankert, die Haftfestigkeit und andere mechanischen Eigenschaften sind schlecht. Ist die Saugfähigkeit groß, aber die Benetzbarkeit gering, wird die Zurichtung regelrecht abfiltriert. Die großteiligen Bestandteile bleiben auf der Oberfläche, die kleinteiligen und das Lösemittel Wasser dringen tief in das Leder ein. Auch hier ist eine schlechte Haftfestigkeit die Folge. Es ist aber nicht nur die „Maschenweite" der Lederoberfläche für die Haftung der Zurichtung verantwortlich, es sind auch die Wirkungen von Nachgerbe-, Farb- und Fettstoffen. In einer Arbeit von Zissel und Fischer aus dem Jahr 1978 wurden diese Einflüsse systematisch untersucht. Sie zeigen die Zusammenhänge zwischen den Vorarbeiten im wet-end und der Haftfestigkeit.

„Die Nachgerbung kann bei gegebener Fettung die Haftung deutlich verbessern. Am günstigsten ist der Einsatz aromatischer Gerbstoffe vor der Fettung. Eine Chromnachgerbung hat wenig Einfluss auf die Haftung. Die Färbung mit anionischen Farbstoffen kann sich ebenfalls günstig auf die Haftung auswirken. Bei Stufenfärbungen mit kationischer Umladung kann dagegen die Haftfestigkeit verschlechtert werden. Bei gegebener Nachgerbung sinken die Haftungswerte mit steigender Fettmenge. Die Ladung der Fettungsmittel hat kaum einen Einfluss. Anionische Nachgerbung und anionische Fettung ergeben gleich gute Werte. Bei Einsatz anionischer und kationischer Produkte wird die Haftfestigkeit nachteilig beeinflusst, wenn es zur Ausfällung ungeladener Substanzen kommt, die sich als fettartiger Film auf der Narbenoberfläche ablagern. Durch den Nachsatz von Polymeren in das fast ausgezehrte Fettungsbad lassen sich die Haftwerte verbessern."

Soweit die Ergebnisse dieser Arbeit. Früher wurden besonders glatte, stark oberflächlich gefettete Leder vor der Zurichtung mit

Milchsäure oder Ammoniaklösung in dem Bestreben ausgerieben, fettartige Niederschläge auf dem Narben zu dispergieren. Heute verlegt man diese Arbeit in die Grundierung durch einen Vorgrund oder Emulgatorzusatz in den ersten Ansatz.

Das **Ausreiben** hatte mehrere Effekte. Die Lederoberfläche wurde benetzt, man könnte auch sagen, sie wurde leicht angefeuchtet. Dadurch konnten hydrophile Fasern anquellen und sich so noch zusätzlich aus dem Verband isolieren. Das erhöht die Kontaktfläche für die Bindemittel. So wurde der erste Auftrag von der Benetzung der Lederoberfläche entlastet. Ähnlich einem Löschblatteffekt kam die Saugfähigkeit stärker zu Geltung, die Verankerung der Zurichtung wurde verbessert. Und schließlich wurden besonders hydrophile Gruppen bereits mit einer Wasserhülle versehen, wodurch die Zurichtdispersion länger stabil blieb. Es war eine teure, aber wirkungsvolle Vorbereitung auf die Zurichtung.

Der Verbleib hydrophiler Gruppen ist die Folge einer nicht vollständigen Bindung von Hilfsmitteln an die Lederfasern oder an gleichartige Produkte im Sinne einer Aggregatbildung und damit einer stabilen Einlagerung in die Faserstruktur. Diese unvollständige Bindung tritt in den wirtschaftlich reizvollen und zeitlich abgekürzten Verfahren im wet-end häufig auf, aber auch in den ökologisch falsch verstandenen Kurzflotten-Kompaktverfahren, wenn dort am Ende nicht ganz gründlich gewaschen wird. Hier bleiben teilweise stark geladene und hydrophile Hilfsmittel, aber auch erhebliche Mengen an Neutralsalzen in und auf dem Leder zurück. Wird bei der Trocknung nicht so weit ausgetrocknet, dass die Hydrathüllen um die Ladungszentren verschwinden, dann führen diese ungebundenen Reste zu Problemen in der Zurichtung.

Mit der Einführung der Walzenauftragstechnik wurde die Bedeutung einer gleichmäßigen Lederdicke für die Zurichtung wieder bewusst gemacht. Je dünner und dehnbarer die Leder sind, umso wichtiger ist die **gleichmäßige Dicke**. Bei den Glanzstoßzurichtungen und auch Polierzurichtungen werden Dickenunterschiede optisch hervorgehoben. Soweit diese Unterschiede auf die Bearbeitung der Rückseite zurückzuführen sind, wird man eine Besserung im eigenen Betrieb suchen. Sind es aber Rohwarenschäden wie Metzgerschnitte, Ausheber, Dasselschäden oder Insektenschäden, dann kennen wir keine geeigneten Maßnahmen dagegen. Sind die Schäden dagegen auf der Narbenseite, hat das frühere Abschleifen des Narbens für Schleifbox oder „corrected grain" eine ganz bedeutsame Verbesserung dadurch erfahren, dass man Vertiefungen vor einem leichten Schleifen mit einer dauerelastischen Füllmasse zuspachtelt. **Stukkieren** nennt man diesen Arbeitsgang, der das Sortiment verbessern soll und die Zurichtung nicht nachteilig beeinflussen darf. Hier wird durch das Schleifen die Oberfläche der Stukko-Masse so weit aufgeraut, dass die Zurichtung auch dort gut haftet. Das Schleifen von corrected grain nach einem tiefziehenden Schleifgrund gehört nicht zu den vorbereitenden Arbeiten. Dagegen verlangen **moderne Zurichttechniken** zunehmend, dass das Leder voll ausgespannt und ganz glatt liegend bereitgestellt wird. Weiche Leder werden nach dem Stollen oder Millen bei geringer Restfeuchte gespannt. Standige Leder werden nach dem Stollen kurze Zeit auf den Vakuumtrockner gelegt. Hier besteht ein Risiko für die Struktur der Narbenoberfläche. Je höher die Temperatur der Platten und der Druck auf die Leder sind, umso mehr werden die Fasern verdichtet und die Benetzbarkeit vermindert. Deshalb sind Temperaturen um 60 °C und verminderter Unterdruck völlig ausreichend, die geforderte glatt liegende Fläche zu erhalten. Die modernen Trockner lassen dies zu.

Die Durchführung der Zurichtmaßnahmen kann in zwei Gruppen von Arbeitsgängen unterteilt werden:

- Auftrag gelöster oder dispergierter Substanzen auf die Lederoberfläche,
- Mechanische Bearbeitung der Lederoberfläche.

6.1 Auftrag von Zurichtmitteln

Beim Auftrag gelöster oder in Wasser dispergierter Substanzen ist es wichtig, dass sie gleichmäßig verteilt werden, genügend tief in das Leder eindringen und dann mit der Lederfaser oder untereinander so reagieren, dass sie ein Teil des Leders werden und sich nicht mehr vom Leder trennen lassen.

Weil sich nicht alle Anforderungen durch ein Zurichtmittel in einem Auftrag erfüllen lassen, muss man mehrere Zurichtmittel mischen und in mehreren Aufträgen schichtweise auf das Leder bringen. Diese Mischungen und Aufträge sind aufeinander und auf das Leder abgestimmt, können in ihrer Zusammensetzung und Auftragsweise jedoch voneinander abweichen und so der Zurichtung jeweils ganz besondere Eigenschaften verleihen. Ohne damit eine allgemein verbindliche Regel aufzustellen, kann man die Zurichtung in drei wichtige Auftragsschichten unterteilen:

1. Grundierung,
2. Decksicht, Farbausgleich,
3. Appretur.

6.1.1 Grundierung

Die Grundierung soll in das Leder eindringen, auf ihr baut sich die weitere Zurichtung auf. Deshalb soll sie die Saugfähigkeit über die ganze Fläche gleichmäßig ausgleichen, sich weich und elastisch im Leder verankern und die Lederoberfläche so weit glättend abschließen, dass nicht einzelne Fasern aus der Grundierung herausragen. Sie kann in **mehreren Aufträgen** aufgebaut werden. Durch **Bügeln** wird die glättende Wirkung unterstützt.

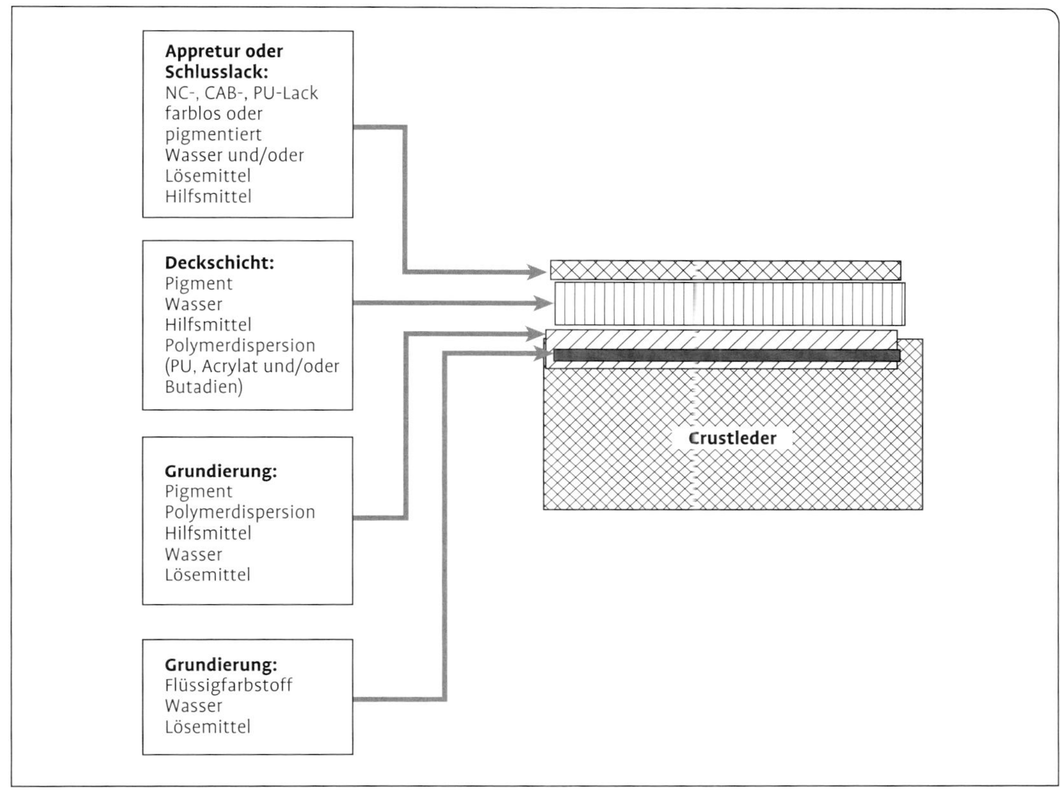

Abb. 54 Schematischer Aufbau einer Lederzurichtung.

Grundierungen können farblos, mit löslichen Farbstoffen (Anilin-Farbstoffen) oder Pigmenten angefärbt sein. Im gesamten Aufbau der Zurichtung ist die Grundierung besonders weich und oft die dickste Schicht. Ihre Hauptmasse besteht aus **Bindemitteln**.

6.1.2 Deckschicht

Die Deckschicht oder der Farbausgleich umfasst die Aufträge, die ganz besonders die modischen Wünsche erfüllen. Deshalb sind die hier verwendeten Auftragsmischungen in vielfältiger Weise angefärbt. Ein wichtiges Ziel ist die **Gleichmäßigkeit**. Selbst bei Effekten sollen diese über die gesamte Fläche gleichmäßig verteilt wirken. Die Deckschicht ist in der Regel etwas härter als die Grundierung und bei vollnarbigen Ledern etwas dünner, damit die Haarporen noch sichtbar bleiben. Für die bevorzugt aus **thermoplastischen Bindemitteln** aufgebaute Deckschicht stehen dem Zurichter alle Möglichkeiten zum Einsatz der verschiedenen Hilfsmittel und Auftragstechniken zur Verfügung und er kann die mechanischen Arbeiten zur Unterstützung seiner Bemühungen voll ausschöpfen (siehe 6.2).

6.1.3 Appretur

Die Appretur, auch Top oder Glanz genannt, ist die oberste, dünnste und härteste Zurichtschicht. Sie wird als erste im Gebrauch beansprucht und muss deshalb das Leder gegen die größte Zahl von Belastungen schützen. Da sie aber auch als erste gesehen und gefühlt wird, soll sie der jeweiligen Lederart den ganz besonderen **„Griff“** verleihen. Als dichte und in sich feste, manchmal sogar „gehärtete“ oder „vernetzte“ Schicht darf die Appretur nur dünn sein. Sie würde sonst brechen. Der Zurichter muss die Eigenschaften der verschiedenen Appretur- und Hilfsmittel, die Wirkung der Auftragstechniken und den Einfluss der mechanischen Zurichtarbeiten ganz genau kennen und auf das ganze System Leder-Zurichtung abstimmen. Für diese Abstimmung gibt es nur einige Richtlinien. Auch heute noch ist eine gute Zurichtung eine handwerkliche Leistung aus Können, Erfahrung und exaktem Arbeiten.

Die Ansätze von Zurichtmitteln für die verschiedenen Schichten unterscheiden sich sehr. Um dennoch einen Eindruck davon zu vermitteln, soll auf einige Gemeinsamkeiten hingewiesen werden. Die **abschließende und schützende Funktion** geht von den Bindemitteln aus. Sie bilden mit ihrer Trockensubstanz die Schichten in oder auf dem Leder. Um sie auf das Leder aufbringen und verteilen zu können, werden sie mit geeigneten Lösemitteln flüssig eingestellt. Dann kommen farbgebende Mittel und Hilfsmittel dazu. Die **Reihenfolge** in der diese Produkte der Mischung zugegeben werden, entscheidet oft über Erfolg oder Misserfolg der ganzen Zurichtung. Auch hier handelt es sich um Substanzen mit einer **Ladung**. Die meisten

Tab. 17 Rezepturbeispiel einer einfachen Zurichtung

Grundierung	50	Pigment
	650	Wasser
	200	Bindemittel
	100	Hilfsmittel
	2	Spritzaufträge, trocknen
Deckschicht	100	Pigment
	50	Hilfsmittel
	560	Wasser
	290	Bindemittel
		2 Spritzaufträge, trocknen, bügeln oder prägen
		1 Spritzauftrag, trocknen
Appretur	300	Acrylat-Bindemittel hart
	600	Wasser
	2	Spritzaufträge, trocknen

Zurichtprodukte tragen eine anionische Ladung. Aber es gibt auch kationische Zurichtprodukte und deren gemeinsamer Einsatz in einer Mischung würde zu Ausfällungen führen. Aus Kosten- und Logistikgründen versucht man, die Zurichtmittel in möglichst hoher Konzentration einzukaufen und anzuwenden. Dabei kann die Viskosität so weit ansteigen, dass das Dosieren kleiner Mengen sehr schwierig wird. Dann wird es zweckmäßig sein, möglichst früh etwas von den Lösemitteln in die Mischung zu geben. So gibt es viele Faktoren, die bei jedem Ansatz zu berücksichtigen sind. In der üblichen Schreibweise einer Rezeptur für Zurichtansätze werden die Produkte in der Reihenfolge der Zugabe aufgeführt. Die Mengenangaben sind ohne Dimension und stellen die Verhältnisse der Einzelprodukte zueinander dar.

Die farbgebenden Mittel in einer Zurichtung können **Farbstoffe oder Pigmente** sein. Ihr Einfluss auf die Zusammensetzung und das Erscheinungsbild der Zurichtung ist so groß, dass man die Zurichtung nach ihnen einteilt:

Für Leder, deren Narben wegen vieler Fehler vor der Zurichtung geschliffen wird (Schleifbox, corrected grain) und auch für Spaltleder kommen nur gedeckte Zurichtungen in Betracht. Die erhebliche Menge an Bindemittel muss dabei nicht nur die Pigmente tragen, sondern auch die Fasern so umhüllen, dass der Eindruck einer geschlossenen Oberfläche entsteht. Die mechanischen Arbeitsgänge Bügeln oder **Prägen** unterstützen dies. Die unterschiedliche Zusammensetzung der genannten Zurichtarten spiegelt sich deutlich in den Materialverbrauchszahlen wider, die in Gramm je Quadratfuß (g/qfs) angegeben werden. Die in Tabelle 18 genannten Werte sind als Durchschnittswerte zu sehen.

Zieht man von der Gesamtmenge jeweils den Lösemittelbedarf ab, so erhält man einen Eindruck von der **Schichtdicke**, die sich in mehrere Aufträge gliedert. Sie beträgt bei der gedeckten Zurichtung etwa das dreifache der Anilizurichtung. Den größten Anteil haben die Bindemittel und die Appreturen, also die filmbildenden Substanzen. Sie bestimmen die physikalischen Eigenschaften der Zurichtung, weshalb ihre Auswahl auf die Anforderungen ausgerichtet wird. Um aber

Tab. 18 Materialverbrauch in Abhängigkeit vom Deckungsgrad

Produkte	Deckungsgrad			Spalt
	Anilin	Semianilin	Gedeckt	
Pigmente	0–1	3	5	6–7
Hilfsmittel	1,5	3	4	4
Binder	2	4	10	12–14
Appreturm.	4	5	8	8
Lösemittel	2	4	7	8
Gesamt	10,5	19	34	38–41

Anilizurichtung: naturbelassene Zurichtung
Die löslichen Farbstoffe ziehen aus einem geeigneten Lösemittel direkt auf die Lederfaser auf und binden sich dort. Das Narbenbild bleibt in vollem Umfang durch die transparente Zurichtung hindurch sichtbar.

Semianilinzurichtung: leicht pigmentierte Zurichtung
Neben den löslichen Farbstoffen werden geringe Mengen an Pigmenten eingesetzt um die Egalität zu verbessern und leichte Fehler abzudecken. Das Narbenbild ist noch deutlich zu erkennen.

gedeckte Zurichtung: pigmentierte Zurichtung
Die Pigmente sind unlösliche anorganische oder organische Verbindungen, die in Bindemittel eingebettet und auf der Lederoberfläche verankert werden. Das Narbenbild ist nur sehr eingeschränkt sichtbar, dafür ist die Egalität und Fehlerabdeckung sehr gut.

diese Anforderungen über die ganze Fläche gleichmäßig und dauerhaft zu erfüllen, muss die Auftragsmenge durch die richtige **Auftragstechnik** aufgebracht werden. Dann wird durch eine **kontrollierte Trocknung** das Lösemittel entfernt und der entstandene Film durch Druck und Wärme verdichtet. Für besonders hohe Anforderungen wird dies durch chemische Reaktionen verstärkt, an denen zugesetzte „Härter“ oder „Vernetzer“ beteiligt sind. Diese reagieren aber nicht mit allen Bindemitteln gleichermaßen. Die Kenntnis der

- chemischen Grundlage und Zusammensetzung,
- filmbildenden Eigenschaften,
- physikalischen Eigenschaften des Filmes,
- chemischen Reaktionsmöglichkeiten und der dazu erforderlichen Hilfsmittel,
- Kombinierbarkeit mit anderen Zurichtmitteln und der
- technischen Anwendungsweisen

der Bindemittel ist mit den Eigenschaften des zuzurichtenden Leders in Einklang zu bringen. Das kann zu zusätzlichen Arbeitsschritten führen wie etwa einer die Saugfähigkeit und Benetzbarkeit des Leders regulierenden Vorgrundierung oder Narbenimprägnierung, einem Vor- oder Zwischenbügeln oder dem Auftrag eines speziellen

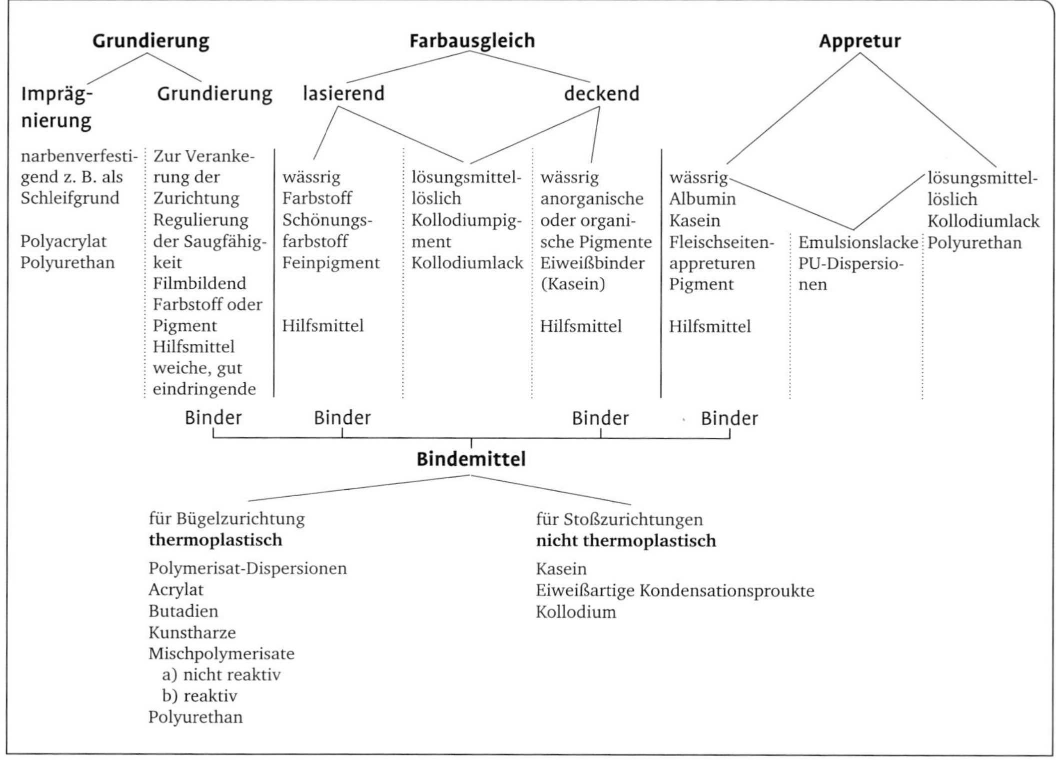

Abb. 55 Zurichtung.

Tab. 19 Filmeigenschaften von Polymerisaten aus wässrigen Dispersionen

	Acrylate	Butadiene	PUR
Fülle	0	+	0
Knickfestigkeit	+	0	+
Millbarkeit (Korn)	0	+	0
Prägbarkeit	0	+	0
Kältefestigkeit	0	+	0
Transparenz	+	0	+
Alterungsbeständigkeit	+	0	+
Lichtbeständigkeit/Echtheit	+	0	+

Haftgrundes auf hydrophobierte Leder. Es gibt sehr viele solcher Erweiterungen und Abweichungen vom idealen Ablaufschema einer Zurichtung. Stets aber bilden die Bindemittel und Appreturmittel den schützenden und veredelnden Abschluss der Lederoberfläche. Bei der Einteilung der Bindemittel haben sich zwei Eigenschaften als zweckmäßige Kriterien herausgestellt. Das ist die **Löslichkeit** in Wasser oder in organischen Lösungsmitteln und das ist die physikalische Beständigkeit bei höheren Temperaturen, die **Thermoplastizität**. Die Unterscheidung in thermoplastische und nicht thermoplastische Bindemittel ist dabei die bevorzugte Einteilung. Eine Übersicht über die wichtigsten Polymerisatbindemittel zeigt deren besondere Eigenschaften im Vergleich zueinander (Tabelle 9).

In der Praxis werden meistens Bindemittel-Kombinationen eingesetzt, die schon bei der Herstellung, der Dispersionspolymerisation, verschiedene Grundstoffe verbinden. So sind in den Handelsprodukten auch Co-Polymerisate aus Estern der Acrylsäuren, Styrol, Acrylnitril, Vinylacetat und anderen enthalten.

Vergleichbar mit den „maßgeschneiderten“ synthetischen Gerbstoffen sind auch die **synthetischen Polymerisatbindemittel** für einzelne Aufgaben ganz besonders geeignet. Ein Grundierungsbindemittel ist in Teilchengröße, Penetrationsvermögen, Verlaufeigenschaften, Filmhärte und Anquellbarkeit für diese Aufgaben optimal eingestellt und weniger geeignet für die oberen Schichten. Dort stehen Härte, Transparenz, Lichtechtheit und Glanz im Vordergrund. Deshalb überwiegen hier die **Acrylat- und Polyurethan-Bindemittel**.

Für die Zurichtung von Ledern, deren Narben aus Sortimentsgründen leicht angeschliffen (korrigiert) werden musste, stehen in den **Kompaktverfahren** wirtschaftlich interessante Systeme zur Verfügung. Dabei werden von den Bindemittelherstellern aus ihrer Produktpalette aufeinander abgestimmte Mischungen bereitgestellt, die dann nur noch mit Pigmenten und Wasser gebrauchsfertig eingestellt werden müssen. Diese Bindemittelmischungen, auch Kompaktbinder

Tab. 20 Oberflächenspannung von Lösemitteln

	Oberflächenspannung N/cm • 105
Wasser	75
Butanol	24
Ethanol	22
Butanon	ca. 25
Ethylacetat	23
Durchschnitt. organ. Lösemittel	22

oder compound genannt, leisten in einem Produkt die Aufgaben der Grundierung und der Deckschicht. Mit einer gesondert zusammengestellten Appretur werden Glanz, Griff und die Echtheiten je nach Kundenwunsch vermittelt.

Beim Aufbau einer Zurichtung wird das Verdichten und Glätten durch **Bügeln** bei erhöhten Temperaturen zwischen 60 und 120 °C unterstützt. Dabei reagieren die Bindemittel mit ausgeprägter thermoplastischer Eigenschaft stärker als die nicht thermoplastischen Bindemittel. Weil das für die Wahl der Verfahren, der Hilfsmittel, Auftragstechniken und Maschinenarbeiten so große Bedeutung hat, ist die Zuordnung der Bindemittel zu ihren thermoplastischen Eigenschaften für den Praktiker wichtig.

Dabei gilt die Regel, dass thermoplastische Bindemittel für Bügelzurichtungen, nicht thermoplastische Bindemittel für Glanzstoßzurichtungen eingesetzt werden.

Für die dünnen und harten Appreturen können einige Acrylat- und Polyuretan-Bindemittel in Betracht kommen, besonders wenn sie als „reaktive Polymerisate“ durch Vernetzer verdichtet werden können. **Klassische Appreturmittel** sind die Eiweißstoffe in Kasein, Milch und Blut, die synthetischen eiweißähnlichen Kondensationsprodukte (Polyamide) und die Kollodiumlacke und Kollodiumemulsionen. Die Cellulose-Aceto-Butyrat-Lacke (CAB) sind lichtecht und deshalb für weiße Zurichtungen geeignet. Auch pflanzliche Schleimstoffe aus Algen und Moosen werden zur Gestaltung von Lederoberflächen genutzt, doch sind diese Fleischseitenappreturen keine Zurichtungen im Sinne von Filmbildung und hohen Echtheiten. Immerhin ist eine Fleischseitenappretur für die mechanische Bearbeitung in der Zurichtung und für die Verarbeitung der Leder sehr hilfreich und hebt den Gesamteindruck glatter Leder. An der Muster-

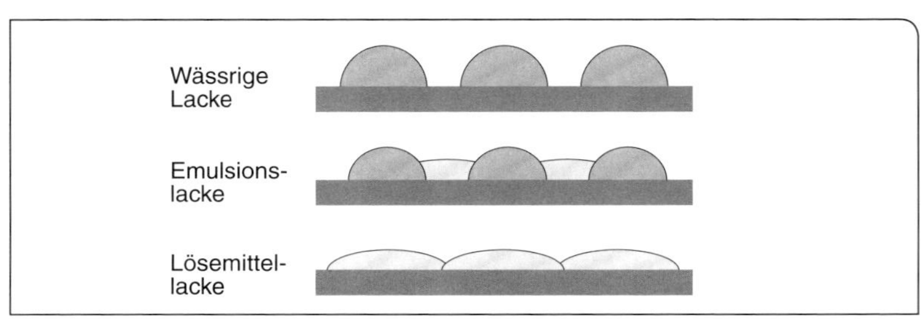

Abb. 56 Verlauf wässriger und organischer Systeme.

Tab. 21 Kenndaten organischer Lösungsmittel

	Lösend = L Verdünnend = V	Verdunst.zeit (Zahl)	Siedegrenzen °C
Diäthyläther	L	1	34–35
Aceton	L	2,1	55–56
Methylacetat	L	2,2	56–62
Methylethylketon (MEK)	L	2,6	79–81
Ethylacetat (Essigester)	L	2,9	74–73
Methylalkohol	V	6,3	64–65
Isopropanol	V	10,5	80–82
Butylacetat	L	12,5	110–132
Butanol	V	33	114–118
Cyclohexanon	L	40	150–156
Äthylglykol	L	43	132–136
Butylglykol	L	163	167–172

rezeptur (Tabelle 17) wurde deutlich, wie groß die erforderliche Lösemittelmenge ist um die Zurichtmittel in und auf das Leder zu bringen. Dies **Lösemittel** ist bevorzugt **Wasser**, kann aber auch ein organisches Lösungsmittel sein. Wasser hat aus ökologischer Sicht Vorteile, aus technischer Sicht aber den Nachteil der großen Oberflächenspannung. Es will immer zu Tröpfchen in Kugelform zusammenfließen. Lösungsmittel bilden echte molekuardisperse Lösungen, die das Leder schneller benetzen, tiefer eindringen und die besser verlaufen, weil ihre Oberflächenspannung viel geringer ist.

Die praktischen Auswirkungen werden deutlich, wenn man den Verlauf der Zurichtansätze mit verschiedenen Lösemitteln vergleicht.

Das Lösemittel Wasser soll möglichst weich sein, also wenig gelöste Stoffe enthalten, und wird stets mit Normaltemperatur als „kaltes" Wasser eingesetzt. Die **organischen Lösungsmittel** haben ihren Namen von der Fähigkeit, Nitrocellulose (Kollodium) in eine echte Lösung zu bringen. Können sie das nicht, sind aber zur weiteren Verdünnung einer Nitrocelluloselösung geeignet, zählen sie zu den **Verschnitt- oder Verdünnungsmitteln**. Die Verdunstungszeit der einzelnen Lösemittel ist sehr unterschiedlich und wird in Gemischen stark verändert. Das bei der Zurichtung zuletzt verdunstende Lösungsmittel sollte immer ein echtes Lösungsmittel sein um die homogene Filmbildung zu sichern. In Tabelle 21 sind diese Kenndaten für einige Lösungsmittel zusammengefasst.

Die organischen Lösungsmittel sind auch für entsprechende Polyuretan-Lacke und Cellulose-Aceto-Butyrat-Lacke (CAB) erforderlich. Bei reaktiven PU-Lacken dürfen die Lösungsmittel nicht mit dem Isocyanat reagieren. Hier scheiden die Alkohole als Lösungsmittel aus. Ester und Ketone müssen alkoholfrei sein. Die eingesetzten Lösungs-

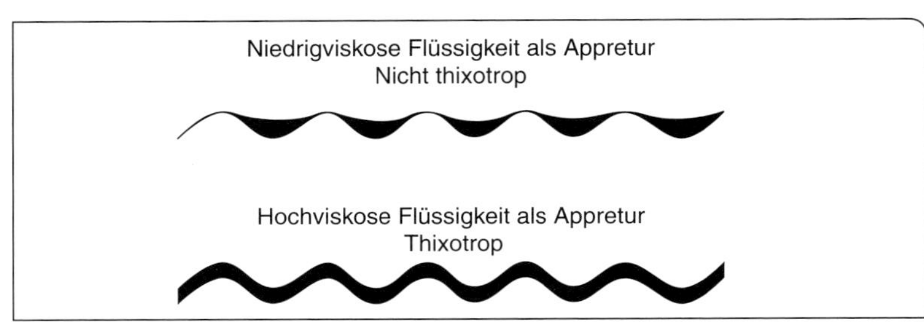

Abb. 57 Verhalten von Flüssigkeiten auf unebenen Oberflächen.

Hilfsmittel (Additive) für die Zurichtung von Leder sind:
- Netzmittel , Penetratoren,
- Verlaufmittel,
- Glanzmittel, Lüster,
- Mattierungsmittel,
- Griffmittel,
- Füllmittel,
- Antiklebemittel,
- Entschäumer,
- Schaumstabilisierungsmittel,
- Viskositätsregler,
- Weichmacher,
- Vernetzer, Härter.

mittel sollen bei allen Auftragstechniken so bemessen sein, dass sie erst dann verdunsten, wenn mit ihrer Hilfe die gelösten oder dispergierten Zurichtmittel auf der Lederoberfläche angekommen sind. Je besser die auf das Leder aufgetragenen Tröpfchen zu einem gleichmäßigen Film verlaufen, umso besser sind Glätte, Griff und die mechanischen Eigenschaften, ganz besonders die Reibechtheiten. In den Formulierungen für wässrige Zurichtansätze finden sich deshalb Zusätze von Hilfsmitteln, die ganz speziell den Verlauf verbessern. Die **Hilfsmittel** lassen eine Rezeptur für eine Zurichtung so kompliziert erscheinen. Sie sind, wie auch die Pigmente, nicht selbst filmbildend. Es sind eigentlich Fremdstoffe im idealen, reinen Bindemittelfilm und sollen deshalb nur bei wirklichem Bedarf und in der geringsten Menge eingesetzt werden. Benötigt man viele Hilfsmittel, sollte man die Bindemittelauswahl und die Bindemittelmenge überprüfen.

Handelt es sich dabei um fettartige Substanzen oder Wachse, dann muss genau geprüft werden, ob der nächste Auftrag noch ausreichend fest haften wird. Bei den **Härtern und Vernetzern** ist der Ansatz in möglichst kurzer Zeit zu verbrauchen, bevor die vernetzende chemische Reaktion schon im Topf einsetzt und die Filmbildung und Haftung verschlechtert. Diesen Zeitraum nennt man die Topfzeit. Die **Viskositätsregler** sind für die Walzenauftragstechnik wichtige Hilfsmittel für gleichmäßige Aufträge. Für Spritzaufträge mit geringen Auftragsmengen, wie es bei den Appreturen der Fall ist, hat die Viskosität noch eine weitere Bedeutung. Sie hilft mit, die Aufträge auch auf unebenen Oberflächen gleichmäßig zu verteilen. Dünnflüssige, niedrigviskose Aufträge würden in die Vertiefungen fließen, die Kuppen blieben ungeschützt. Kommt zur höheren Viskosität noch die Thixotropie hinzu, die das Fließen verhindert, sowie sich die Teilchen nicht mehr bewegen, dann kann die Appretur auf Prägungen, Schrumpfleder oder gemilltem Narbenleder einen gleichmäßigen Schutz der Oberfläche sicherstellen (Abbildung 57).

Normalerweise werden die Hilfsmittel in die jeweiligen Zurichtansätze gegeben und gut vermischt auf das Leder aufgetragen. Es gibt aber auch Hilfsmittel, die nicht auf die ganze Fläche verteilt werden sollen, und die deshalb nicht im Zurichtsystem eingesetzt werden können. Das sind zum Beispiel die **Stukko-Hilfsmittel**. Diese zähen Pasten aus weichen Polymerisat-Mischungen werden in einem Extra-

Arbeitsgang vor der Zurichtung in offene Narbenschäden gespachtelt. Sie füllen diese aus und verankern sich so fest in den Fasern am Rand, dass nach einem leichten Anschleifen dieser Stelle das Leder eine geschlossene Oberfläche zeigt und auch später bei Verarbeitung und Gebrauch diese stukkierte Schadstelle nicht mehr aufreißt.

Die nicht tropfenden Farben sind alle thixotrop. Sie sind im Ruhezustand fest und nur durch Bewegung werden sie flüssig.

6.1.4 Ausrüstungen

Auch nicht zu den eigentlichen Zurichtsystemen zählen die speziellen Ausrüstungen der Leder. Dabei handelt es sich um Produkte, die in möglichst hoher Konzentration an der Lederoberfläche wirksam werden, auch wenn sie teilweise weit in das Leder oder sogar durch den ganzen Querschnitt verteilt wurden. Die Ausrüstung bedeutet die deutliche Verbesserung von gebrauchsbezogenen Eigenschaften und kann oftmals nicht als gestaltendes Mittel genutzt werden, wenn die eingesetzten Produkte farblos und nicht filmbildend sind. Als Ausrüstung betrachtet man die Hydrophobierung, Oleophobierung, Sanitized-Ausrüstung mit Bioziden, Schimmelverhütung durch Fungizide, Flammschutz, Geruchsneutralisierung und Geruchsverstärkung. Auch das Auf- und Einbringen von Hilfsmitteln zur Steigerung der elektrischen Leitfähigkeit von Ledern etwa für Anwendungen an Elektronik-Arbeitsplätzen gehört zur Ausrüstung. Die in Wasser oder organischen Lösungsmitteln dispergierten Hilfsmittel werden in ganz unterschiedlichen Techniken aufgetragen.

Zu den Ausrüstungen und nicht zu den Zurichtungen zählen die Verfahren, in denen Fettstoffe und aufgeschmolzene Wachse in das trockene Leder gebracht werden. Für Geschirr- und Riemenleder, aber auch für leichte technische Leder sowie Schuhoberleder ist diese schützende Schicht auf der Oberfläche wichtig und ersetzt die Zurichtung. Es entsteht dabei kein geschlossener Film. Das helle Aufziehen an stark gedehnten Stellen wird im pull-up Effekt modisch genutzt – als zusätzliche Wirkung dieser Ausrüstung.

Von der Zurichtung der rauen, faserigen Oberfläche von Spaltleder kamen ganz neue Überlegungen zur Oberflächenveredelung von Leder. Lange galt es als der einzige richtige Weg, eine Zurichtung auf dem jeweiligen Leder in Schichten als Grundierung, Farbausgleich (Deckschicht) und Appretur aufzubauen. Von der Oberflächenveredelung anderer Werkstoffe war ein Weg bekannt, bei dem auf einem geeigneten Trägermaterial abseits vom Werkstoff die Zurichtung in umgekehrter Reihenfolge aufgebaut wurde. Erst die Appretur, dann die Deckschicht und dann die thermoplastische Grundierung. Bei dieser Zurichtart wird der Spalt auf diese Grundierung aufgelegt und durch Bügeln die Verbindung gesichert. Auch eine Prägung kann diese Aufgabe erfüllen. War bereits im Trägermaterial das Negativ einer vollnarbigen Lederoberfläche vorgegeben, so wurde dieser Eindruck auf den so zugerichteten Spalt übertragen oder transferiert. Die neue

Technik wird als „Beschichtung“ oder „Umkehrbeschichtung“ bezeichnet. Im **Levacast-Verfahren** von der Bayer AG wurde diese Beschichtung durch optimiertes Trägermaterial und ein reaktives 2-Komponenten Polyurethan-System zu einem hochwertigen Veredelungsverfahren entwickelt. In den **Transfer-Folien** werden optische Wirkungen von Perlmutt- und Metalleffekten bis zu Schlangen- und Reptilimitationen rationell möglich. Die gesamte Zurichtung ist dabei schon fertig aufgebaut und alle Schichten sind gleichmäßig getrocknet. So kann in kürzester Zeit mit wenigen Maschinenarbeiten ein Leder durch **Folienkaschierung** zugerichtet werden.

Grundsätzlich ist die Zurichtung die Bearbeitung von flach ausgebreiteten einzelnen Ledern. Die Beschaffenheit des Leders, seine Weichheit und Dehnbarkeit, Größe und Dicke kann so verschieden sein, dass für das Ein- und Aufbringen der Zurichtflotten unterschiedliche Auftragstechniken entwickelt werden mussten.

Das **Bürsten und Plüschen** wurde von Hand gemacht. Das Leder wurde auf einer Steintafel gut ausgebreitet und die dünnflüssigen Zurichtansätze mit weichen Bürsten, Schwämmen, Lammfell- oder mit Baumwollplüsch bezogenen Brettern auf das Leder aufgetragen und verteilt. Das **Wischen** brachte die Zurichtmittel tief in die Haarporen und sicherte gute Haftfestigkeit. Die Auftragsmenge je Fläche und damit die Schichtdicke war nicht gleichmäßig. Auch die Hilfe einfacher Vorrichtungen und Maschinen (Bürstenwalzen, Plüschbretter, Plüschmaschinen) konnte diesen Mangel nicht beheben. Plüschstreifen waren auch am fertigen Leder noch zu sehen durch Unterschiede in Farbe und Glanz. Das **Tamponieren** geprägter oder anders stark strukturierter Leder ist eine Sonderform dieser Handarbeiten. Hierbei soll die Zurichtflotte nur auf die Erhöhungen der Lederoberfläche gebracht werden. Das ergibt optische Effekte, doch sind das Lösemittel und die Viskosität sehr genau auf dieses Verfahren abzustimmen.

Das **Spritzen** ist wohl die vielseitigste Auftragstechnik. Man kann wässrige und lösungsmittellösliche Zurichtansätze spritzen. In Spritzmaschinen können mehrere auf einer Kreisbahn geführte Düsen (Pis-

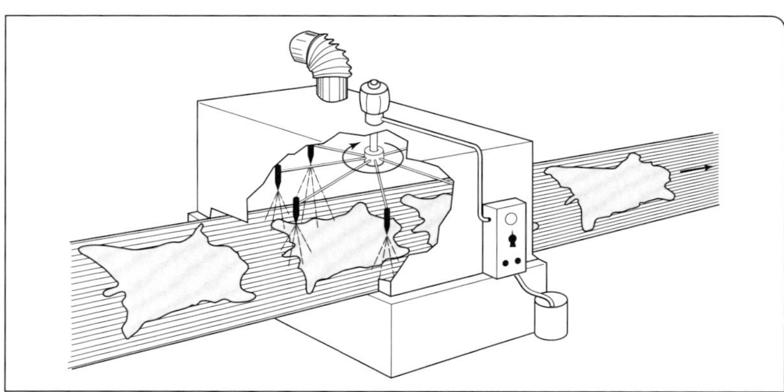

Abb. 58 Spritzzurichtung.

tolen) über einem Transportband auch sehr weiche und leichte Leder kontrolliert zurichten. Die Transport- und Verteilersysteme für die Zurichtflotten können mit Druckluft arbeiten oder über airmix, HVLP (High Volume Low Pressure) bis zu airless die Verluste durch zu starke Vernebelung (overspray) vermindern. In modernen Spritzanlagen werden die einzelnen Pistolen so gesteuert, dass sie nur spritzen, wenn sich Leder unter ihnen befindet. Die Auftragsmenge lässt sich sehr gut regulieren: durch die Geschwindigkeit des Transportbandes, die Geschwindigkeit der Pistolen und die Einstellung der Pistolen. Es ist üblich, das Transportband nach der Spritzkabine durch **Kanaltrockner** zu führen und dort den Zurichtauftrag sofort zu trocknen. Je nach Lederart und Zurichtsystem können dabei auf der Lederoberfläche Temperaturen von über 80 °C auftreten. Derartige Temperaturen sind für vernetzte Zurichtungen erforderlich um höchste Echtheiten zu erreichen.

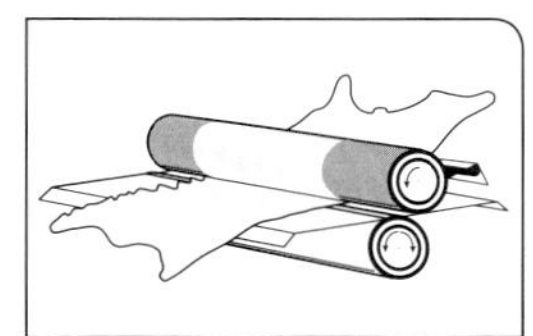

Abb. 59 Druckzurichtung in Walzenauftragstechnik.

Die **Walzenauftragstechnik** ist neben dem Spritzen zur zweitwichtigsten Auftragstechnik geworden. Dabei hat sich das dem Drucken ähnliche Verfahren für alle Lederarten und nahezu alle Zurichtarten eingeführt. Das Grundprinzip ist sehr einfach. Das Leder läuft flach ausgebreitet auf einem Transportband zwischen zwei Walzen hindurch, wovon die obere den Auftrag von Zurichtansätzen übernimmt, die untere als Andruckwalze den gleichmäßigen Berührungsdruck zwischen Leder und oberer Walze gewährleistet.

Die obere Auftragwalze ist auf ihrem Umfang durch definierte geometrische Raster so gestaltet, dass sie in den Vertiefungen die Zurichtflotte aufnimmt und bei Berührung mit der Lederoberfläche in der Druckzone an das Leder abgibt. Damit alle Vertiefungen gleichmäßig gefüllt werden, durchläuft die Walze ein Farbbett auf einem Rakel, der überschüssige Zurichtflotte abstreift. Bei dem **Gleichlaufverfahren** (rollcoating) bewegen sich die Walzen und das Leder mit nahezu gleicher Geschwindigkeit in die gleiche Richtung. Die Zurichtflotte wird gewissermaßen im Muster der Vertiefungen auf das Leder übertragen und muss dort zu einem Film verlaufen bevor sie trocknet. Das setzt beim Leder eine gleichmäßige Saugfähigkeit und Benetzbarkeit voraus. Bei großen Auftragsmengen ist das nicht immer

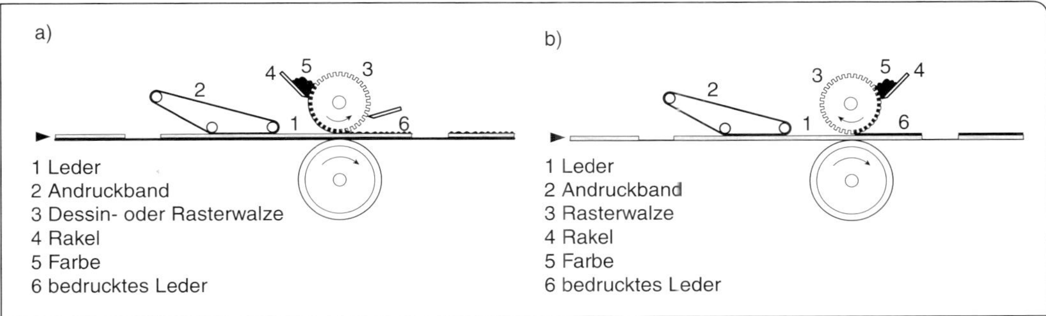

Abb. 60 Walzenauftragsverfahren:
a) Direktverfahren,
b) Revers-Verfahren

gesichert. Deshalb wird das Gleichlaufverfahren der Walzenauftragstechnik vorwiegend für geringere Auftragsmengen im Dessin- und Effektdruck und für Appreturen eingesetzt.

Im **Gegenlaufverfahren** (reverse coating) bewegen sich das Transportband mit dem Leder und die Andruckwalze in eine Richtung, die Auftragswalze dreht sich dieser Richtung entgegen. Das führt, insbesondere wenn die Auftragswalze schneller läuft, zu einem Verwischen der auf das Leder übertragenen Zurichtungströpfchen. Der Verlauf wird deutlich verbessert und wie beim Plüschen wird die Haftung auf der Lederoberfläche gesteigert. Weil so auch größere Auftragsmengen aufgebracht werden können, passt man die Gestaltung der Walzenoberfläche durch Kreuzlinienraster an, auch Haschuren genannt. Die Unterschiede in den Auftragsmengen sind aus Tabelle 22 ersichtlich.

Als besondere Vorteile deer **Walzenauftragstechnik** sind gegenüber der Spritztechnik zu nennen:
- Ein nahezu verlustfreies Arbeiten mit Materialeinsparung.
- Kontrollierbare und reproduzierbare Auftragsmengen.
- Umweltfreundlich, da keine Farbnebel entstehen.
- Kurze Rüst- und Reinigungszeiten.
- Gute Trocken- und Nasshaftfestigkeit der Grundierung.

Bei weichem Leder muss ein faltenfreier und gleichmäßiger Durchlauf durch die Maschine gewährleistet sein. Bei standigen Ledern und bei Spalten ergeben sich dabei weniger Schwierigkeiten. Auch muss die Lederdicke sehr gleichmäßig sein um bei gleichem Andruck den gleichen Verlauf zu ermöglichen. Dünnere Stellen, wie Metzgerschnitte, Ausheber, Spalt- und Falzfehler mit mehr als 0,2 mm Abweichung von der Lederdicke werden nicht oder unzureichend mit Zurichtflotte versorgt und somit hervorgehoben. Das schadet dem Sortiment. Die Walzenauftragstechnik ist sowohl für wässrige als auch für lösungsmittellösliche Zurichtungen geeignet.

Die Walzenauftragstechnik hat es ermöglicht, in den „Schaumzurichtungen" das Volumen geringer Feststoffmengen in Zurichtansätzen vorübergehend so zu vergrößern, dass ein gleichmäßiger Auftrag erleichtert wird. Nach der Trocknung des geschäumten Auftrages werden durch Prägen mit hohem Druck die Schaumbläschen zusammengedrückt und es entsteht eine geschlossene, gut deckende Zurichtschicht. Fehler und Unebenheiten des Narbens werden durch die **Schaumzurichtung** besser ausgeglichen als mit den konventionellen Zurichtsystemen. Bei Einsatz geeigneter Bindemittel – bevorzugt PU- und

Tab. 22 Zurichtungen mit der Walzenauftragstechnik

Gleichlauf-Auftrag / Roll-Coating

	Walze	Vertiefungen pro cm²	Auftragsmenge g/m²
Raster	25	625	40–45
	40	1600	12–15
	60	3600	< 10

Gegenlauf-Auftrag / Contra-Coating

	Walze	Doppel-Haschuren pro cm²	Auftragsmenge g/m²
Haschur	10	10	100–300
	20	20	50–150

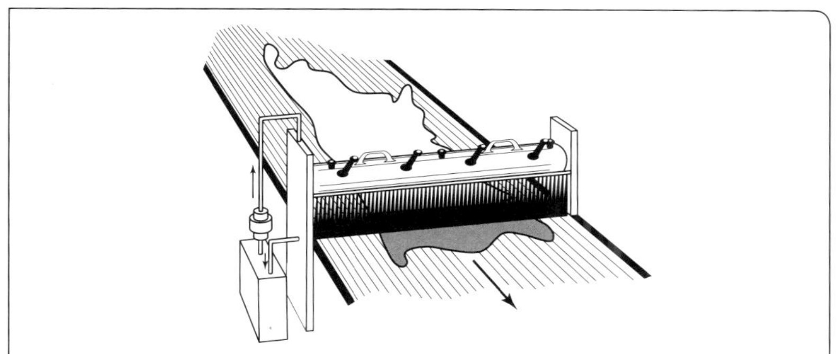

Abb. 61 Gießzurichtung.

Acrylat-Dispersionen – werden hohe Echtheiten und Haftfestigkeiten erreicht, weshalb dieses System zur Aufbesserung geringer Sortimente (upgrading) und für die Zurichtung von Spaltledern eingesetzt wird.

Schaum ist eine kolloide Lösung eines Gases in einer Flüssigkeit. Für die Schaumzurichtung wird Luft in einen wässrigen Ansatz von Zurichtmitteln geleitet und dieses Gemisch mechanisch homogenisiert. Dazu sind spezielle Geräte entwickelt worden. Für den Transport des viskosen, träge fließenden Schaums sind leistungsstarke Kolbenpumpen erforderlich. Dann kann der Schaum durch airless-Spritzverfahren oder durch das Gegenlaufverfahren der Walzenauftragstechnik in Mengen zwischen 60 und 300 g/m^2 in einem Auftrag auf das Leder gebracht werden. Die Trockenkanäle müssen diesen Mengen angepasst werden.

Ein Auftragsverfahren, bei dem eine Schaumbildung ganz erheblich stören würde und deshalb gezielt verhindert wird, ist das **Gießen**. Bei der Lackierung fester Werkstoffe, zum Beispiel Holzplatten, hat sich dieses einfache Verfahren bewährt. In der Lederzurichtung wird das Gießen gerne für den Auftrag dickerer Schichten genutzt. Das können wässrige Grundierungs- und Deckfarbenaufträge auf Schleifbox und Spaltleder sein. Es können aber auch lösungsmittellösliche Lacke zu größeren Schichtdicken gegossen werden, was bei Lackleder praktiziert wird. Der Unterschied zu den anderen Auftragstechniken besteht darin, dass die Zurichtungsflotte nicht in Tröpfchen aufgeteilt und bahnenweise aufgetragen wird. Sie wird als zusammenhängender Film über die ganze Breite und Länge des Leders gegossen und muss nicht mechanisch verteilt werden. Das meist standige Leder läuft waagrecht auf einem Band-Transportsystem unter einem Gießkopf hindurch, aus dem kontinuierlich ein Farbvorhang in eine Auffangwanne herunterfließt. Kommt ein Leder, so legt sich dieser Schleier auf die Lederoberfläche. Durch Einstellung der über die Gießlippe fließenden Menge, der Viskosität und der Transportgeschwindigkeit des Leders bis zu 40 m/min kann der Gießfilm seiner Zusammensetzung, seiner Funktion und dem jeweiligen Leder angepasst werden. Die Gießzurichtung ist ein verlustarmes System mit großer Leistung.

Abb. 62 Zeichen für beschichtetes Leder.

Zu den Zurichtungen mit spezieller Auftragstechnik gehören die **Beschichtungen**. Hierbei werden kompakte oder geschäumte Schichten über 0,15 mm Dicke auf das Leder aufgebracht. Auf stark geschliffenen Ledern und Spaltleder entsteht der Eindruck einer geschlossenen Narbenoberfläche. Abweichend von den besprochenen Auftragsverfahren wird bei den Beschichtungen das Leder auf die Zurichtung gebracht. Auf Papier, PU-Folien oder Silikonkautschukmatrizen, glatt oder mit einer Prägung versehen, wird die Zurichtung in einer oder mehreren Schicht aufgetragen und das Leder auf die noch frische Grundierung gelegt und angedrückt um gute Haftung zu erreichen. Nach der Trocknung im Trockenkanal wird das Leder vom Trägerpapier, der Folie oder der Matrize abgezogen. Geschäumte Beschichtungen lassen sich sehr gut prägen.

Für die Gestaltung von Oberleder-Zuschnitten bieten PVC-haltige Beschichtungen den zusätzlichen Vorteil, dass über Hochfrequenz-Prägevorichtungen Nähte und andere Verzierungen nachgebildet werden können.

Eine weitere spezielle Auftragstechnik ist der **Siebdruck**. Hier werden nacheinander Pigmente mit Polymerisatbindemittel über Siebe auf das Leder aufgerakelt. Durch die Gestaltung der offenen Flächen in den Sieben entstehen exakt reproduzierbare Dessins. Dieses Verfahren wird für exklusive Bekleidung, Täschner- und Buchbinderleder genutzt. Die transparente Appretur wird in Glanz und Härte auf den Verwendungszweck der Leder abgestellt und im Spritzverfahren aufgebracht.

Weil die Gestaltung und Veredelung der Lederoberfläche sowohl das Sortiment verbessern als auch modischen und technischen Entwicklungen folgen muss, werden verschiedene Auftragstechniken am gleichen Leder eingesetzt. Eine reine Spritzzurichtung oder eine reine Gießzurichtung ist die Ausnahme. Die **Kombination mehrerer Verfahren** erlaubt die optimale Anpassung der Zurichtung an alle künftigen Anforderungen an das Leder.

Es ist verständlich, dass die Zurichtung eines feinnarbigen, festnarbigen, gleichmäßig gefärbten und saugfähigen Leders mit einheitlicher Dicke weniger Arbeitsgänge und Materialeinsatz erfordert als die Zurichtung eines Leders aus schlechter Rohware mit geringerem Sortiment.

Daraus ergibt sich die Regel, dass bei abnehmendem Sortiment der crust-Leder immer mehr für die Zurichtung aufgewendet werden muss.

Das führt zu steigenden Kosten, die irgendwann die Sortiments-Wertsteigerung übertreffen. Dann lohnt es sich nicht mehr, noch mehr Arbeit und Material in die Zurichtung zu stecken. Aus Kostengründen muss dann die Zurichtung vereinfacht werden, was zum Beispiel durch Beschichtungen möglich wird. In Abbildung 63 wird aufgezeigt, wie mit abnehmendem Rohwarensortiment zunächst versucht wird, vollnarbige Leder über Effekte aufzuwerten, bis die Narbenschäden dazu zwingen, die Leder narbenseitig zu schleifen. Auf dieser aufgerauten Oberfläche den Eindruck eines vollnarbigen Leders zu erwecken, bedeutet großen Aufwand. Wird eine kostende-

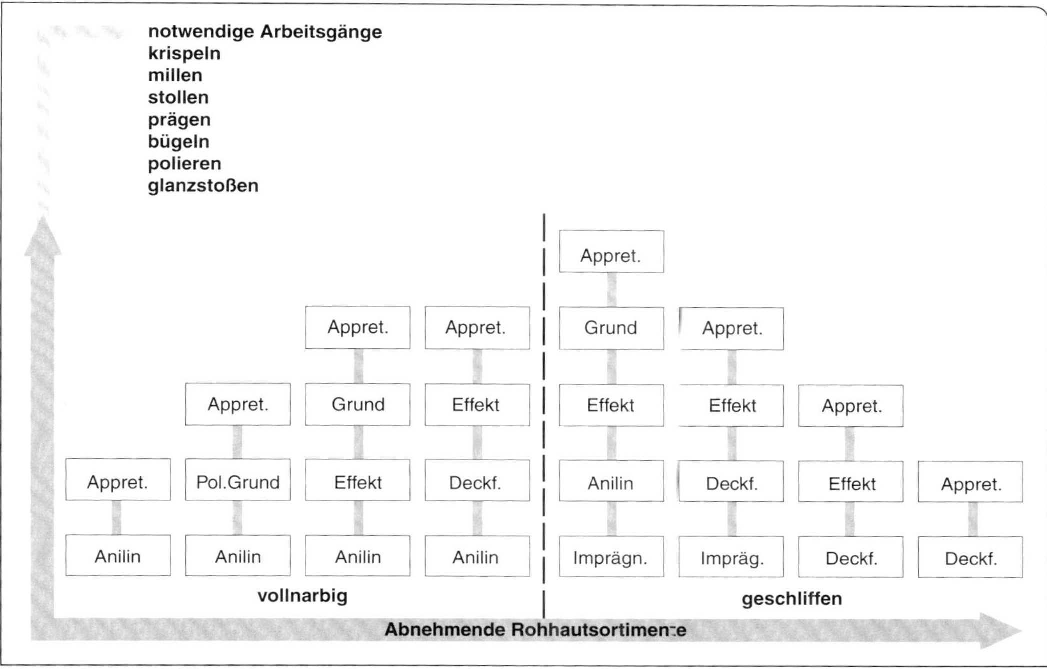

Abb. 63 Zurichtung Oberleder abnehmender Sortimente.

ckende Wertsteigerung nicht mehr erreicht, werden weniger Schichten mit stärkerer Deckung in rationelleren Verfahren aufgebracht.

Alle Zurichtungsaufträge, wässrige und lösungsmittellösliche gleichermaßen, sollen nach dem Auftragen möglichst rasch das Lösemittel wieder abgeben. Dazu wird in der Regel Wärme und starke Luftbewegung eingesetzt. Damit der Verlauf zu einem gleichmäßigen Film nicht gestört wird, führt man die Transportbänder mit den waagrecht darauf liegenden Ledern direkt weiter durch Trockenkanäle. Hier lassen sich die Wärme und Luftströmungen steuern. Das ist wichtig für die Trocknung größerer Auftragsmengen. Beginnt die Trocknung zu intensiv, dann trocknet die Oberfläche zu einem dichten Film und das Lösemittel aus der eigentlichen Zurichtschicht kann nicht mehr trocknen oder muss erschwert verdunsten. Es ist aber sehr wichtig für die Qualität einer Zurichtung, dass jeder Auftrag trocknen kann, bevor ein weiterer Auftrag erfolgt. Wird beispielsweise eine organisch gelöste Appretur auf eine wässrige Deckschicht aufgespritzt, dann muss diese wässrige Deckschicht unbedingt völlig getrocknet sein. Anderenfalls werden Haftung und Reibechtheit nicht die gewünschten Werte erreichen. Zur **Trocknung** von Zurichtaufträgen werden Temperaturen bis 80 °C in den Trockenkanälen erzeugt. Besonders bei wässrigen Imprägnierungen und Grundierungen sind höhere Temperaturen riskant für das Leder, weniger für die Zurichtung selbst. Je nach Zusammensetzung und Auftragstechnik wird ein Teil des Auftrags in die Papillarschicht des Leders eindringen und die Fasern befeuchten und anquellen. Weil die Schrumpfungstemperatur der Leder oft nicht bekannt ist, denn sie wird durch Nachgerbung, Fettung, Fixierung und Trocknung stark beeinflusst, hält man diesen Bereich um 80 °C für angemessen. Solange noch Feuchtigkeit im Leder ist, könnte es bei höheren Temperaturen zu Verhärtungen und sogar zu Flächenschrumpfungen des Leders kommen.

Für die Filmbildung aus Polymerisatteilchen des Bindemittels ist es ebenfalls wichtig, das Lösemittel Wasser möglichst vollständig zu entfernen. Diese Filmbildung ist ja nicht mit dem Entstehen einer geschlossenen Folie auf dem Leder zu vergleichen. Sie ist vielmehr ein immer dichteres Zusammenlagern der Oberflächen der einzelnen Polymerteilchen. Dabei bilden sich zuerst Kugelpackungen, in denen sich die Polymerteilchen nur punktförmig berühren. Die Zwischenräume sind noch von Lösemittel ausgefüllt. Im weiteren Verlauf der Trocknung verdunstet das Lösemittel und entweicht durch diese Zwischenräume. Die Polymerteilchen lagern sich dichter zusammen und verformen sich dabei zu Polyedern um größere Berührungsflächen zu bilden. Der Feststoffgehalt der Zurichtschichten in diesem Stadium liegt schon bei über 90 %. In der Endstufe der Trocknung werden die Zwischenräume so eng, dass der Eindruck eines geschlossenen Filmes entsteht. Die physikalischen Eigenschaften werden deutlich verbessert. Die Polymerteilchen bilden jetzt eine Struktur, die einer Bienenwabe gleicht. Aber es bleiben noch immer engste Zwischenräume, die ermöglichen, dass Wasserdampf und andere gasförmige Stoffe durch diese dichte Schicht diffundieren können. So bleibt die für Tragehygiene und Wohlbefinden so wichtige Wasserdampfdurchlässigkeit auch bei derart zugerichteten Ledern erhalten.

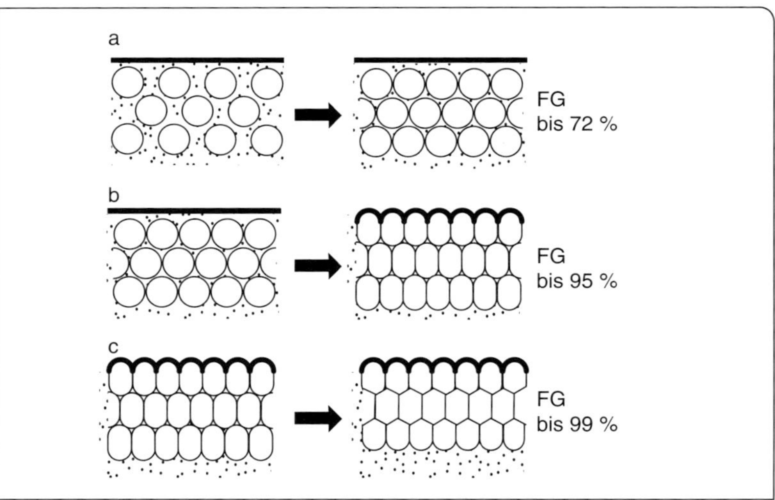

Abb. 64 Filmbildung aus wässrigen Dispersionen.

Tab. 23 Vernetzer in Zurichtungen

Vernetzertyp	Anwendungsbeispiel
Metalloxid	Butadienzurichtungen (Spalte)
Carbodiimid	PU-Appreturen (wässrig)
Epoxid	Grundierungen und Appreturen (wässrig)
Isocyanat	Appreturen (organisch) Appreturen (wässrig/organisch)
Formaldehyd	Kaseinzurichtung
Aziridin	Grundierungen und Appreturen
Photoinitiator + UV-Strahlung	Appreturen

Je feinteiliger eine Polymerisatdispersion ist, umso dichter wird die Struktur einer Zurichtschicht in der Endstufe der Trocknung sein, umso höher die Werte für die physikalischen Eigenschaften. Deshalb haben sich die besonders feinteiligen „Mikrobinder“ für anilinartige Zurichtungen auf vollnarbigen, weichen Ledern vom Typ „Nappa“ bewährt. Für Leder mit ganz besonders hohen Anforderungen an Haftfestigkeit, Reibechtheit, Kratzfestigkeit und Beständigkeit gegenüber Feuchtigkeit können die Bindemittel durch innere Vernetzung stabiler gemacht werden. Dabei sind diese Vernetzungsvorgänge recht komplizierte chemische Abläufe. Das Bindemittel muss freie reaktive Gruppen haben. Der Vernetzer muss diese Gruppen miteinander verbinden und so das in der Dispersion als Knäuel vorliegende lange Polymerisatteilchen festigen. Bei den sehr unterschiedlichen reaktiven Gruppen in den Polymerisaten sind jeweils entsprechende **Vernetzer** erforderlich.

Alle Vernetzer müssen eine hohe Reaktionsbereitschaft haben. Weil sie auch mit der menschlichen Haut heftig reagieren können, sind für den Umgang mit Vernetzern besondere Vorsichtsmaßregeln zu beachten.

Die vernetzende Reaktion beginnt sofort beim Zusammenmischen von Polymerisatbindemittel und Vernetzer im Zurichtansatz. Dabei verändern sich Teilchengröße, Viskosität und Verlaufeigenschaften. Die Mischung hat eine bestimmte Topfzeit, innerhalb derer sie auf das Leder aufgebracht sein muss. Danach sind die Eigenschaften der Zurichtung nicht mehr gewährleistet.

Die Verbesserung der physikalischen Werte vernetzter Zurichtungen ist eine temperaturabhängige Zeitreaktion, die bei Raumtemperatur einige Tage bis Wochen dauert. Je höher die Trocknungstemperatur, umso schneller werden die Endwerte erreicht. Sind die Leder in Gerbung, Färbung, Fettung, Nachgerbung und der Haupttrockung so weit stabilisiert, dass sie auch Temperaturen bis 150 °C über mehrere Minuten unbeschadet überstehen, dann können auch noch andere Vernetzer eingesetzt und die Endwerte in produktionsnah kurzer Zeit erreicht werden.

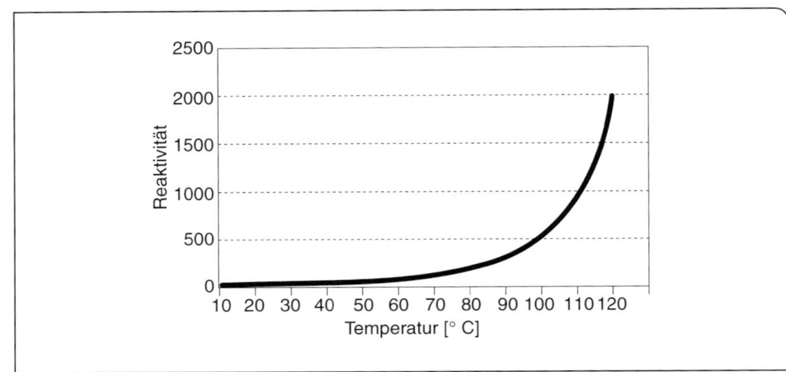

Abb. 65 Abhängigkeit der Vernetzung von der Trocknungstemperatur.

Am Anfang der Trockenstrecke sollten Temperaturen von 65–85 °C Leder und Zurichtung gleichmäßig erwärmen. Dann kann bei circa 100 °C die eigentliche Trocknung erfolgen. Die letzte Heizzone bei 110 bis 130 °C verdichtet die Polymerschichten und beschleunigt eine Vernetzung. Vor dem Verlassen des Trockenkanals sollten die Leder in einer Kühlzone unbedingt soweit abgekühlt werden, dass beim Stapeln keine Nachreaktionen mehr zu befürchten sind. Die könnten zu Verhärtungen oder zum Zusammenkleben der Leder führen.

Für die Praxis der Trocknung während der Zurichtung lassen sich für die meisten Leder bei Einsatz thermoplastischer, vernetzter oder unvernetzter Polymerisatbindemittel die Erfahrungen in einer Empfehlung zusammenfassen:

6.2 Mechanische Bearbeitung der Lederoberfläche

Diese Arbeiten stellen keinen gesonderten Block von Bearbeitungen dar, vielmehr werden diese Arbeiten im Verlauf der Zurichtungen zwischen den einzelnen Aufträgen jeweils nach Bedarf durchgeführt. Auch werden nicht alle Arbeitsgänge an allen Ledern vorgenommen. Es ist dem Fingerspitzengefühl, der Erfahrung und dem Können des Zurichters überlassen zu entscheiden, welcher mechanische Arbeitsgang wann und an welchem Leder durchgeführt wird.

Die größte Bedeutung hat das **Bügeln**, wobei die Narbenseite unter Druck gegen eine hochglanzpolierte warme Metallfläche gedrückt wird.

Die Wirkung des Bügelns besteht nicht nur im Glätten der Oberfläche, vielmehr sollen dabei die thermoplastischen Bindemittel etwas erweichen und zu einem gleichmäßigen, dichten Film werden. Dazu sind Temperaturen über 70 °C erforderlich. Weil die Zurichtung aus mehreren Schichten aufgebaut wird, muss das gleiche Leder eventuell mehrmals gebügelt werden.

Wurde die Zurichtung mit Bindemitteln ausgeführt, die nicht durch Wärme weich werden, die also nicht thermoplastisch sind, so kann das Glätten des Narbens und die Glanzgebung durch das **Glanzstoßen** erfolgen. Dabei gleitet eine Glas- oder Achatrolle, in einem Pendelarm festgehalten, unter Druck sehr rasch über das Leder. Die Reibungswärme führt zu einem ganz besonders brillanten Glanz. Die Poren werden durch die Bewegung etwas zusammengeschoben, was zu einem eleganteren Aussehen des Leders führt. Zum Glanzstoßen eignen sich Appreturen auf Eiweiß-, Polyamid- und Collodiumbasis.

Die dritte Möglichkeit, der Lederoberfläche im Rahmen der Zurichtung zu gleichmäßigem Glanz, zu Glätte und einem feinen Narben zu verhelfen, ist das **Polieren**. Es wird auf crust-Ledern durchgeführt um Benetzbarkeit und Saugfähigkeit vor der Zurichtung zu regulieren. Auch einen Kuppenglanz bei matten Vertiefungen kann man damit erreichen. Bei Handschuhledern ergibt das Polieren auf einer Plüschwalze den besonderen, glatten Griff, wenn vorher etwas Talkum auf dem Narben verteilt wurde.

Bei einigen Lederarten, zum Beispiel Feinledern, Täschnerledern und Schuhoberledern, möchte man durch das Prägen bestimmte modische Wünsche erfüllen. Wie beim Bügeln finden dazu hydraulische Pressen mit feststehenden Prägeplatten und auch Walzenprägemaschinen Verwendung. Das **Prägen** ist vielfach Voraussetzung für Zweifarbeffekte auf den Ledern. Solche Farbunterschiede werden schon beim Prägen durch den Druck und die Temperatur bewirkt. Sie können auch durch bestimmte Auftragstechniken in der Zurichtung wie **Schrägspritzen** oder **Tamponieren** erreicht werden. Hierbei werden nur die Kuppen der geprägten Lederoberfläche angefärbt oder eine angefärbte Appretur von den Kuppen eines geprägten Leders abgewaschen (Wisch-Zurichtung).

Einen ganz besonderen Effekt bewirkt das **Krispeln oder Levantieren** zuvor glatter Leder. Krispelt man in zwei Richtungen senkrecht zueinander – der Zurichter spricht von vier Quartieren – entsteht ein Karomuster, der typische Box-Narben. Gekrispelt werden feine Täschnerleder und Schuhoberleder. Die bekannteste Lederart ist das Saffianleder.

Das **Weichmachen** der Leder, das Lockern des Faserverbandes ohne Eingriff in die Festigkeit, muss im Laufe der Zurichtung wiederholt durchgeführt werden. So wie die Leder nach der Trocknung verspannt sind und gestollt werden müssen, so sind sie auch verspannt, wenn das Wasser aus Zurichtaufträgen verdunstet ist. Das Stollen wurde bei den Arbeiten vor der Zurichtung bereits beschrieben. Für das Stollen in der Zurichtung stehen Maschinen bis 3000 mm Arbeitsbreite zur Verfügung.

Die weichen Lederarten können partieweise schnell und gleichmäßig durch das **Millen oder Trockenwalken** weichgemacht werden. Die trockenen, teil- oder fertig zugerichteten Leder werden in schmalen, hohen Fässern bei hoher Drehzahl für die Dauer von bis zu 15 Stunden bewegt. Das Stauchen und Strecken führt zu einer starken Lockerung des Faserverbandes und ergibt Griff und Aussehen der modischen Nappaleder.

Zu den mechanischen Arbeiten im Bereich der Zurichtung ist auch das **Verdichten der Faserstruktur** zu zählen, das bei Sohlenleder mit der Karrenwalze oder der Rollenpresse durchgeführt wird und unter dem Begriff „Walzen“ der Leder bekannt ist.

Auch das schon früher erwähnte Schleifen mit nachfolgendem Entstauben der Lederoberfläche ist den Zurichtarbeiten zuzuordnen.

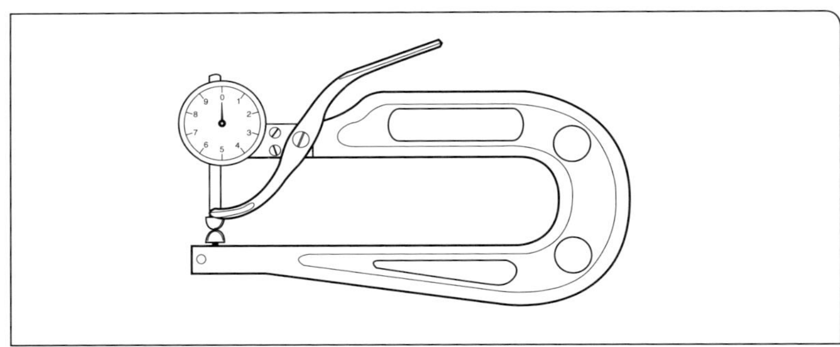

Abb. 66 Lederdickenmesser

Als Maßeinheit werden Quadratdezimeter für Felle, Quadratmeter für großflächige Leder herangezogen. Das alte Flächenmaß eines Quadratfußes (qfs) wird noch angetroffen, wobei 1 qfs = 9,29 dm^2 entspricht oder 1 m^2 = 10,76 qfs.

Das gilt für stukkierte, imprägnierte oder narbenkorrigierte Lederarten wie auch für Raulederarten.

Damit ist der eigentliche Arbeitsablauf der Lederherstellung abgeschlossen. Die verschiedenen Lederarten liegen als verarbeitungsfähiger Flächenwerkstoff glatt auf dem Sortiertisch. Sie werden vom Gerber und vom Zurichter ein letztes Mal beurteilt und treten als Handelsgut den Weg zum Verarbeiter an. Heute wird mit wenigen Ausnahmen das Leder nach seiner Fläche gehandelt. Nur Sohlenleder, technische Leder, Riemenleder und stärkere Blankleder werden noch nach Gewicht berechnet.

Die **Ermittlung der Fläche** des unregelmäßig geformten Leders ist also eine wichtige Aufgabe.

Bei den mechanischen Messmaschinen wird die Fläche mit Stahlstiften abgetastet, bei den elektronischen Messmaschinen mit Lichtstrahlen und Photozellen.

Die Dickenmessung, für die Verarbeitungstechniken eine wichtige Kontrollmöglichkeit, wird mit beweglichen Tastern und Messuhren vorgenommen, die bis auf 0,01 mm Genauigkeit anzeigen.

7 Maschinen und Einrichtungen zur Lederherstellung

Seit ältesten Zeiten aus praktischen Gründen und heute aus gesamtökologischer Verantwortung werden die chemischen Arbeitsgänge der Lederherstellung in wässrigen Lösungen durchgeführt. Dabei wird das Hautmaterial in Wasser bewegt. Das Wasser soll jedes einzelne Stück umspülen um den Transport von Substanzen aus der Haut oder in die Haut sicher zu ermöglichen. In jedem Stadium und für jede Art der Rohware sind dafür spezifische Mindestmengen erforderlich, die je nach der Konstruktion und Funktionsweise der verwendeten Gefäße in weiten Grenzen schwanken. In stehenden Gefäßen, in Gruben und Haspeln, braucht man ein Mehrfaches der Masse des Hautmaterials an Wasser.

In bewegten Gefäßen, in Fässern, Mischern und Gerbmaschinen braucht man etwa die gleiche Menge oder sogar weniger Wasser als man Hautsubstanz bearbeitet. Dafür muss man für die Drehbewegung mehr in die Antriebsenergie investieren. Der große Vorteil bewegter Gefäße liegt in der schnelleren und gleichmäßigeren Durchmischung und damit einer kürzeren Zeit. Bei vielen chemischen Prozessen in der Lederherstellung erfolgt die eigentliche Reaktion innerhalb weniger Minuten.

Den größten Anteil der Prozessdauer verbrauchen die gleichmäßige Verteilung im Gefäß und die Diffusion an die richtige Stelle im Feinbau der Haut. Deshalb ist man bestrebt, in der verfügbaren Zeit möglichst viele Häute oder Felle zu bewegen. Die **Gerbfässer** werden immer größer. Partiegrößen bis 20 t werden heute in einem Fass bearbeitet. Nur eine ständige Kontrolle der Vorgänge im Fass sichert das Ergebnis und lässt Fehler vermeiden. So sind die Fässer mit außen liegenden Mess- und Regeleinrichtungen ausgestattet, die über Schöpfsysteme durch die hohle Achse laufend eine Prozesskontrolle ermöglichen. Die Messwerte werden zur Dokumentation der Qualitätssicherung aufgezeichnet. Temperatur und pH-Werte können exakt geregelt werden. Die Durchmischung wird durch Zapfen oder schräg angeordnete Bretter im Innenraum der Fässer gefördert. Sie bewirken das Durchwalken des Hautmaterials.

Neben dem altbewährten Holzfass stehen heute die Gerb- und Färbefässer aus Edelstahl. Durch besondere Konstruktionen und große Öffnungen erleichtern sie das Füllen und Entleeren.

Eine Sonderform der Fässer sind die nicht zylindrisch um eine waagrechte Achse sich drehenden **Gerbmischer**. Ihre Form ist von Beton- Transportmischern bekannt. Mit ihrer Neigung um circa 15° und der großen Öffnung lassen sie die Befüllung leicht mechanisieren. Die großen Spiralen im Innenraum fördern in einer Drehrichtung

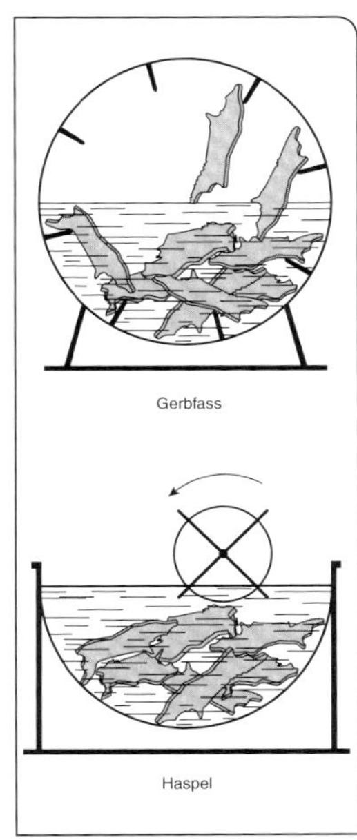

Abb. 67 Gerbfass und Gerbhaspel

Abb. 68 Gerbfässer in einer modernen Gerberei.

das Hautmaterial zum Gefäßboden, in der anderen Drehrichtung zur Öffnung, was ein gleichmäßiges Entleeren erleichtert.

Sowohl von den Fässern als auch von anderen Gefäßen gibt es eine Fülle von Variationen in Größe, Material und Ausstattung. Die Geschwindigkeit der Drehbewegung wird jeweils dem bearbeiteten Hautmaterial, der beabsichtigten Reaktion und möglichen Nebenwirkungen durch Schaumbildung, Oxidation oder Scheuern an der Gefäßwand und der Größe des Gefäßes angepasst. Die Achsen sind in aller Regel aufgebohrt um Druckausgleich, Zugaben und Probennahmen im laufenden Betrieb zu ermöglichen. Die großen Deckel, mit denen die Öffnungen im Fasskörper dicht verschlossen werden, können durch pneumatische Hilfen leichter bewegt werden.

Werden Hilfsmittel in fester Form oder als Pulver zugegeben, dann muss das Gefäß angehalten, der Deckel geöffnet, wieder verschlossen werden und das Gefäß erneut in Bewegung gesetzt werden. Einfacher und gleichmäßiger ist die Zugabe flüssiger Hilfsmittel durch die hohle Achse in das sich drehende Gefäß. Dabei übernehmen Pumpen die Dosierung.

Die ursprünglich zur Prozesskontrolle entwickelten Schöpfsysteme in so genannte „Laborboxen" außerhalb des Gefäßes wurden inzwischen mit Zusatzaggregaten verbunden, die ein Herausfiltern von Flotteninhaltsstoffen während des Arbeitsganges erlauben. So können im haarerhaltenden Äscher die gelockerten, abgescheuerten Haare laufend aus der Flotte entnommen werden, die wieder in das Gefäß zurückfließt. Das ist eine große Hilfe in der betrieblichen Abfallwirtschaft.

Abb. 69 Edelstahl-Gerbfass.

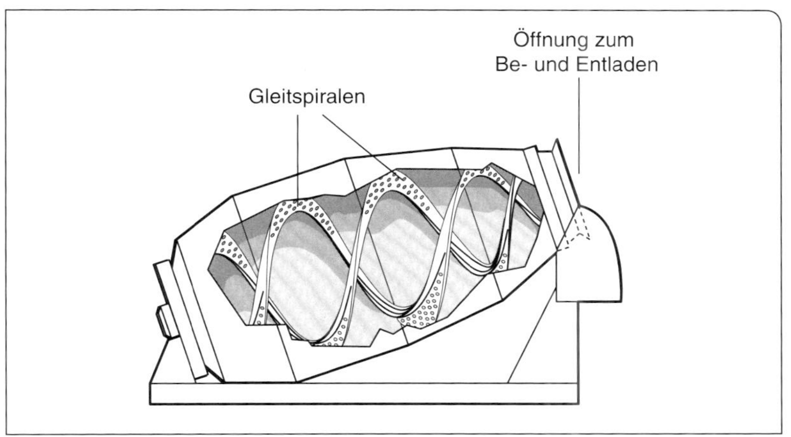

Abb. 70 Gerbmischer (Hide Processor).

Die mechanische Bearbeitung fügt sich in das Ablaufschema der Lederherstellung ein. Zu Beginn stehen Trennverfahren. Das lockere Unterhautbindegewebe wird in den **Entfleischmaschinen** durch Messerwalzen vom dichteren Kollagen der Lederhaut getrennt. Die spiralig nach außen wirkenden Messer schneiden oder schaben das „Leimleder" von der Fleischseite und strecken dabei die Haut um Falten zu vermeiden. Der nötige Gegendruck für die rotierende Messerwalze wird durch entsprechend harte Gummiwalzen oder regelbare pneumatische Polster geschaffen. Für den Transport sorgen mehrere Transportwalzen, deren Ausführung und Oberflächengestaltung sich nach dem Hautmaterial richtet. Für den geeigneten Zeitpunkt dieses „Entfleischen" genannten Arbeitsganges gibt es viele Entscheidungskriterien. Je früher diese nichtledergebenden Teile der Haut abgetrennt werden, umso vielseitiger ist deren weitere Nutzung und umso ökonomischer die weiteren Arbeitsgänge der Lederherstellung.

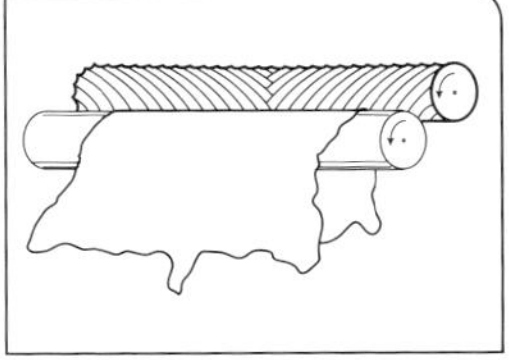

Abb. 71 Entfleischen.

Zum Entfleischen müssen die Häute und Felle einzeln geordnet und bereitgestellt werden. Da bietet es sich an, diese anschließend auf eine für die weitere Be- und Verarbeitung günstige Form zu beschneiden. Wegen der individuellen Größe und Gestalt jeder einzelnen Haut geschieht dies von Hand.

Lassen es Beschaffenheit, Zustand und weitere Technologie zu, dann kann ein weiterer Trennvorgang, das Spalten mit der **Bandmesserspaltmaschine** durchgeführt werden.

Hier wird, meistens als Blöße, aber auch in anderem Zustand, der Narbenteil in gleichmäßiger Dicke von dem unteren Teil der Retikularschicht, dem Spalt, getrennt. Dieser Arbeitsgang entscheidet ganz wesentlich über die Wirtschaftlichkeit des gesamten Verfahrens. Der Spalt aus hochwertigem Kollagen soll diesen Wert als Spaltleder behalten. Nicht zu Leder verarbeitbare Teile des Spaltes werden von chemischen Industrien als Rohstoff für Eiweißprodukte genutzt. Das Spalten ist der einzige Trennvorgang, bei dem die abgetrennte Masse

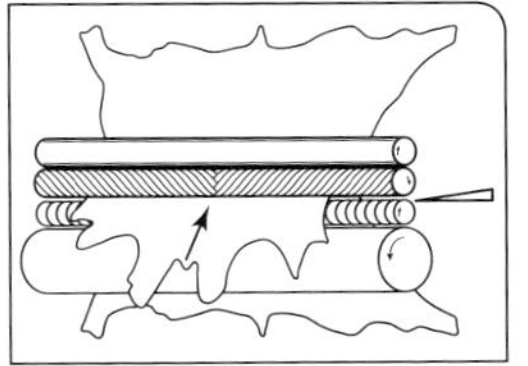

Abb. 72 Spalten.

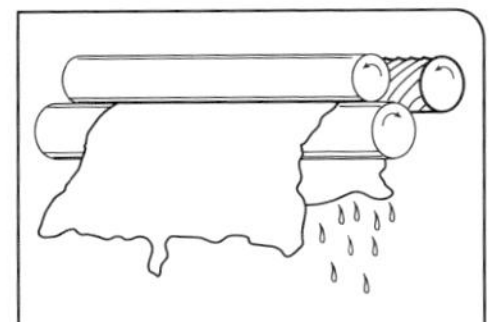

Abb. 73 Falzen.

der Haut als zusammenhängendes Stück anfällt. Spätere trennende Bearbeitungen sind immer spanabhebend und liefern kleine Lederspäne oder Lederstaub.

Das **Falzen**, ähnlich dem Entfleischen mit rotierenden, spiralig auf einer Walze angeordneten Messern, gleicht Strukturunterschiede aus und bringt die meisten Leder auf ihre endgültige Dicke. Diese wird durch den Abstand der Messerwalze von der harten, verchromten Auflagewalze bestimmt. Alles was dicker ist als der Spalt zwischen diesen Walzen wird in Form der Falzspäne weggeschnitten. Der günstigste Weg zur Entsorgung dieser Falzspäne entscheidet oft über den Zeitpunkt, zu dem das Falzen vorgenommen wird.

Werden bei der Verarbeitung der Leder besonders hohe Anforderungen an die Gleichmäßigkeit der Lederdicke gestellt, dann kann in dafür besonders ausgestalteten Maschinen das getrocknete Leder „trockengefalzt“ werden. Das Trockenfalzen vermindert die Festigkeitseigenschaften, erlaubt aber die geringste Dickentoleranz.

Nicht zur Einstellung einer gleichmäßigen Lederdicke geeignet ist der letzte maschinelle Trennungsvorgang, das **Schleifen**. In Abhängigkeit von Lederbeschaffenheit, Körnung des Schleifmaterials, Härte der Auflagewalze und Anpressdruck wird hier von vielen scharfkantigen Kristallen die Lederoberfläche aufgeraut. Diese Kristalle aus Siliziumkarbid (Karborundum) oder Aluminiumoxid (Korund) durchtrennen Fasern und Faserbündel und bilden einen feinen Schleifstaub.

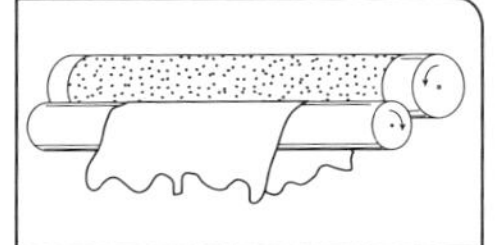

Abb. 74 Schleifen.

Durch die elektrostatische Aufladung haftet dieser Schleifstaub an der rauen Oberfläche des Leders und muss vor der weiteren Bearbeitung gründlich entfernt werden.

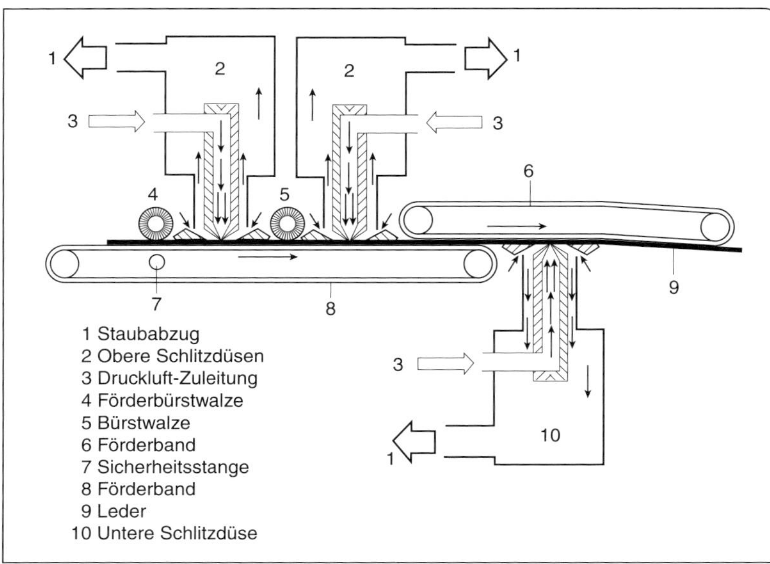

Abb. 75 Blasluftentstaubungsmaschine.

Am Ende der Lederherstellung steht eine Qualitätskontrolle, ein Sortieren in die kunden- und lederartbezogenen Sortimente und ein letztes Beschneiden der einzelnen Leder, bevor die Fläche auf der Messmaschine ermittelt wird. So finden sich Trennverfahren in nahezu alle Stufen der Lederherstellung.

Eine andere Gruppe mechanischer Bearbeitungsverfahren hat das Strecken oder Ausbreiten der Fläche und das Glätten zum Ziel. Dabei werden beide Wirkungen durch eine mechanische Entwässerung unterstützt. Die schraubenartige, spiralige Anordnung von Messern bei Entfleisch- und Falzmaschinen dient dem faltenfreien Ausbreiten. Nach dem gleichem Prinzip, jedoch mit stumpfen Werkzeugen (Klingen) in veränderter Steigung arbeiten die Reckzylinder der **Abwelk- und Ausreckmaschinen**.

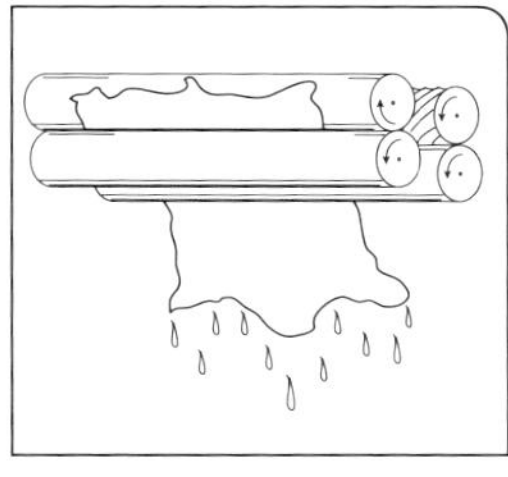

Abb. 76 Abwelken.

Selbst in Durchlauf-Abwelkmaschinen mit den Filzbändern zur Entwässerung in der Druckzone zwischen den Walzen sorgen Reckzylinder für faltenfreien Einlauf. Hier steht die entwässernde Wirkung im Vordergrund. Für ein gleichmäßiges Ergebnis beim Spalten oder Falzen ist ein gleichmäßiger Wassergehalt wichtige Voraussetzung. Deshalb wird vor dem Spalten oder Falzen von wet-white, wet-blue oder wet-brown auf einen Wassergehalt von 40 bis 50 % abgewelkt.

In diesem Stadium muss noch nicht gezielt gestreckt und geglättet werden. Das ist erst vor der Trocknung wichtig. Dicke Leder werden dann ausgestoßen, dünnere Leder werden ausgereckt.

Das Glätten wird von den schnell laufenden Reckerwalzen mit stumpfen, oft verästelt angeordneten Reckern übernommen. Das Leder kann dabei auf der glatten, harten Auflagewalze so verschoben werden, dass keine Falten verbleiben.

Beim Ausstoßen dicker, meist pflanzlich gegerbter nasser Leder sind es nicht die Falten, die vermieden werden müssen. Hier sollen die Halsriefen so weit eingeebnet werden, dass sie am fertigen Leder nicht mehr fühlbar sind. Das Ausbreiten, Strecken und Glätten hat vor der Trocknung eine nachhaltige Wirkung. Die Fasern werden in ihrer Position fixiert, wenn das Wasser als Gleitmittel verdunstet. Weil jede Trocknung eine Volumenabnahme und damit auch eine

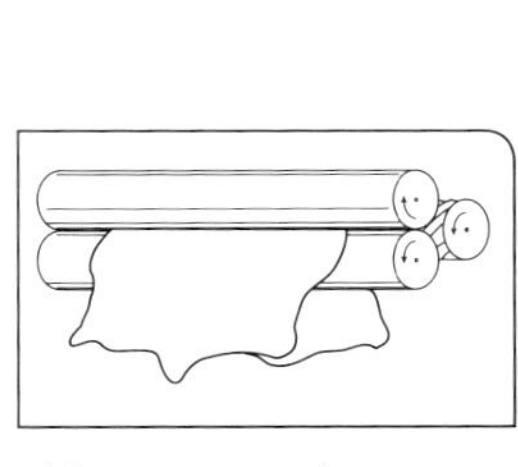

Abb. 78 Ausrecken.

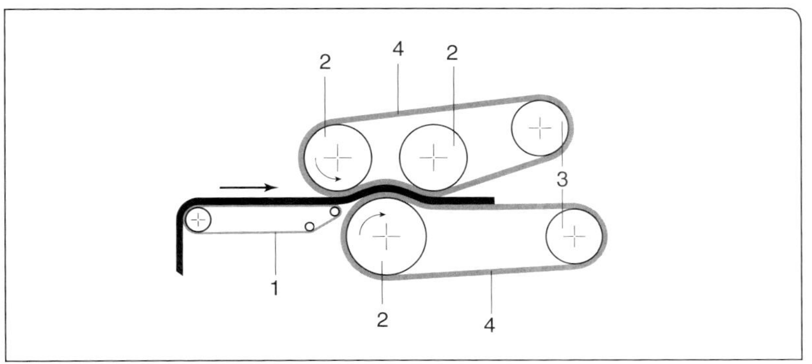

Abb. 77 Durchlaufabwelkmaschine.

Flächenabnahme bedeutet, versucht man durch das Ausrecken den Flächenverlust gering zu halten. Bei Vakuum-, Pasting- und Spannrahmentrocknung wird die zuvor ausgereckte, gestreckte Fläche am Schrumpfen gehindert. Das Leder wird hart und verspannt. Durch ein Konditionieren und Weichmachen wird die Spannung gelöst, die Fläche wird etwas kleiner, aber die Glätte und Feinheit des Narbens bleiben weit gehend erhalten.

Am trockenen Leder wird das Glätten zu den mechanischen Zurichtarbeiten gezählt, weil es sich jetzt auch auf eine aufgetragene Zurichtschicht auswirkt. Beim Glätten werden die feinen Fasern der Narbenschicht unter Druck und oft auch unter Einwirkung von Temperatur so dicht zusammengeschoben, dass unser Auge die Unebenheiten nicht mehr wahrnimmt. Bei den pflanzlich gegerbten Sohlenledern wird auf der **Karrenwalze** der Druck mit einer Bewegung durch die abrollende Walze kombiniert und so die Glätte gesteigert.

Das gleiche Prinzip, jedoch unter Einsatz der für die Bindemittel geeigneten Temperatur findet beim Bügeln auf den **Walzen-Durchlaufbügelmaschinen** Anwendung. Dabei werden die Leder auf einem Transportband einem Walzensystem zugeführt. Eine Walze ist als Druck- oder Auflegewalze unbeheizt, die andere als Bügelwalze poliert und beheizt.

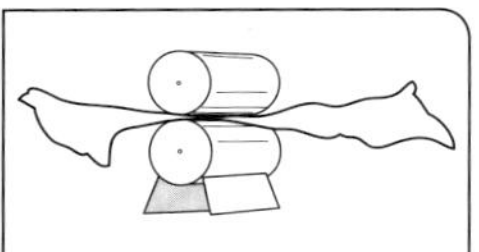

Abb. 79 Durchlaufbügel- und -prägemaschine.

In Abhängigkeit von der Transportgeschwindigkeit ist die Kontaktzeit der Lederoberfläche mit der beheizten Bügelwalze so kurz, dass diese auf über 100 °C erwärmt werden kann. Bei der statisch arbeitenden hydraulischen **Bügelpresse** mit Verweilzeiten von mehreren Sekunden unter Druck liegen die Temperaturen bei circa 70 °C. Über die drei Faktoren

- Druck,
- Temperatur,
- Verweilzeit/Transportgeschwindigkeit

kann beim Bügeln, Prägen und Polieren die Wirkung für jede Lederart und Zurichtung optimiert werden. Bei den hydraulischen Bügel-

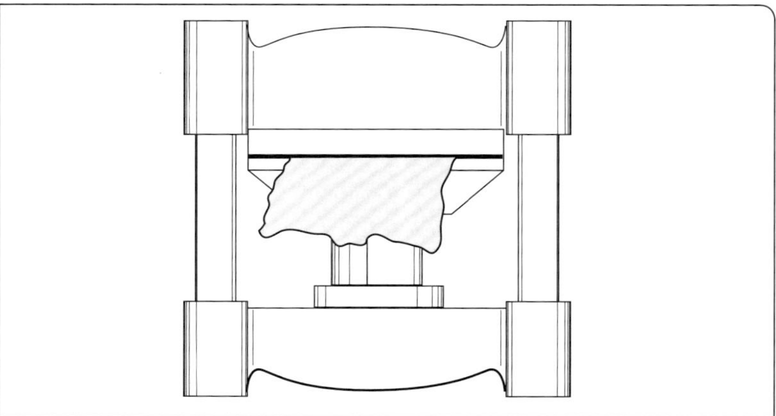

Abb. 80 Hydraulische Bügelpresse.

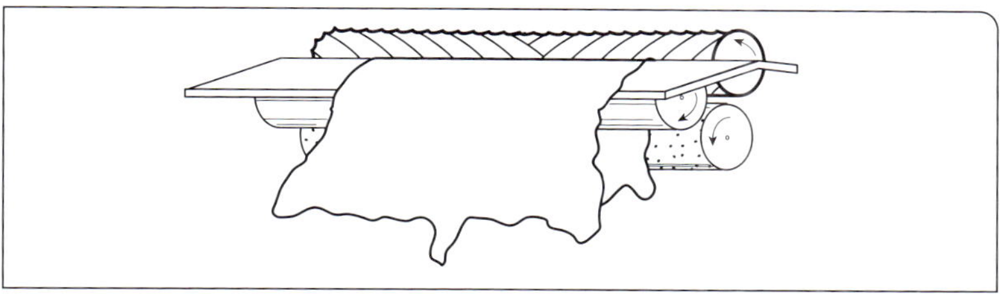

Abb. 81 Polieren.

pressen wird die Narbenseite des Leders gegen eine fest stehende Matrize gepresst. Dabei ist die Gefahr der Faltenbildung gegeben. Bei nicht ganz gleichmäßiger Lederdicke können Glanzunterschiede auftreten.

Die glättende und glanzgebende Wirkung von Druck, Temperatur und Bewegung wird beim **Polieren** und beim Glanzstoßen ausgenutzt. Beim Polieren wird das Leder gegen eine mit hoher Drehzahl laufende Walze geführt, die entweder mit keramischem Material oder hartem Kunstharz (Aerolith) belegt ist, die aber auch aus Textilscheiben zusammengefügt oder mit Polierplüsch überzogen sein kann. Die elastische Andruckwalze sorgt dafür, dass die Leder mit gleichem Druck und mit gleicher Geschwindigkeit der Polierwalze zugeführt werden. Dünne, anilinartige Zurichtungen mit hohem Anteil an Wachsen oder Fettstoffen werden durch das Polieren im Gebrauchswert und ihrer optischen Wirkung gesteigert. Wunde Stellen werden geschlossen und so das Sortiment verbessert.

Das **Glanzstoßen** auf einer harten Stoßbahn ist nur für Leder geeignet, die unzugerichtet oder mit nichtthermoplastischen Bindemitteln zugerichtet sind. Eine Glas- oder Achatrolle wird in einem Pendelarm gehalten und gleitet unter Druck über das Leder. Die Rolle dreht sich nicht und so entsteht eine sehr hohe Reibungswärme. Die Stoßbahn, ein gespanntes, dickes Lederband, ist auf einem federnden Maschinentisch befestigt. Das Leder wird auf dieser Stoßbahn von

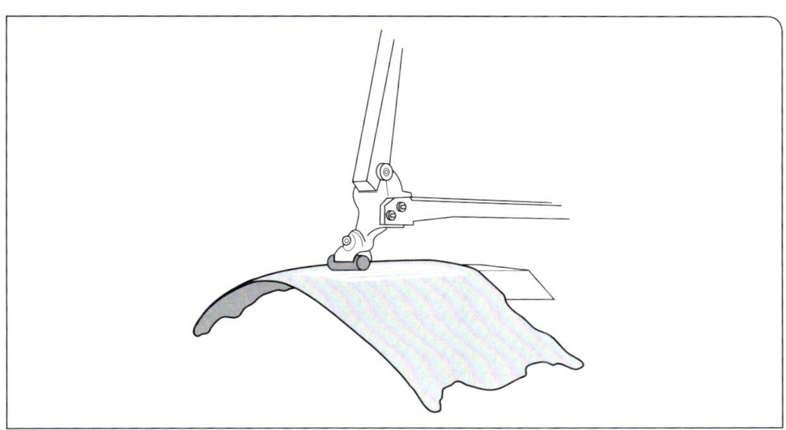

Abb. 82 Glanzstoßen.

Hand so geführt, dass die Glasrolle von der Mitte zum Rand hin über das Leder gleitet.

Die Bewegung schließt die Haarporen und verleiht dem Leder einen besonderen Glanz, der für Chevreau und Boxkalb und einige Feinleder typisch ist. Bei einer Arbeitsbreite von nur rund 90 bis 120 mm und einer notwendigen Überlappung der bearbeiteten Linien ist es ein anspruchsvoller und aufwendiger Arbeitsgang. Bei Reptilien ermöglicht das Glanzstoßen den hohen, dunkleren Kuppenglanz neben den matten Vertiefungen, die dann heller erscheinen.

Bei vielen Lederarten möchte man die natürlichen Narbenfehler und Unregelmäßigkeiten etwas ausgleichen und so große Mengen gleichartig aussehender Leder produzieren. Oder man versucht, einer weniger edlen Lederart – etwa geschliffenem Oberleder oder Schafleder – ein edleres Narbenbild zu geben wie von Kalbleder, Schlange oder Krokodil. Dazu verwendet man Maschinen gleicher Bauweise wie zum Bügeln. Bei **hydraulischen Pressen** wird statt der glatten, polierten Platte eine Matrize mit dem Negativ des gewünschten Narbenbildes in der Maschine befestigt und das Leder, auf einer elastischen Auflage aus Gummi oder Filz liegend, mit hohem Druck gegen die erwärmte Matrize gepresst. Die Lederoberfläche nimmt diese neue Struktur an. Pflanzlich gegerbte oder stark nachgegerbte Chromleder sind dabei formbeständiger als rein mineralisch gegerbte Leder. Chromleder wird man deshalb vorher etwas anfeuchten um durch höheren Druck, Temperatur und längere Verweilzeit eine exakte Verformung der Narbenfläche zu erzielen. Thermoplastische Zurichtungen mit einem deutlichen Anteil an Butadienbindemitteln übernehmen das neue Narbenbild schärfer als Polyurethan-zugerichtete Leder. Der Nachteil der hydraulischen Prägung liegt in den Ansätzen der geprägten Felder, um die das Leder jeweils verschoben werden muss.

Die Durchlaufprägemaschinen arbeiten mit Walzen bis zur Breite

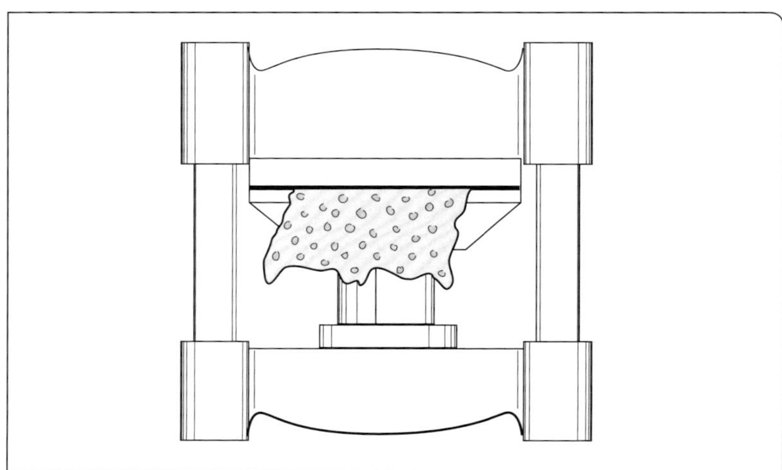

Abb. 83 Hydraulische Prägepresse.

einer ganzen Rindhaut und können ansatzlos die Prägung vermitteln, wenn das Leder faltenfrei durch die Maschine läuft. Die Ausführungsformen der Auflegetische sollen dies erleichtern. Auch hier wird wegen der kurzen Berührungsstrecke von Walzenumfang und Leder in der Druckzone über der Gegendruckwalze mit höheren Temperaturen der Prägewalze gearbeitet.

Um den Wechsel des Prägedessins einfach und schnell zu ermöglichen, werden solche Durchlauf-Prägemaschinen mit drehbaren Halterungen (Revolverköpfen) für mehrere Walzen ausgestattet.

Neben den Mustern, die den Narbenbildern der verschiedenen Tierarten entsprechen, sind aus modischen und gestalterischen Gründen Prägungen entwickelt worden, die nicht mehr an Strukturen tierischer Häute erinnern. Sie sind auf Polster-, Bekleidungs- und Täschnerledern zu finden.

Das Prägen ist vielfach Vorraussetzung für Zweifarbeffekte auf Ledern. Sollen beim Polieren nur die Kuppen geglättet und geglänzt werden, dann müssen diese Kuppen stark genug ausgeprägt sein. Das erreicht man zum Beispiel durch eine Schrumpfgerbung oder durch eine Prägung, was erheblich einfacher ist. Bei unzugerichteten, stark pflanzlich gegerbten Ledern wird allein durch Prägen mit hoher Temperatur und hohem Druck ein Zweifarb-Effekt erzielt. Andere Techniken nutzen die Prägung durch schräges Spritzen der Anilin- oder Deckfarbe oder durch Abwaschen der dunkler angefärbten Appretur nur von den Kuppen (Wisch-Zurichtung).

Als ein Arbeitsgang zwischen der Gestaltung der Oberfläche und dem inneren Weichmachen der getrockneten Leder ist das **Krispeln** oder Levantieren anzusehen. Das Leder wird dabei Narben auf Narben einmal gefaltet und diese Falte unter Druck zum Rand hin ausgestrichen.

Durch die Stauchung in unterschiedlichen Radien, je nach Dicke des Leders, werden die Fasern gegeneinander verschoben. Das formt ein Bild paralleler Falten in der Druckzone und macht das Leder weich. Durch Krispeln in mehreren Richtungen (Kopf-Schwanz, Rücken-Bauchseite, Vorder-Hinterklauen) entstehen typische Narbenbilder wie Longgrain, Box- oder Kreuznarben, Saffian- oder Perlnarben.

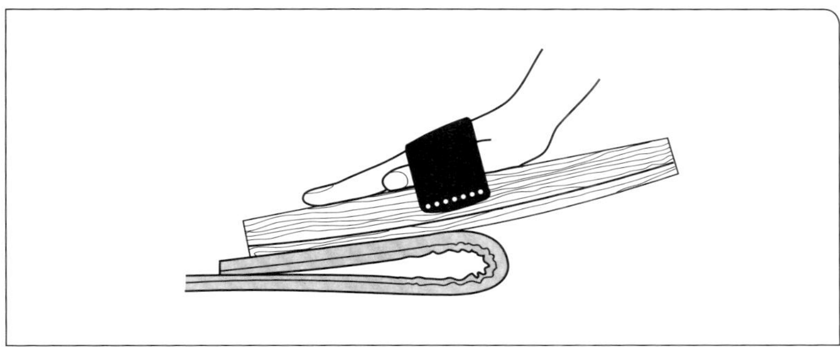

Abb. 84 Handkrispeln.

Zur Erleichterung der anstrengenden Handarbeit wurden verschiedene Krispelmaschinen entwickelt. Das gekrispelte oder levantierte Narbenbild ist eine oft genutzte Vorlage für Prägeplatten oder -walzen.

Allen Arbeiten in wässrigen Flotten oder mit wässrigen Zurichtungen muss ein Trocknungsprozess folgen. Dabei werden die Fasern in einer bestimmten Position zueinander fixiert, wenn das „Schmiermittel" Wasser verschwindet. Die Leder bekommen eine innere Härte, die umso größer ist, je schneller das Wasser entzogen wird und je stärker die Leder dabei ausgespannt werden. Diese Härte muss durch mechanisches Weichmachen gelockert werden. Durch Stauchen und Strecken der Leder verändern die Fasern ihre Position, sie lösen sich so weit voneinander, dass Luft die Reibung vermindert und die freie Beweglichkeit innerhalb der Faserstruktur wirksam werden kann. Je nach Lederart ist der Grad und das Verfahren des Weichmachens sehr verschieden. Das Ergebnis wird als subjektiv beurteilte „Weichheit" bezeichnet, soweit die Grenze der elastischen Verformbarkeit nicht überschritten wird und das Leder seine Form und Größe beibehält. Wird diese Grenze überschritten und das Leder behält die neue, durch Dehnen vermittelte Form und Größe, spricht man von Zügigkeit. Die erwartet man beispielsweise bei Handschuhledern.

Das Stollen in seinen heute eingesetzten Variationen ist aus den früheren Handarbeitsgängen „Schlichten" für standigere Leder und „Stollen" für weiche, dehnbare Leder hervorgegangen. Beim Stollen wird jedes Stück Leder einzeln bearbeitet. Bei den **Armstollmaschinen** wird eine durch Rollen und Stollklingen vorgeformte Falte durch das Leder zum Rand hin verschoben. Die geringe Arbeitsbreite von circa 150 mm erlaubt eine Anpassung an Strukturunterschiede und auch das Stollen dicker Leder mit vertretbarem Energieaufwand.

Das Fell oder Lederstück in seiner ganzen Breite in einem Zug zu bearbeiten, ist seit 1895 mit verschiedenen Walzenmaschinen versucht worden. Mit den **hydraulischen Universal-Stollmaschinen**

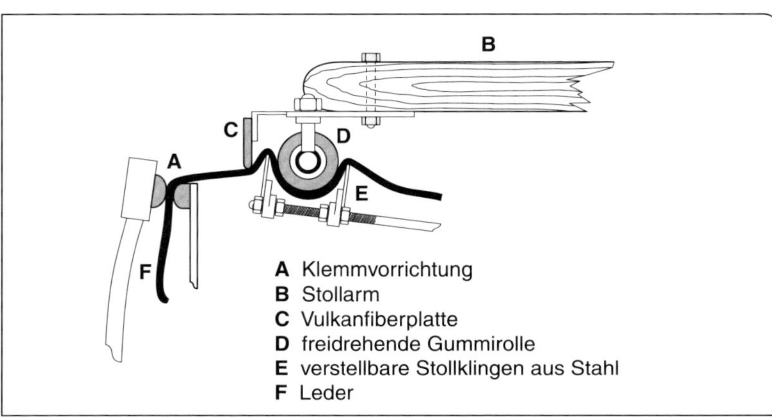

Abb. 85 Armstollmaschine.

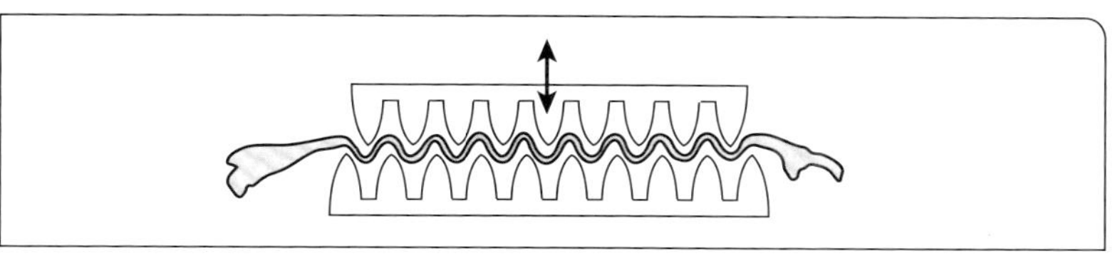

Abb. 86 Vibrations-Stollmaschine.

wurde das für weiche Leder möglich. Dabei wird das Leder in einem Halterahmen senkrecht nach oben bewegt und dabei von einer Stollklingen-bestückten Walze nach unten und zur Seite ausgedehnt. Dann muss das bearbeitete Teil eingespannt werden um die andere Hälfte zu stollen. Bei Arbeitsbreiten von bis zu 3000 mm sind diese Maschinen auch für Polsternappa aus ganzen Rindhäuten geeignet. Die rationelle Arbeitsweise erlaubt auch ein Stollen zwischen den einzelnen Zurichtaufträgen. Für festere Leder, insbesondere Schuhoberleder und Täschnerleder, haben sich die **Vibrations-Stollmaschinen** eingeführt. Sie sind echte Durchlaufmaschinen. Die Leder werden zwischen zwei elastischen Transportbändern durch den Arbeitsbereich geführt. Dieser besteht aus einer oder mehreren Stoll-Leisten über die ganze Arbeitsbreite. Die obere, mit abgerundeten Stollen oder Stiften bestückte Leiste ist fest stehend, die untere Stoll-Leiste bewegt sich in kurzen Hüben auf- und abwärts. Die Werkzeuge sind so auf Lücke angeordnet, dass das Leder nach allen Richtungen gestreckt und gestaucht wird. Die Intensität des Stollvorganges ist über die Hubhöhe und die Transportgeschwindigkeit regelbar. Solche Stollmaschinen lassen sich in Fertigungsstraßen mit Auftragsmaschinen, Trockenkanälen und Staplern kombinieren.

Ein ganz anderes Konzept liegt dem mechanischen Weichmachen durch **Millen** oder **Trockenwalken** zugrunde. Dabei werden nicht einzelne Leder bearbeitet, sondern eine größere Menge gleichzeitig in einem Holz- oder Metallfass. Die weichmachende Wirkung wird durch die in ihrer Ausrichtung sich ständig wechselnde Faltung der Leder bewirkt. Fassgröße, Material, Drehzahl und Befüllung ergeben mit der Zeit die Ausbildung eines gleichmäßigen körnigen Narbenbildes, des Millkornes, das bei vielen Nappaledern gewünscht wird. Das Millen ist für alle Raulederarten der geeignete Weg, die geschliffenen Faserenden zu dem samtartigen Flor von Velour, Nubuk, Sämischleder und Spaltvelour aufzurichten. Der Milleffekt kann durch Einsprühen von Wasser, Farbstofflösungen, Fettungsmittelemulsionen oder anderen gelösten Hilfsmitteln in das rotierende Fass erweitert werden. Bei Millzeiten von bis zu 15 Stunden ist eine gleichmäßige Verteilung gesichert. Ein Faserabrieb oder ausgeschüttelter Schleifstaub sollte kontinuierlich aus dem Millfass ausgeworfen oder abgesaugt werden. Durch das Millen wird die Fläche der Leder kleiner. Ein nachfolgendes Aufspannen auf **Spannrahmen** soll das wieder weit gehend ausgleichen und die Leder zur weiteren Be- oder Verarbeitung glatt legen (→ Farbabbildung 5).

8 Arbeitsmittel, Umweltschutz, Arbeitssicherheit, gesetzliche Regelungen

Von den Dingen, die zur Lederherstellung erforderlich sind, werden Rohware, Betriebseinrichtung und Arbeitskraft von der Öffentlichkeit wenig beachtet. Dagegen werden die Arbeitsmittel – und hier ganz besonders die chemischen Hilfsmittel – heftig diskutiert und beurteilt.

Das wichtigste chemische Hilfsmittel ist das **Wasser**. Es soll klar, farblos und weich sein. Seine mengenmäßige Verfügbarkeit und gleich bleibende Zusammensetzung entscheiden oft über den Standort einer Lederfabrik. Regenwasser und Oberflächenwasser aus Bächen, Flüssen oder Seen haben im Jahresverlauf sehr stark schwankende Temperaturen, Gehalte an gelösten Salzen und organischen Stoffen sowie an Bakterien und Verunreinigungen aller Art. Deshalb sind sie wenig geeignet. Das Grundwasser aus Brunnen oder aus der öffentlichen Wasserversorgung bildet die wichtigste Bezugsquelle für das Wasser zur Lederherstellung. Seine anorganischen Inhaltsstoffe bestehen vorwiegend aus Kalzium- und Magnesiumbikarbonat, die das kohlensäurehaltige Wasser aus dem Boden gelöst hat. Sie bilden die Karbonathärte (vorübergehende Härte) und werden beim Kochen des Wassers unlöslich und damit unwirksam. Die bleibende Härte, durch Sulfate und Chloride gebildet, kann dagegen nicht beseitigt werden. Gemeinsam bilden sie die Gesamthärte eines Wassers. Die **Härte** wird zur Beurteilung der Eignung für die Nutzung herangezogen und in deutschen Härtegraden (dH) angegeben. 1 °dH entspricht der Konzentration von 10 mg CaO im Liter. Dabei werden alle Härtebildner als CaO gerechnet.

Für die Lederherstellung ist weiches Wasser besser geeignet als hartes Wasser. Die Härtebildner haben Einfluss auf Quellung und Entquellung von Hauteiweiß, auf die Bildung von Niederschlägen im Kalkäscher (Kalkschatten) und in der pflanzlich-synthetischen Gerbung. Fettungsmittel bilden grobteiligere Emulsionen, Entfettungsmittel bleiben weniger wirksam und Farbstoffe sowie Zurichtmittel werden unvollständig gelöst, wenn die Wasserhärte zu hoch ist. Für viele Betriebe ist die Aufbereitung des Wassers in einer Enthärtungsanlage notwendig. Diese können von einer Zugabe kleiner Mengen an Polyphosphaten als Komplexbildner für mehrwertige Kationen bis hin zu großen Filter- und Ionenaustauscher-Anlagen reichen.

Einteilung des Wassers entsprechend seiner Härtegrade:

0°–4° dH	sehr weich
4°–8° dH	weich
8°–12° dH	mittelhart
12°–18° dH	ziemlich hart
18°–30° dH	hart
über 30° dH	sehr hart

Die chemischen Hilfsmittel zur Lederherstellung sind

- **natürliche Produkte:**
  Salz
  Kalk

pflanzliche Gerbstoffe der Lohe
Fischöl
Wollfett
Kasein

- **aufbereitete Naturprodukte:**
  Beizenzyme
  Mineralgerbstoffe, Fettungsmittel
  Holzfarbstoffe
  Pigmente
- **synthetisch hergestellte Produkte:**
  Säuren
  Laugen
  Netz- und Entfettungsmittel
  Enthaarungsmittel
  Komplexbildner
  Bleichmittel
  Syntane
  Biozide
  Farbstoffe
  Fettungsmittel
  Fixiermittel
  polymere Bindemittel
  Vernetzer
  Lösemittel
  Hydrophobierungsmittel
  spezielle Ausrüstmittel.

In jedem Fall unterliegen sie einer Reihe gesetzlicher Regelungen für Transport, Lagerung, Verdünnung, Dosierung und Anwendung.

Diese **gesetzlichen Regelungen** dienen der Sicherheit und sind unbedingt zu befolgen. Bei den gefährlichen Stoffen, den **Gefahrstoffen**, ist eine besondere Kennzeichnung der Behälter vorgeschrieben. Bei der **Lagerung** muss sichergestellt werden, dass durch unbeabsichtigte Mischung solcher Stoffe keine unkontrollierten Reaktionen stattfinden oder diese Stoffe in den Boden und damit in das Grundwasser gelangen können. Bei der **Verdünnung** sind Reihenfolgen und Konzentrationen vorgegeben, die überprüfbar die Sicherheit gewährleisten. Manche Hilfsmittel erwärmen sich beim Verdünnen, so zum Beispiel die Schwefelsäure beim Verdünnen mit Wasser. Dieser exotherme Vorgang könnte Gefahren herbeiführen, die bei Einhaltung bestimmter Vorgehensweisen vermieden werden. Die Dosierung verschiedener Hilfsmittel zu einer gebrauchsfertigen Mischung oder in einen laufenden Prozess muss ebenfalls nach diesen Regelungen und den geltenden Sicherheitsvorschriften für den Umgang mit diesen Stoffen erfolgen. Das gilt für Säuren und Laugen ebenso wie für Fettungsmittel und Farbstoffe oder Bindemittel und Vernetzer.

Wie bei jeder Produktion bleiben auch bei der Lederherstellung in den verschiedenen Stufen der Bearbeitung Reststoffe übrig. Die Menge dieser Reststoffe zu verringern ist ganz wesentliches Ziel moderner Technologien. Dabei möchte man gerne vermeiden, dass die Reststoffe nur **Abfallstoffe** werden und sucht nach **Verwertungsmöglichkeiten** in anderen Bereichen, gemäß dem Leitgedanken der Abfallwirtschaft:

Vermeiden – Vermindern – Verwerten.

Von 100 kg Grüngewicht tierischer Haut werden nur etwa 26 kg als fertiges Leder die Lederfabrik verlassen und dabei eine Fläche von circa 20 m^2 haben. Das klingt alarmierend, doch enthalten 100 kg frische Haut bei 65 % Wassergehalt nur 35 kg Trockensubstanz, einschließlich Oberhaut und Haaren, und nur aus der Lederhaut kann Leder entstehen. Es bleiben Oberhaut, Haare, Leimleder, Spalt- und Beschneideabfälle, Falzspäne und Schleifstaub als Abfälle übrig. Davon konnten bisher nur das Leimleder, Spaltabfälle und Falzspäne in größerem Umfang zu neuen Produkten verwertet werden.

Von den eingesetzten Hilfsmitteln, Gerbstoffen und Farbstoffen bis hin zu den Zurichtmitteln werden ebenfalls nicht alle restlos verbraucht oder im Leder gebunden. Auch hier bleiben erhebliche Mengen als Abfall übrig. Die meisten davon sind im Abwasser enthalten und müssen vor dem Einleiten in einen Vorfluter durch eine Abwasserkläranlage herausgeholt oder unwirksam gemacht werden. Dabei entsteht eine große Menge Klärschlamm. In Abbildung 87 wird aufgezeigt, wo und in welchen Mengen diese Abfälle entstehen, wenn 1000 kg gesalzener Rindhäute zu Schuhoberleder und Spaltvelour verarbeitet werden.

Für all diese Abfall- oder Reststoffe gelten eindeutige **Vorschriften für Lagerung, Transport und Entsorgung**, deren Einhaltung in Genehmigungsverfahren und einer umfangreichen Dokumentation nachgewiesen werden muss.

Im Umgang mit all den verwendeten Hilfsmitteln, Maschinen und Anlagen bestehen Unfallgefahren. Die Kennzeichnung der Gefahrenstellen, die Maßnahmen zum persönlichen Unfallschutz und zur sachlichen Unfallverhütung werden durch die **Leder-Berufsgenossenschaft** erarbeitet und überwacht. Zum **persönlichen Unfallschutz** zählt neben der geeigneten Arbeits- und Schutzkleidung die ständige Information und Schulung über das richtige Verhalten. Die **sachliche Unfallverhütung** bezieht sich auf Anordnung, Ausstattung und Überwachung von Maschinen, Transport- und Lagereinrichtungen und allen Betriebsmitteln.

Ergänzt wird der Unfallschutz durch die Regelungen zur **Arbeitshygiene**. Der Umgang mit rohen Häuten, mit Eiweißstoffen und all den chemischen Hilfsmitteln erfordert hier besondere Sorgfalt. Auch Lärm und Gerüche unterliegen der Begrenzung durch Verordnungen

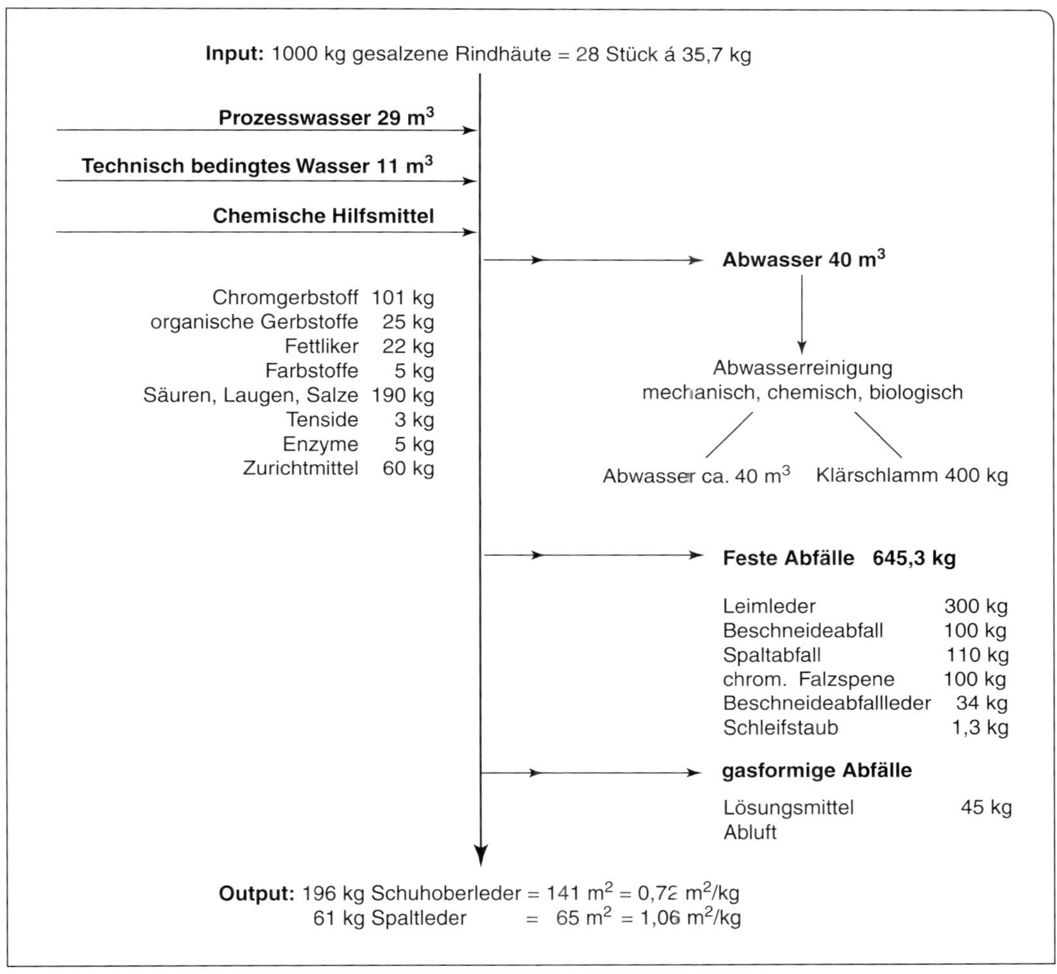

Abb. 87 Stoffbilanz in der Lederherstellung.

zur Arbeitshygiene. So wird dazu beigetragen, die Lederherstellung ohne Gefährdung der Mitarbeiter oder der Umwelt als modernes Produktionsverfahren im industriellen und ökologischen Umfeld auch künftig betreiben und entwickeln zu können.

Kritische Betrachter stellen das Leder und seine Herstellung immer wieder zur Diskussion und argumentieren dabei bewusst oder unbewusst aus Unkenntnis mit falschen Angaben. Zur Verwertung der bei der Fleischgewinnung zur Nahrung anfallenden tierischen Häute und Felle als Leder gibt es keine Alternative. Die Häute sind da und der Werkstoff Leder mit seinen vielseitigen Eigenschaften kann noch durch kein anderes Material ersetzt werden. Das Leder wird gebraucht!

9 Anforderungen an Leder

In der Lederherstellung dienen die Anforderungen als Ziel und Leitlinie für technologische Entscheidungen. Für die Verarbeitung von Leder zu hochwertigen Bedarfsgegenständen dienen sie als Orientierung bei der richtigen Auswahl geeigneter Leder.

Zur Beurteilung von Qualität und Sortiment sind die Anforderungen der Maßstab, an dem die Ledereigenschaften gemessen werden.

Leder ist ein veredeltes Naturprodukt und in besonders hohem Maße von der Rohware, den Häuten und Fellen in all ihrer Vielfalt und mit all ihren Fehlern geprägt. Deshalb gibt es kein genormtes Leder, kein Universal-Leder für alle Zwecke. Genormt sind die Prüfverfahren, mit denen die Ledereigenschaften festgestellt werden. Welche der vielen Ledereigenschaften für einen bestimmten Einsatzbereich geprüft werden, das hängt von den Anforderungen in diesem Bereich ab. So kann ein Ziegenleder als Nappa für Motorradbekleidung die höchsten dort gestellten Anforderungen erfüllen, als Leder für Schuhsohlen oder stabile Werkzeugtaschen erfüllt es die dort zu stellenden Anforderungen nicht. Die Anforderungen an Leder werden von den an der Verarbeitung und dem Gebrauch beteiligten Personen oft sehr unterschiedlich betrachtet. Ein Bekleidungsleder kann so richtig schön und angenehm sein, wenn beim Nähen die Nadeln heiß werden oder die Einstiche der Naht ausreißen, wird der Verarbeiter die Schönheit nicht zu den wichtigen Anforderungen zählen.

Für den einzelnen Endverbraucher ist es schwierig, all die Anforderungen an das Futterleder in seinen Schuhen oder das Polsterleder seiner Wohnzimmersitzgarnitur zusammenzustellen. Deshalb haben Vertreter aller an der Lederherstellung, der Verarbeitung, der Vermarktung und der Untersuchung beteiligter Verbände und Institute für nahezu alle Lederarten jeweils die wichtigen Anforderungen und die entsprechenden Prüfungen zusammengestellt. Weil Häute und Felle, halbfertige Leder (wet-blue, wet-white, crust) und auch fertige Leder im internationalen Handel durch viele Hände und Länder gehen, sind die **Anforderungen und die Prüfungen international abgestimmt** worden und gültig.

Die Anforderungen an Leder sind vielfältig. Die Anforderungen an die physikalischen Eigenschaften und die chemischen Zusammensetzungen lassen sich sehr genau formulieren. Die Summe der physikalischen und chemischen Untersuchungsergebnisse ergibt im Vergleich mit den Anforderungen die **Qualität**. Es handelt sich dabei ja um **objektiv messbare Eigenschaften**. Anders ist es bei den ästhetisch-**modischen Anforderungen** an Leder. Das sind **subjektiv** zu beurteilende und oft nur schwer zu beschreibende Anforderungen, die dazu noch mit der Mode oder dem allgemeinen Stilempfinden wechseln. Dennoch sind gerade die Anforderungen an die Gestaltungsmöglich-

Tab. 24 Qualitätsanforderungen

	Oberleder	Auto/Möbel	Bekleidung
Lichtechtheit	ΔΔ	ΔΔΔ	ΔΔΔ
Lichtbeständigkeit	Δ	ΔΔΔ	Δ
Hydrolysefestigkeit	ΔΔΔ	ΔΔΔ	ΔΔ
Haftfestigkeit	ΔΔ	ΔΔ	ΔΔ
Reibfestigkeit trocken	ΔΔ	ΔΔΔ	ΔΔΔ
Reibfestigkeit nass	ΔΔ	ΔΔ	ΔΔ
Knickfestigkeit trocken	ΔΔΔ	Δ	Δ
Knickfestigkeit nass	ΔΔΔ	Δ	Δ
Abfärbfestigkeit	Δ	ΔΔΔ	ΔΔ
Dehnbarkeit	ΔΔ	Δ	ΔΔ
Reißfestigkeit	Δ	Δ	Δ
Weiterreißfestigkeit	ΔΔ	Δ	ΔΔ
Migrationsfestigkeit	(ΔΔΔ)	Δ	Δ
Schweißbeständigkeit	ΔΔ	(ΔΔ)	ΔΔΔ
Aminbeständigkeit	(ΔΔΔ)	ΔΔΔ	Δ

ΔΔΔ sehr wichtig • ΔΔ wichtig • Δ weniger wichtig • ( ) nur in speziellen Fällen

keiten von Leder sehr hoch. Die plastische Verformung durch vielerlei Techniken soll für die ganze Nutzungsdauer erhalten bleiben, und die kann bei Bucheinbänden oder Zaumzeug über mehrere Jahrhunderte reichen.

Vergoldetes Leder bietet in der Kombination von tierarttypischem Narbenbild und guter Verarbeitbarkeit ein Material für künstlerische Leistungen. Die Anforderungen richten sich dabei oftmals nach einem einzelnen Fertigteil. Die modischen Anforderungen liegen meistens in der farblichen Gestaltung der Lederoberfläche. Rechnet man mit einer Produktionsdauer für Bekleidungsleder von sechs Wochen, dann müssen die modischen Anforderungen so früh benannt werden, dass auch die geeignete Rohware noch rechtzeitig beschafft werden kann, was nochmals sechs Wochen dauern kann. Bei zwei Modewechseln pro Jahr wird hier die Logistik und Anpassungsfähigkeit der Lederhersteller stark gefordert.

Jeder Verarbeiter von Leder möchte nach Möglichkeit die gesamte eingekaufte Lederfläche in seinen Produkten verarbeiten. Das ist aber nur ganz selten möglich, denn die tierische Haut und damit jedes Stück Leder hat seine eigene Form und Größe und innerhalb der Fläche noch Strukturunterschiede, selbst wenn die Dicke einheitlich gemacht wurde. Dazu kommen die Lederfehler ganz unterschiedlicher Ursache und Auswirkung, die nie in gleicher Menge an gleicher Stelle auftreten. Deshalb ist der Wunsch nach restloser Nutzung eine Optimalanforderung. Bei Autopolsterleder wird ein Leder noch als geeignet angesehen, wenn 60 % seiner Fläche für diesen Zweck verarbeitet werden kann. Für den Hersteller von Schlüsseletuis wäre das gleiche Stück Leder wohl zu fast 100 % verarbeitbar, weil seine Einzelteile so viel kleiner sind und um die Fehler herum geschnitten werden könnte. Die Beurteilung der **nutzbaren Fläche** ist also an den **Verwendungszweck** gebunden.

Zusammen mit den subjektiv beurteilten Ledereigenschaften bildet die nutzbare Fläche das Sortiment. Qualität und Sortiment sind ganz verschiedene Aussagen über die Erfüllung der Anforderungen an ein Leder. Sie ergänzen sich zur Bestimmung des Handelswertes, der letztlich im Preis sichtbar wird.

Die **Anforderungen** an Leder kommen aus der **Erfahrung** im Umgang mit dem verarbeiteten Leder. Diese Erfahrung kann bei Schuhoberledern zu der Anforderung führen, die Pflege der Lederschuhe zu erleichtern. Mit den besonderen pflegeleichten Zurichtungen auf Polyurethanbasis wurde diese Anforderung erfüllt, ohne dass sich dabei das Sortiment veränderte. Je dichter, dicker und damit pflegeleichter eine solche Zurichtung wird, umso geringer wird die Wasserdampfdurchlässigkeit, die bei Lackledern praktisch nicht mehr gegeben ist. Derartige Leder werden in großem Umfang für Kinderschuhe verarbeitet. Dort ist die Wasserdampfdurchlässigkeit wesentlicher Teil der Anforderung an die Tragehygiene. Dies Beispiel zeigt, dass sich Anforderungen an das gleiche Leder auch mal widersprechen und gegenseitig ausschließen können. Das ist nicht selten der Fall. Waterproof-Oberleder sollen wasserdicht und atmungsaktiv sein. Autopolsterleder soll wasser-, öl- und schmutzabweisend sein, aber Schweiß aufnehmen können. Golfspieler und andere Sportler wollten ihre weißen Lederschuhe und Handschuhe waschen, möglichst in der Waschmaschine. Auch diese Anforderung konnte durch besondere Gerbungen und stabil fixierte Fettungen erfüllt werden. Für die Verwendung in der Flugzeugausstattung oder bei der Feuerwehrausrüstung wurde die Forderung an eine besondere Beständigkeit der Leder gegen Flammen und Hitze gefordert. Auch solche Anforderungen konnten durch die Flammfestausrüstung dieser Leder erfüllt werden.

Immer wieder werden neue oder erweiterte Anforderungen an Leder gestellt. Können diese nach dem Stand der Technik regelmäßig und an größeren Mengen erfüllt werden, dann wird die Liste der **Mindestanforderungen** an diese Leder erweitert. Leder ist ein Werkstoff, der sich auch den wechselnden Anforderungen anpassen lässt, ohne dabei in den qualitätsbestimmenden Eigenschaften nachzulassen.

Die Eigenschaften, die das Sortiment bestimmen, werden durch das abschließende **Sortieren** der fertigen Leder vor der Auslieferung subjektiv bewertet. Dazu ist die enge Abstimmung mit dem Kunden erforderlich um seine verarbeitungsbezogenen Anforderungen zu berücksichtigen. Unter einer ausreichend hellen, schattenfrei die ganze Lederfläche ausleuchtenden Tageslichtlampe werden die flach ausgebreiteten, mit der zu beurteilenden Seite nach oben liegenden Leder betrachtet. Durch einfache Handgriffe werden Weichheit, Festnarbigkeit, Narbenwurf, Fülle, Stand und Sprung, Zügigkeit und ähnliche Eigenschaften erkannt und mit den Eindrücken eines Musters oder mit Erfahrungswerten subjektiv verglichen. Das geschulte Auge eines Sortierers erkennt Abweichungen in der Egalität der Farbe, des Glanzes und der Glätte und ordnet sie den vereinbarten Toleranzen zu. Die Art und die Verteilung von Fehlern auf der Fläche sowie die Form des Leders im Verhältnis zur nutzbaren Fläche für den jeweiligen Zweck ergeben dann eine Zuordnung zu einem Sortiment. Wegen dieser Abhängigkeit von den Vorgaben des Verarbeiters gibt es keine allgemein gültige Tabelle über Sortimentsmerkmale.

Die qualitätsbestimmenden Eigenschaften werden durch erprobte, in internationalen Normen festgeschriebene Prüf- und Untersuchungsverfahren ermittelt. Diese Verfahren werden den Anforderungen und den wissenschaftlich technischen Erkenntnissen entsprechend aktualisiert. Die meist dynamischen **Prüfmethoden** zur Ermittlung der **physikalischen Eigenschaften** sind als praxisnahe Gebrauchswertprüfungen auch in der Lage, Qualitätsschwankungen früh zu erkennen und ihre Ursachen in der Produktion zu ermitteln und abzustellen. Deshalb verfügen viele Lederhersteller über eigene Prüflaboratorien mit den erforderlichen Geräten auch für **chemische Analysen**. Nur so können sie die Qualitätssicherung gewährleisten, die in Form einer offiziellen Zertifizierung von vielen Kunden der Lederfabriken gefordert wird.

Die Vorschriften zur Durchführung der Prüfungen sind früher in den nationalen Normenwerken festgelegt worden. In **Deutschland** waren es:

DIN – Deutsche Industrie-Normen
RAL – Reichsausschuss für Lieferbedingungen, heute: Deutsches Institut für Gütesicherung und Kennzeichnung e.V.

Daneben gab und gibt es weiterhin interne Normen und Vorschriften großer Unternehmen und einzelner Verbände.

Die **internationalen Standards**, die heute meistens angewandt werden , wurden von der „Internationalen Union der Lederchemiker- und -Technikerverbände" ausgearbeitet. Sie sind zusammengefasst als:

IUP – Methoden für die physikalische Lederprüfung
IUC – Methoden für die chemische Lederprüfung
IUF – Methoden für die Prüfung von Lederfarbstoffen und Färbungen.

Für einige Untersuchungen gibt es noch keine internationale Norm. Dann wird nach den DIN Vorschriften geprüft.

Weil die Ergebnisse der Untersuchungen innerhalb einer Haut durch die Strukturunterschiede deutlich voneinander abweichen können, werden die **Stellen der Probeentnahme** und die **Vorbereitung dieser Proben** sehr genau beschrieben. In der folgenden Übersicht sind einige der Ledereigenschaften zusammengestellt, für deren Bestimmung es Normen gibt:

IUP 32	Fläche des Leders
IUP 4	Dicke
IUP 6	Zugfestigkeit, Dehnung, Bruchdehnung
IUP 8	Weiterreißfestigkeit, Stichausreißkraft
IUP 10	Verhalten gegenüber Wasser
IUP 16	Schrumpfungstemperatur

Bezugsquellen für die Prüfvorschriften sind:
IUC-, IUP-, IUF-Methoden:
Eduard Roether-Verlag, Berliner Allee 56, 64295 Darmstadt

DIN-Vorschriften:
Beuth-Verlag GmbH, Burggrafenstraße 6, 10787 Berlin
oder: Friesenplatz 16, 50672 Köln

IUP 20	Dauerfaltverhalten
IUC 5	Wassergehalt
IUC 10	Hautsubstanz
IUC 11	pH-Wert und Differenzzahl
IUC 8,13,15,16	mineralische gerbende Stoffe, Chrom, Aluminium, Zirkon, Phosphor
IUC 4	extrahierbare Fette, freie Fettsäuren
IUF 401,402	Lichtechtheiten
IUF 423	Waschbarkeit
IUF 426	Schweißechtheit
IUF 450	Reibechtheit
IUF 470	Haftfestigkeit der Zurichtung.

Aus der Fülle der Methoden werden für jedes Leder die Prüfungen ausgewählt und durchgeführt, deren Ergebnisse eine objektive Beurteilung ermöglichen, ob und wie weit das Leder den Anforderungen entspricht. Diese Ergebnisse sind in der Regel Zahlenwerte in den international anerkannten Einheiten.

Die Prüfungsverfahren sind genormt, nicht die Anforderungen. Die können für die gleiche Eigenschaft von Lederart zu Lederart stark abweichen. In Tabelle 25 sind die Anforderungen an verschiedene Rindleder und zum Vergleich an Bekleidungsleder aus Kleintierfellen aufgezeigt. Die richtige Bezeichnung von Leder oder von Gegenständen aus Leder oder von Materialmix mit Leder ist in den RAL-Vorschriften 060A2 festgelegt. Gegen diese Vorschriften wird in Werbeaussagen oder Produktbeschreibungen häufig verstoßen. Zusätze wie „original“, „echt“, „prima“, „Natur“ zu firmeninternen Namen sind nur dann zulässig, wenn sie auf sämtliche Eigenschaften des Erzeugnisses zutreffen. Das ist kaum eindeutig nachzuweisen und deshalb sind die prüfbaren Anforderungen der bessere Weg, ein Leder richtig einzuordnen.

Tab. 25 Qualitätsanforderungen im Vergleich

	Bekleidungsleder		**Schuhoberleder**		
	Velour · Nubuk Anilin-Nappa	**zugerichtetes Nappa**	**vollnarbig leicht korrigiert**	**tief geschliffen**	**Lackleder**
Lichtechtheit	> 3	> 4	> 3	> 3	
Dauerfaltverhalten					
trocken	–	50 000	50 000	–	20 000
nass	–	–	10 000	–	10 000
Haftung der Zurichtung					
trocken	–	2,0	3,0	5,0	–
nass	–	–	2,0	3,0	–
Reibechtheit					
trocken	20	50	50	50	–
nass	10	20	50	50	–
Zugfestigkeit	150	200	150	150	–

10 Leder als Handelsprodukt

Im Handel werden viele Produkte als Leder oder mit Begriffen gekennzeichnet, in denen Leder als Teil vorkommt. Das ist korrekt, wenn es sich um das Material aus tierischen Häuten und Fellen handelt, das im Kapitel 1 beschrieben wurde. Neben den Handel mit fertigem Leder zwischen einem Lederhersteller und einem Lederverarbeiter ist in zunehmendem Maße der Handel mit halbfertigem Leder zwischen zwei Lederherstellern getreten. Die weltweite Arbeitsteilung hat dazu geführt, dass viele Länder mit großem Tierbestand wenigstens die ersten Stufen der Wertschöpfung aus tierischen Häuten und Fellen im eigenen Land behalten konnten. Das bedeutet einerseits Exportbeschränkungen für rohe Häute, hat aber andererseits Arbeitsplätze geschaffen und den Import von Know-how und Hilfsmitteln gefördert.

Im Verlauf der Lederherstellung gibt es Zustandsformen, in denen die Haut oder das werdende Leder weder lagerfähig ist noch transportiert werden kann. Aber es gibt auch solche Stadien, in denen das durchaus möglich ist und gegenüber dem Handel mit rohen Häuten auch noch Vorteile bietet. Möglich ist der Handel mit **gepickelten Blößen**, mit gegerbtem, noch feuchtem Leder (wet-blue, wet-white) und mit getrocknetem, noch nicht zugerichtetem Leder (crust). Die Vorteile liegen in der verbesserten Beständigkeit gegenüber Fäulnis und einer besseren Beurteilung von Substanz und Sortiment nach Enthaarung und Entfleischen. Die Unsicherheit beim Kauf der Rohware nach Gewicht oder Stückzahl wird durch die ungleich größere Sicherheit beim Kauf sortierter Halbfertigleder ersetzt.

Die gepickelten Blößen haben noch keinerlei Gerbstoff erhalten und sind sehr sauer mit hohem Salzgehalt. Die Säure erfordert besondere Maßnahmen bei Transport und Lagerung, das Salz wird wieder ausgewaschen und belastet das Abwasser. Gepickelte Blößen von Großviehhäuten werden selten, von Schaffellen häufiger aus Ausgangsmaterial für unterschiedlichste Lederarten genutzt. Der Handel mit **wet-blue** war es, der die Arbeitsteilung bei der Herstellung von Schuh-Oberleder weltweit so richtig in Schwung brachte. Die nur chromgegerbten, abgewelkten Leder lassen sich sehr genau in Fläche, Dicke und Sortiment bestimmen. Dabei ist es von Vorteil, dass Rind-Oberleder in Hälften weiterverarbeitet wird. So kann beispielsweise die rechte Hälfte einer Haut dem ersten Sortiment zugeordnet werden und einen besseren Preis erzielen als die linke Hälfte, die wegen Narbenschäden oder Metzgerschnitten nur das dritte oder vierte Sortiment erreicht. Die Technologie der Lederherstellung ist durch die Aktivitäten der Hilfsmittelhersteller weltweit recht ähnlich und die schnell und leicht durchführbaren analytischen Bestimmungen von Chromoxidgehalt, Schrumpfungstemperatur und Wassergehalt haben dem Käufer von wet-blue mehr Sicherheit gebracht. Auch bei Ziegenleder für Bekleidung hat wet-blue mengenmäßig die anderen Handelsformen überholt.

Den Wunsch der Weiterbearbeiter von wet-blue, die Vermeidung von Abfall, kann dies chromgegerbte Leder nicht erfüllen. Die Einstellung der Dicke gemäß den Kundenwünschen durch Spalten und Falzen führt zu chromhaltigen Abfällen, die in manchen Ländern als Sondermüll teuer entsorgt werden müssen. Weil die Dickeneinstellung von der Nachgerbung und der Trocknung entscheidend beeinflusst wird, kann sie nicht schon vom wet blue-Hersteller vorgenommen werden.

Die Vermeidung chromhaltiger Abfälle war das Ziel für die Entwicklung und den Handel mit **wet-white**. Waren das zunächst bis zur Falzbarkeit stabilisierte Blößen, so bezeichnet man heute damit ganz allgemein ein chromfreies, falzbares Hautmaterial. Das kann durchaus mit gerbenden Stoffen bearbeitet worden sein, etwa mit Glutardialdehyd oder Syntanen, wenn es nur chromfrei ist. Die farbliche Festlegung als wet-white schließt den Einsatz pflanzlicher Gerbstoffe aus. Nach dem Falzen können diese wet-white je nach Anforderung an die Lederart mit allen bekannten Gerbstoffen gegerbt werden. Einen großen Anteil am Handel mit wet-white haben ganze Rindhäute für Polsterleder, insbesondere für die Fahrzeugausstattung. Als neue Handelsform gilt „wet green". Dazu wird ein gerbender Stoff aus Olivenblättern eingesetzt.

Selten hört man den Begriff „wet-brown" als Handelsform feuchter, pflanzlich gegerbter Leder. Der hat auch technisch keinen Sinn, denn pflanzlich gegerbte Leder lassen sich aufgetrocknet als **„Borke" oder „crust"** lagern und ohne negative Veränderung wieder zurückweichen, was für wet-blue und wet-white nicht gilt.

Ganz große Bedeutung für den Handel hat „crust" erlangt. Das ist ein noch nicht zugerichtetes Leder. Die Gerbart, Nachgerbung, Fettung und eventuell auch die Färbung sind durchgeführt, das Leder ist auf gleichmäßige Dicke bearbeitet und es ist trocken. Ein solches halbfertiges Leder lässt sich sehr sicher im Sortiment beurteilen und in der Qualität prüfen. Weil „crust" nur noch an der Oberfläche bearbeitet werden muss, kann es innerhalb weniger Tage als fertiges Leder ausgeliefert werden. Darin und in dem einfachen Umgang mit dem trockenen Leder in Transport, Lagerung und Fertigstellung liegt der wirtschaftliche Erfolg begründet. Bei den hohen Anforderungen an Leder muss die Zusammenarbeit zwischen crust-Hersteller und crust-Verarbeiter (Zurichter) sehr eng sein. Hier haben sich die Qualitätssicherungs-Systeme bewährt.

Für viele Länder mit hohem Rohwaren-Aufkommen ist crust die höchste Stufe der Wertschöpfung. Die wechselnden modischen und technischen Anforderungen verlangen Kundennähe und eine große Auswahl stets verfügbarer Hilfsmittel und Maschinen. Beides ist in den Ländern mit hoch entwickelter Industrie gegeben. Deshalb werden große Mengen crust in diese Länder importiert. Das bewirkt aber dort einen Rückgang der vollstufig arbeitenden Lederfabriken.

Die weitere Verarbeitung von Leder ist im Vergleich zu anderen Flächenwerkstoffen noch immer sehr arbeitsintensiv. Jedes einzelne Leder wird mehrmals in die Hand genommen, bis es in Zuschnitten oder Stanzteilen zur Grundlage neuer Lederwaren wird. Das kostet Geld. Die Verarbeiter suchen nach Standorten für ihre Betriebe mit möglichst niedrigen Kosten und so geht das fertige Leder als Handelsgut wieder auf die oft weite Reise zum Verarbeiter. Für einen so häufigen Warenaustausch ist die **Festlegung des Handelswertes** im jeweiligen Zustand sehr wichtig. Die rohen und konservierten Häute werden nach **Gewicht** gehandelt. Dabei ändert sich ja das Gewicht der Haut mit jedem Schritt der Behandlung. Die Grundlage der Wertbestimmung ist das „Grüngewicht" der frisch abgezogenen, getrimmten Haut. Dieses Gewicht erscheint auf der Rechnung. Für die Arbeiten in der Gerberei muss das aktuelle Gewicht bei der Einarbeitung ermittelt werden. Kleintierfelle werden nach Tierart, Alter, Stückzahl und mittlerer Größe berechnet.

Ab der Handelsform als gepickelte Blöße bis zum fertigen Leder ist die **Fläche** eine ganz wichtige Größe bei der Wertfestlegung. Das Messen der Lederfläche ist bei der unregelmäßigen Form, der Weichheit und Dehnbarkeit durch viele Faktoren zu beeinflussen. Deshalb gibt es dafür eine **Norm**, geeichte Messmaschinen und Handelstoleranzen in der Größenordnung von 2 % vom Ist-Maß.

Nur noch wenige Lederarten, wie zum Beispiel Sohlen-Leder und Geschirr-Leder werden nach Gewicht verkauft.

Dafür werden immer mehr Leder schon in der Lederfabrik nach den Vorgaben der Kunden zugeschnitten oder gestanzt. Das ist eine weitere Form der Arbeitsteilung und des Handels. Selbst bei einer so weit gehenden Bearbeitung wird der Handelswert des Leders noch

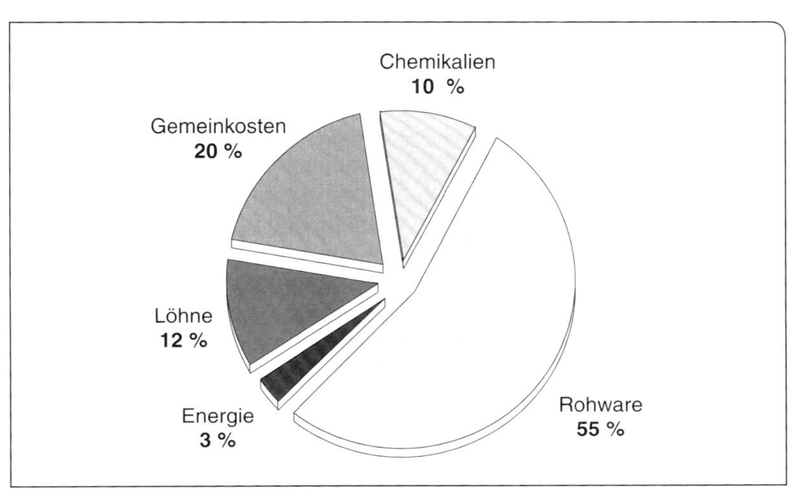

Abb. 88 Lederherstellung. Anteile an den Fertigungskosten.

immer ganz wesentlich von den Kosten für die rohe Haut bestimmt. Die machen etwa 50 % der Fertigungskosten aus. In Abbildung 88 sind die wesentlichen Kosten bei der Lederherstellung aufgezeigt.

Bei einem so großen Kostenanteil der Rohware muss jeder Gerber bemüht sein, eine möglichst große Fläche Fertigleder aus jedem Kilogramm Rohhaut zu bekommen. Das ist durch das dreidimensionale Fasergefüge nur in sehr geringem Umfang möglich. Immerhin kann man etwas an Fläche gewinnen, wenn man sehr dünnes und weiches Leder macht. Bei dickem und festem Leder gelingt das nicht. Das Verhältnis von Gewicht der Rohhaut zu ihrer Fläche nennt man das „Rendement" oder **„Gewichtsrendement"**. Das ist sehr von der Hautstruktur abhängig. Als Anhaltspunkte können folgende Angaben dienen für jeweils 1 kg Salzgewicht von

USA-Packers (22,6/27,2 kg) = 15,8 dm² =1,69 qfs
Argent. Rinder (14/16 kg) = 14,1 dm² = 1,51 qfs
Skand. Rinder (17/24 kg) = 18,5 dm² = 1,98 qfs
Mitteleurop. Kühe (30/39,5 kg) = 15,4 dm² = 1,65 qfs
Mitteleurop. Bullen (30/39,5 kg) = 12,2 dm² = 1,31 qfs

Bei Fertigleder wird die Fläche je Kilogramm sehr von der Lederdicke, der Gerbung und Nachgerbung, der Fettung und der Zurichtung (Auftragsmenge) bestimmt. In Tabelle 26 ist dieser Zusammenhang zu sehen, der als **Flächenrendement** bezeichnet wird.

Tab. 26 Flächenrendement verschiedener Fertigleder

1 kg Fertigleder (Rind) von	Fertiglederstärke	Fläche etwa
Bekleidungsnappaleder	1,0 mm	= 170 dm²
Möbelpolsterleder	1,1 mm	= 160 dm²
Möbelpolsterleder (stärker nachgegerbt)	1,2 mm	= 120 dm²
Schleifbox (weiß)	1,5 mm	= 85 dm²
Schleifbox (Semianilin)	1,6 mm	= 75 dm²
Rindbox (schwarz)	1,7 mm	= 70 dm²
Rind-Softyleder	1,9 mm	= 65 dm²
Sportbox	2,2 mm	= 55dm²

11 Lederarten

Eine Übersicht über die vielen Lederarten bleibt immer unvollständig. Es gibt typische Lederarten mit eindeutiger Herstellungsweise für einen klar begrenzten Einsatz. Dazu gehören Sohlenleder und Geschirrleder. Daneben gibt es Lederarten mit einer ursprünglich festgeschriebenen Herstellungsweise, die jedoch in so vielen Bereichen eingesetzt werden, dass sie in einer Übersicht mehrmals genannt werden müssten. Das sind als Beispiel Chevreaux und Lackleder. Schließlich gibt es Lederarten, die einst als besondere technologische Leistung durch ihre neuen Eigenschaften sehr bekannt wurden. An diesem Bekanntheitsgrad des Namens wurde dann trotz vieler Variationen der Rohware, des Verfahrens und des Verwendungszweckes festgehalten. So erging es der Lederart Nappa, die jetzt vielen Lederarten den Namen gibt, und dem Juchtenleder.

Eine Zuordnung nach Rohwarenart, Gerbart, Färbe- oder Zurichttechnik ist bei der Fülle von Variationen und Kombinationen kaum möglich. Deshalb soll die Gliederung in Narbenleder und Rauleder genügen.

Das gilt auch, wenn nicht die gesamte Oberfläche gleichmäßig angeraut ist wie bei geprägten Nubukledern oder mit einer Ausrüstung oder Zurichtung versehen wurde, die keinen geschlossenen Film bildet. Das gilt für Napalan und einige Spaltoberleder.

11.1 Narbenleder

Zu den **Narbenledern** werden alle Lederarten mit einer geschlossenen Oberfläche auf der Narbenseite gezählt. Als **Rauleder** werden alle Lederarten angesehen, deren genutzte Oberfläche mechanisch angeraut wurde.

Anilin-Leder	Sammelbegriff für nur mit Farbstoffen gefärbte Leder und pigmentfreie Zurichtungen
Antikleder	Rindleder; geprägt, oft zweifarbig zugerichtet; für Polsterleder
ASA-Leder	Leder für Arbeitsschutzartikel; meist chromgegerbt; auch Spaltleder
Autopolsterleder	großflächiges, weiches Polsterleder, entspricht sehr spezifischen Anforderungen
Balgenleder	formbeständige Narbenleder für Faltenbälge und Gleitbahnabdeckungen im Fahrzeug- und Maschinenbau; zugerichtet
Bekleidungsleder	Sammelbegriff für alle Leder, die zur Herstellung von Bekleidung geeignet sind
Blankleder	Rindleder; pflanzlich gegerbt; leicht gefettet, glatt; für Lederwaren, Täschnerartikel und Möbel
Boxcalf	feinnarbiges, glattes, festes Kalbleder; chromgegerbt; für Schuhe und Taschen

Brandsohlleder	Rindleder, auch Spalte; pflanzlich oder kombiniert gegerbt; schweißbeständig, naturell; für Schuhe
Brush-off Leder	Rindoberleder; Schleifbox mit zweifarbiger Zurichtung, dunklerer Wachsfinish wird am fertigen Schuh teilweise wegpoliert oder abgebürstet
Buchbinderleder	nahezu alle Rohwarenarten; dünne, pflanzlich oder kombiniert gegerbte Narbenleder; lichtechte Färbung, alterungsbeständige Fettung und Zurichtung, oft geprägt
Büffelleder	Leder aus den Häuten asiatischer Wasserbüffel für Möbel und Lederwaren
Chevreau-Kidleder	sehr feines Ziegen- und Zickelleder; chromgegerbt; mit Kasein zugerichtet, glanzgestoßen; für Schuhe, Taschen und Lederwaren
Chevrette	vollnarbiges Schafleder; chromgegerbt, stark nachgegerbt; glatt, glänzend; als Chevreau-Ersatz für Schuhe, Taschen und Lederwaren
Decksohlenleder	Schaf- oder Schweinsleder; dünn, formbeständig, glatt zugerichtet; Sonderform der Futterleder
Dongola-Leder	vollnarbiges Rindleder; Alaun-pflanzlich gegerbt; zäh und geschmeidig, Polierzurichtung; für Schuhe und Täschnerwaren
Ecrasé	Buchbinderleder aus grobnarbigen afrikanischen Ziegenfellen; zweifarbig, glatt
Eingebranntes Leder	Geschirr- oder technische Leder; durch Eintauchen in heißes Fett imprägniert
Elkleder	kräftiges Rindleder; vollnarbig, geschmeidig, wasserdicht zugerichtet; für Schuhe
Exotenleder	Sammelbegriff für Leder aus seltener Rohware und deren Imitationen
Fahlleder	derbes Oberleder aus Kalbfellen und leichten Rindhäuten; pflanzlich gegerbt; naturell oder anilingefärbt, kann auch auf der Fleischseite zugerichtet werden; für Schuhe
Feinleder	Sammelbezeichnung für formstabile, dünne Leder für Lederwaren; besondere Farbeffekte und Oberflächengestaltungen
Fettgare Leder	Rindleder; pflanzlich gegerbt; mit größeren Mengen Ölen und Fetten behandelt für hohe Zugfestigkeit und Geschmeidigkeit
Fleurs	Narbenspalt von Schafen; auf der Spaltseite geschliffen als Futterleder
Floater-Leder	Rind-Schuhoberleder; weich, vollnarbig, gezielt losnarbig

Futterleder	Sammelbezeichnung für alle Lederarten in Schuhen, Lederwaren und Bekleidung
Galanterieleder	Sammelbezeichnung für formstabile, dünne Leder für Lederwaren; besondere Farbeffekte und Oberflächengestaltungen durch Prägen, Krispeln, Millen und Glanzstoßen
Geschirrleder	kräftiges Rindleder; geschmeidig, 4 bis 6 mm dick, gedeckt zugerichtet
Glacéleder	dehnbares Leder aus Lamm- und Zickelfellen; mit Alaun, Mehl und Eigelb gegerbt; weiß; für Handschuhe
Glanzkid	vollnarbiges Oberleder aus Ziegenfellen; chromgegerbt; glatt, glänzend
Gold- und Silberleder	Schaf- und Ziegenleder; pflanzlich-synthetisch gegerbt; Überzug aus Blattgold und -silber, aber auch metallisierten Folien
Handschuhleder	Sammelbegriff für dünne, weiche, zügige Leder, Glatt- und Raulederarten
Hirschnappa	Hirschbekleidungsleder; meist chromgegerbt; vollnarbig, weich, durchgefärbt, anilinartig zugerichtet; auch für Schuhe als Oberleder eingesetzt
Hutschweißleder – Helmschweißleder	Schaf- oder Kalbleder; pflanzlich gegerbt; schweißbeständig
Juchtenleder	geschmeidiges Kalb- und Rindleder; pflanzlich, früher mit Weidenrinde gegerbt; Imprägnierung mit Birkenteeröl; für Schuhe und Lederwaren; auch auf zugerichtetem Ziegenleder nachgeahmt für Buchbinderleder
Knautschlack	weiche Lackleder; durch Millen entsteht faltige Oberfläche; für Schuhe und Taschen
Koffervachetten	leichte Rindleder; pflanzlich gegerbt; oft geprägt und zweifarbig zugerichtet
Korduan – Cordovan-Leder	Oberleder aus dem Spiegel der Rosshaut, sehr dicht, Narbenschicht entfernt; glänzend zugerichtet
Lackleder	auf allen Rohwaren möglich; chromgegerbt; mit einer dicken, hochglänzenden, vernetzten Polyurethanzurichtung versehen, glatt; auch folienbeschichtete Spalte
Lissé	Schafleder oder Skivers; glanzgestoßen, hochglänzendes Futterleder; für Lederwaren
Manschettenleder	Rindleder; pflanzlich gegerbt; formbeständig; für technische Teile und Dichtungen, wird als Fertigteil imprägniert

Mappenleder	Rindleder; pflanzlich gegerbt; stabil und formbeständig, gedeckt zugerichtet, geprägt und glattgebügelt, Fleischseite appretiert; auch zugerichtetes Spaltleder
Marokko-Leder	Schaf- oder Ziegenleder; pflanzlich gegerbt; oft einseitig gefärbt, Anilinzurichtung, geprägt; für Lederawren und Sitzkissen
Maroquin	Ziegenleder; pflanzlich gegerbt; mit ausgeprägter grober Narbenstruktur; für Bucheinbände
Mastbox	Leder aus großen Kalbfellen und Fresserfellen; Schuhoberleder
Möbelleder – Polsterleder	großflächige Rindleder; meist chromgegerbt; vorwiegend dünn und elastisch, durchgefärbt
Motorradbekleidungsleder	besonders reiß- und scheuerfestes Nappa aus Rind- und Ziegenleder; wasserfest und reinigungsbeständig zugerichtet
Nappa	vollnarbiges Leder; chromgegerbt; durchgefärbt, weich, dünn; früher kombiniert Alaunpflanzlich gegerbtes Handschuhleder
Oberleder	Leder für die Oberteile von Schuhen, nahezu alle Rohwaren-, Gerb- und Zurichtarten
Orgelbauleder – Musikinstrumentenleder	weiches, dünnes, luftundurchlässiges Leder aus Zickelfellen
Orthopädieleder	Narbenleder; meist pflanzlich gegerbt; schweißbeständig, formstabil; für Einlagen und Bandangen
Portefeuilleleder	Leder für feine Täschnerartikel und Lederwaren; bevorzugt aus Kleintierfellen, aber auch Großviehhäuten und Exoten sowie deren Imitationen
Rahmenleder	flexible Rindleder; pflanzlich oder kombiniert gegerbt; für Schuhherstellung
Reptilleder	Leder aus Häuten von Krokodilen, Schlangen und Echsen; für Schuhe und Taschen; Artenschutzfahne beachten
Riemenleder	Rind-Kernleder; meist pflanzlich gegerbt; mäßig gefettet; für Treibriemen
Rindbox	kräftiges Rindleder; chromgegerbt; für Schuhe und Lederwaren
Rosschevreau	vollnarbiges Pferdeleder (ohne Spiegel); chromgegerbt; glatt, zugerichtet; für Schuhe oder Lederwaren, aber auch weich für Bekleidung

Saffian	Ziegenleder; mit Sumach gegerbt; typisches körniges Narbenbild durch Krispeln oder Levantieren, knirscht beim Einrollen; für Lederwaren und Bucheinbände
Schleifbox	Rindoberleder; kombiniert gegerbt; auf der Narbenseite leicht angeschliffen (corrected grain); gedeckt zugerichtet, glatt oder geprägt; für Schuhoberleder
Schlupfriemenleder	formstabiles Leder aus großen Ziegenfellen ; chromgegerbt; zur Abdeckung der Fersennaht im Schuh, Sonderform der Futterleder
Schrumpfleder	durch spezielle Gerbung hergestellte Leder mit körnigem Narben
Schweinsleder	glattes Leder aus Schweinshäuten; für Koffer und Lederwaren; auch sehr weiches Chrom-Handschuhleder aus Peccari-Fellen
Skivers	Narbenspalte von Schafen und Ziegen
Softyleder	allgemeiner Begriff für weiche, vollnarbige Schuhoberleder
Sohlenleder	Rindcroupons; pflanzlich gegerbt, Altgrubengerbung unter Einsatz von Lohe; gewalzt; für hochwertige Schuhsohlen
Sportbox	Rindleder; chromgegerbt; geschmeidig, zugerichtet oder mit Öl behandelt; für Schuhe
Straußenleder	Straußenbälge; chromgegerbt; Kuppen dunkler glänzend; für Schuhe, Taschen und Lederwaren, selten für Bekleidung
Vachetten	großflächige Rindleder; pflanzlich gegerbt; gespalten; für Polsterungen, Täschner- und Lederwaren
Vacheleder	Sohlenleder; bewegt und beschleunigt pflanzlich gegerbt; für flexible Schuhsohlen
Voll-Leder	Leder aus ungespaltenen Häuten und Fellen ; auch für gespaltene Narbenleder gebraucht
Walkleder	Rindleder, dessen mittlere Schicht nicht ganz durchgegerbt wurde; hohe Formstabilität ; für Prothesen
Waterproof	wasserabweisendes Rindoberleder; chromgegerbt; hydrophobiert

11.2 Rauleder

Chairleder	sehr dünnes, formbeständiges Futterleder; für Lederwaren, oft aus Skivers; Fleischseite geschliffen
Elchleder	Leder aus Elchhäuten; weiches, volles Bekleidungsleder, als Nappa, Nubuk oder Velour; auch für bequemes Schuhwerk
Fensterleder – Waschleder	aus Schaf- und Rehfellen; Neusämischgerbung (mit Aldehyd)
Flexibelspalte	pflanzlich gegerbte Spaltleder; für Brandsohlen
Hirschleder	sämisch gegerbtes Bekleidungsleder; Narben abgestoßen, einseitig gefärbt
Hunting – Rindvelour	auf der Fleischseite geschliffenes Narbenleder von großen Kalbfellen und leichten Rindhäuten
Mocha – Handschuhleder	sehr fein geschliffenes Handschuh- und Bekleidungsleder aus Haarschaf-, Ziegen und Kalbfellen
Nappalan – Nappato	auf der Fleischseite geschliffenes und zugerichtetes Schaffell mit Haar (double face) oder weiches Bekleidungsleder
Nubuk	auf der Narbenseite geschliffenes Leder; chromgegerbt; sehr feiner Flor; für Schuhe und Bekleidung
Porcvelour	Schweinsleder; gespalten, Spaltseite zu feinfasrigem Velour gearbeitet; für Bekleidung
Riemenspaltleder	kräftige Rindspaltleder; chromgegerbt; schwach gefettet; für Verbund-Riemen
Sämischleder – Chamois	mit Tran gegerbte, weiche, winddichte, schweißbeständige Bekleidungsleder für Trachten aus Wildfellen
Samtkalb – Kalbvelour	auf der Fleischseite samtartig fein geschliffene Kalbleder
Spaltvelour	auf einer Seite als Velour bearbeitetes Spaltleder; chromgegerbt; durchgefärbt; für Schuhe und Bekleidung
Velour	auf der Fleischseite samtartig geschliffenes Leder; durchgefärbt
Wildleder	Leder aus den Häuten und Fellen wild lebender Tiere; Narben abgestoßen, Narbenseite oder Fleischseite fein geschliffen

12 Der Gerber – ein moderner Beruf

Die rasante Entwicklung des Gerbens von der handwerklichen Bearbeitung einzelner Häute zur industriellen Lederherstellung in großen Partien hat das Berufsbild des Gerbers völlig verändert. Das so oft gezeigte Bild des körperlich schwer arbeitenden Mannes in gebückter Haltung in offener Werkstatt stimmt nicht mehr.

Der moderne Gerber ist ein Fachmann mit umfassenden Kenntnissen der vielen Materialien und Hilfsmittel und er bedient die Hochleistungsmaschinen und -anlagen in der Produktion mit großer Fertigkeit. Er kontrolliert seine Arbeit mit empfindlichen Messgeräten und wird dabei von computergesteuerten Arbeitsabläufen unterstützt. Sicherheit und Umweltschutz sind dabei täglich genutztes Rüstzeug.

In einer 3-jährigen Ausbildung in einem Betrieb der Lederherstellung oder in der ledertechnischen Abteilung der Chemischen Industrie kann der Beruf des Gerbers erlernt werden. Er ist für Jungen und Mädchen gleichermaßen geeignet.

Nach erfolgreichem Abschluss stehen diesen Spezialisten verantwortliche Aufgaben in der Lederindustrie, in der Lederverarbeitung, im Handel und in der Hilfsmittelindustrie offen.

Das Arbeitsfeld der gesuchten Gerber reicht rund um den Globus.

Informationen über den Ausbildungsberuf Gerber/Gerberin bieten die Berufsausbildungsabteilungen der Handwerkskammern oder der Industrie- und Handelskammern.

Literatur

ENDISCH, MOOG, SCHUBERT (1979): Von der Rohhaut zum Leder. Lederinstitut Gerberschule Reutlingen

GNAMM, H. (1940): Taschenbuch für die Lederindustrie. Wissenschaftliche Verlagsgesellschaft m.b.H. Stuttgart

HERFELD, H. (1984): Bibliothek des Leders, Bd. 1 bis 9. Umschau Verlag Frankfurt a. M.

LOEWE, H. (1959): Einführung in die chemische Technologie der Lederherstellung. Eduard Roether Verlag, Darmstadt

PAULIGK, HAGEN (1987): Lederherstellung. VEB Fachbuchverlag, Leipzig

REICH, G. (1966): Kollagen. Verlag Theodor Steinkopff, Dresden

REICH, G. (2000): Ökologische Aspekte wichtiger Gerbverfahren. Forschungsgemeinschaft Leder e.V., Frankfurt a. M.

SCHRÖER, TH.: Die Rinderhaut. DLG-Verlag, Frankfurt a. M.

STATHER, F. (1967): Gerbereichemie und Gerbereitechnologie. Akademie-Verlag, Berlin

TROXLER, M., U. SCHNEPPAT (2003): Hautkonservierung. Naturhistorisches Museum der Burgergemeinde Bern

ZISSEL, A. u. K.H. FISCHER: Einfluß der Nachgerbung, Färbung und Fettung auf die Haftfestigkeit der Zurichtung. In: Das Leder 29(8), 1978, S. 121–129

Fachzeitschriften

Das Leder. Eduard Roether KG, Darmstadt

Leder & Häutemarkt. Umschau-Zeitschriftenverlag Breidenstein GmbH, Frankfurt a. M.

Pharmazie in unserer Zeit, 11. Jahrg., Nr. 5. Verlag Chemie GmbH, Weinheim, 1982

Firmenprospekte und Sonderdrucke der Chemischen Industrie, der Gerbereimaschinenhersteller und der Lederindustrie.

Bildquellen

Titelbild: Josef Heinen GmbH

De La Lande: Abb. 6
M. Troxler, U. Schneppat, Bern: Abb. 8
E. Heidemann, Darmstadt: Abb. 12
G. Reich, Dresden: Abb. 9, 19
Th. Schröer, Frankfurt: Abb. 24, 68 u. Farbabb. 2
I. Lange, Reutlingen: Abb. 26
Bayer AG, Leverkusen: Abb. 53
gmelich leder, Großbottwar: Farbabb. 4, 5
Josef Heinen GmbH: Abb. 2
Dose Maschinenbau GmbH, Lichtenau: Abb. 69
Dr. C. Topf: Farbabb. 3

Alle anderen Fotos stammen vom Autor. Die Zeichnungen fertigte Artur Piestrcow, Stuttgart, nach Vorlagen des Autors.

Sachregister

Hier können Sie weiterlesen:

Dieses Buch will die Restbestände alter Landrassen, aus anderen Ländern zu uns gekommene Exoten oder Rassen, ins Bewusstsein rufen und auf ihre Leistung und Bedeutung für die Erhaltung der Vielfalt in der Zucht hinweisen.
Die Rassen im Porträt: 71 Rinder, 62 Schafe, 24 Ziegen, 83 Pferde, 4 Esel und Maultiere und 19 Schweine.

Farbatlas Nutztierrassen. 263 Rassen in Wort und Bild. Hans Hinrich Sambraus. 7., überarb. Auflage 2011. 336 Seiten, 280 Farbfotos, geb. ISBN 978-3-8001-7613-7.

Die Spezialisierung und Optimierung der landwirtschaftlichen Produktion führte dazu, dass wenige, weit verbreitete Rassen bodenständige und angepasste verdrängten. Jedoch sollte der Schutz der Biodiversität auch für domestizierte Lebewesen, die genetisch etwas Eigenständiges darstellen, gelten. Ihr großer und variantenreicher Genpool kann dazu beitragen, Produktionsrassen auf Änderungen der Umweltbedingungen besser anpassen zu können. Dieser Farbatlas porträtiert 240 selten gewordene Rinder-, Schaf-, Ziegen-, Pferde-, Esel- und Schweinerassen aus aller Welt.

Farbatlas seltene Nutztiere. 240 gefährdete Rassen aus aller Welt. Hans Hinrich Sambraus. 2010. 256 Seiten, 243 Farbfotos, kart. ISBN 978-3-8001-5865-2.